奈良女子大学叢書 3

女性のための「物理教科書」研究

吉田 信也
藤野 智美

まえがき

なぜ、日本の女子の理工系への進学が少ないのか？　物理や数学に興味・関心を持って勉強する女子高校生が少ないのは、なぜなのか？

このような問いに対して、まだ確たる答えはないように思われる。これまでは、理数系科目（とりわけ物理、数学）の学習は女子には向いていないという考えもあった。男女での脳構造の差が原因ではないかとの説も唱えられたことがある。この脳梁の差についての論文は、1982年に『サイエンス』誌で発表されたもので、男女それぞれ脳梁の太さを測ったら、女性のほうが太かったと結論づけているものだ。しかし、この論文のデータは女性５人、男性９人からしかとっていなくて、そのデータだけで女性のほうが左右の脳の連絡がよくできているという結果を出している。その後、何人もの研究者がこの結果を再現しようとしたが、結局できていない。そのために、現在ではこの説を信じている脳科学者はあまりいない。

では改めて、理工系に進学する女子が少ない原因は何か？　と問うのである。もちろん、原因は複合的なものであるだろう。その複合的なものの１つとして、

　　女子は理数系科目（物理・数学）の学習に魅力を感じないのではないか？　つまり、

　　理数のカリキュラムと教材は、
　　女子にとってストーリーがなくて
　　退屈であり、魅力がない

ことが原因の１つとして考えられるのではないか、と問いを立てた。

現在の高等学校のカリキュラムと題材の多くは、大学関係者が「研究者」養成から逆算して構成したものであり、現場では大学入試の突破を目的として運用されることが大半である。特に女子は、このようなカリキュラムと教材、授業に魅力を感じないことが、物理・数学への拒否につながっているのではないかと考えるのである。

奈良女子大学理系女性教育開発共同機構（略称CORE of STEM：Collaborative Organization for Research in women's Education of Science, Technology, Engineering, and Mathematics）は、以上の問題意識のもとで研究を進めてきた。CORE of STEM事業の４つの柱を図で表すと、次のようになる。

1. 理系進路選択可能性の拡大
理系女性ハードリング支援プログラム

2. 魅力的な理数教育の創造
中等教育改革プロジェクト

3. 理系女性リーダーの育成
大学理工系教育改革プロジェクト

4. グローバル化の推進
グローバル化推進プロジェクト

この２番目の柱である「中等教育改革プロジェクト」における研究と、吉田信也の科研費（基盤研究（C）15K00919）に基づく研究を統合してまとめたものが本書である。

本書の構成と各章のねらいは、次のとおりである。

◆ 第１章

３校の高等学校の協力を得て、教科に関する意識調査を実施した結果と、その分析を行っている。この調査のキーワードの1つは「情緒」であり、教科に「情緒」を感じるかどうかで女子と男子に差があるという興味ある結果が見られた。そして、女子が学習してみたいと思う物理の内容について、教材を考える上で非常に参考となる事柄が判明した。

クロス集計した結果等をグラフにして示しているので、今後の種々の教育活動の参考にしていただけるとありがたい。

◆ 第２章

第１章での質問紙調査における「情緒」に関して、少人数ではあるが高校生へのインタビューを行った結果と、その分析を行っている。物理・数学における「情緒」についての生徒のナマの声を聞くことで、今後の魅力ある物理・数学教育の方向性への示唆を得た。

◆ 第３章

第１章、第２章の考察にもとづいて、物理のテキスト・副読本を作成する際の参考となる題材を提案する。先の調査結果から見えた興味深い題材を網羅することはできなかったが、第１節～第３節は物語風に書いてみた。これは、女子が興味をもつのはストーリー、文脈のある教材だと考えたからである。ただし、発展として高等学校の程度を超える内容も含まれている。より興味があり、進んだ内容を学びたいと思う生徒のための教材作成に活用していただきたい。

　また、第４節・第５節は、実際に行った物理の授業を紹介し、その裏側にある物理的な内容について教員向けの解説を行った。これらの教材や授業実践を参考に、生徒の実態に合わせた、生徒が楽しめる授業を創っていただければと思っている。

◆ 第４章

最近、話題になっている

　STEM

（Science, Technology, Engineering, and Mathematics）

から

　STEAM

（Science, Technology, Engineering, Arts, and Mathematics）

へという概念の進展を紹介する。そしてSTEAMの例として、理数の授業と日本文化の短歌・俳句を統合して学習すること等を考える。

　本書は、第１章、第２章、第３章の第１節～第３節、第４章を吉田信也が、第３章の第４節・５節を藤野智美さん（奈良女子大学附属中等教育学校・理科教諭）が執筆した。

　藤野さんは、自身が実践した内容をまとめるだけではなく、調査項目や教材を考える際に、女性の視点からの様々なヒントや助言を吉田に与えてくれました。また、川口慎二さん（奈良女子大学附属中等教育学校・数学科教諭）は、質問紙調査をはじめとする研究に協力してくれました。お二人に感謝いたします。

吉田信也

奈良女子大学叢書 3

女性のための「物理教科書」研究　目次

著者略歴

吉田 信也

1953年、奈良県生まれ。大阪市立大学卒業。
奈良女子大学教授。
専門はトポロジー、数学教育、科学教育。
主な著書に、『未来を拓く理数教育への挑戦』(文理閣・編著)、『カリキュラム評価入門』(勁草書房・共著)、高等学校検定教科書『数学Ⅰ・Ⅱ・Ⅲ・A・B』(数研出版・共著) がある。

藤野 智美

1982年、京都府生まれ。奈良女子大学大学院修士課程修了。奈良女子大学附属中等教育学校教諭 (理科)。
専門は高エネルギー物理学、理科教育。

第1章

高校生への
「教科に関する意識調査」

1-1　研究の目的

女子高校生の理数系への進学が男子に比べて少ないことは、従来からの「定説」である。特に、数学・物理は男子に比べて女子に「人気」がないことも、様々な場面で言われてきた。しかし、その理由が何であるのか、そしてどのようにすれば女子高校生が物理・数学の学びに向かうのかは、明確にはされていないと思われる。そこで、物理・数学への抵抗感の要因を探るための基礎データを収集すべく、高校生への「教科に対する意識調査」を実施した。

この調査の結果をもとにして、「共感」や「全体の物語の把握」を意識して、生活に密着した具体的で文脈のある数物教育のための教材を開発し、新しい物理のテキスト・副読本を作成することを最終的な目標としている。これは、男子生徒に対しても新しい視点を与えることになるので、女子生徒のみならず男子生徒の教育にとっても非常に有効であると考える。

> 女子は理工系に向いていないわけではないが、理工系科目や学問に魅力を感じないから理工系に進学しないのだとしたらどうなるだろう。できないわけではないが、やりたいと思わないだけなのである。

という仮説を立て、その状況を打破するにはどのようにすればよいのか、方策を探っていくのである。

1-2　研究の方法・内容

下記の【資料】に示した質問票を用いて、3校の高等学校に協力を依頼し、調査を実施した。本研究は、理系に進学する女子をターゲットにしているので、依頼した高等学校および中等教育学校後期課程は、大学進学に一定の実績を持つ学校である。しかしながら、各校は進学校ではあるが、「勉強」一辺倒ではなく、様々な特徴を持つ多様な生徒が学んでいる学校である。

⑴実施時期

2016年6月

⑵実施校（学校規模）

■国立A大学附属中等教育学校

（後期課程：各学年3クラス、計360名）

■奈良県立B高等学校

（1年9クラス、2・3年10クラス、計1,160名）

■奈良県内私立C高等学校

（1年2コース、2・3年3コース、計480名）

⑶調査基本データ（実施規模・人数）

	女子	男子	合計
国立A大学附属中等教育学校（3学年×3クラス）	185名	174名	359名
奈良県立B高等学校（3学年×4クラス）	265名	199名	464名
奈良県内私立C高等学校（3学年×3クラス）	135名	175名	310名
合計	585名	548名	1133名

【資料】質問票

※スペースの関係で、実際の質問票を加工している。

A.　あなたのことについてうかがいます。

［1］性別をお答えください。　①女性　②男性

［2］高等学校（中等教育学校後期課程）における学年をお答えください。

①１年　②２年　③３年

［3］あなたの選択している学科やコースは次のうちどれですか。

①文系中心の学科やコース　②理系中心の学科やコース
③その他の学科やコース　　④学科やコースは分かれていない

B.　数学、理科についてうかがいます。

[4] これまでの学習における、数学の好き・嫌いについてお答えください。
①好き　　　　　　　　　　②どちらかというと好き
③どちらかというと嫌い　　④嫌い

[5] これまでの学習における、理科の好き・嫌いについてお答えください。
①好き　　　　　　　　　　②どちらかというと好き
③どちらかというと嫌い　　④嫌い

[6] 数学：履修した、あるいは、いま履修している数学の科目について、あてはまる科目の番号をすべて塗りつぶしてください。
①数学Ⅰ　②数学Ⅱ　③数学Ⅲ　④数学A　⑤数学B
⑥数学活用

[7] 理科：履修した、あるいは、いま履修している理科の科目について、あてはまる科目の番号をすべて塗りつぶしてください。
①物理基礎　②物理　③化学基礎　④化学
⑤生物基礎　⑥生物　⑦地学基礎　⑧地学
⑨科学と人間生活

C.　教科「国語」のイメージについてうかがいます。

※以下、[9]～[17]、D～Iにおける選択肢は同じ

[8] 実生活に役立つ
①とても当てはまる　　　　②やや当てはまる
③あまり当てはまらない　　④まったく当てはまらない

[9] 各教科・学問の基盤である
[10]知識・技能が習得できる
[11]思考力が育成される
[12]論理的な力が育成される
[13]情緒的である
[14]冷ややかに感じる
[15]機械的である
[16]学習するのは易しい
[17]理解するのは易しい

D.　教科「社会」のイメージについてうかがいます。
（質問番号 [18]～[27]）

E.　教科「数学」のイメージについてうかがいます。
（質問番号 [28]～[37]）

F.　科目「物理基礎・物理」、中学校理科「物理領域（力・エネルギー・光・音・電流・磁界など）」のイメージについてうかがいます。
（質問番号[38]～[47]）

G.　科目「化学基礎・化学」、中学校理科「化学領域（原子・分子・化学変化・酸・アルカリなど）」のイメージについてうかがいます。
（質問番号 [48]～[57]）

H.　科目「生物基礎・生物」、中学校理科「生物領域（動物・植物・細胞・遺伝子・進化など）」のイメージについてうかがいます。
（質問番号 [58]～[67]）

I.　科目「地学基礎・地学」、中学校理科「地学領域（火山・地震・気象・地球・宇宙など）」のイメージについてうかがいます。
（質問番号 [68]～[77]）

J.　科目「物理基礎・物理」、中学校理科「物理領域」の学習内容についてうかがいます。あなたは、次のような内容であれば、「物理」を学習したいと思いますか。

［78］電化器具と関連した内容

※以下、［79］～［93］における選択肢は同様であり、「と関連した内容」の部分は省略

①とても思う　②やや思う

③あまり思わない　④まったく思わない

［79］交通手段（車・飛行機など）　［80］　工学（金属・材料など）

［81］化粧品　［82］衣類　［83］食事や食物

［84］住居　［85］生命　［86］環境　［87］化学　［88］生物学

［89］天文学　［90］医学

［91］科学の歴史や、法則・公式等が発見された過程

［92］先進的な科学技術　［93］　最先端の物理学

K.　あなたは、次のような学問や研究について、どれくらい知っていますか。

［94］結び目の数学　※以下、［95］～［99］における選択肢は同様

①内容を知っている　②内容を少し知っている

③名称は知っている　④名称も知らない

［95］暗号と数学　［96］クオークやヒッグス粒子

［97］重力波やビッグバン　［98］超電導や半導体

［99］ナノテクノロジーや機能性高分子

L.　物理（科目および物理的内容）について、好きな理由・嫌いな理由・苦手な理由を具体的に答えてください。回答は、マークシートの裏側の欄に書いて下さい（自由記述）。

M.　数学について、好きな理由・嫌いな理由・苦手な理由を具体的に答えてください。回答は、マークシートの裏側の欄に書いて下さい（自由記述）。

1−3　調査結果とその考察

(1) 自由記述より

質問票のL（物理が好きな理由・嫌いな理由・苦手な理由）について、生徒が記述した一部をそのまま掲載すると、次のようになる。

世界を解読していく手がかりになるから。

自分の興味があまりないから。

教科書などに書いている意味が分からない。

「力」や「エネルギー」は見えないから

公式や計算などがたくさん用いられるから。

加速さなど、なぜそのように動いたりするのか根本的なものがわからないから。

目に見えない、想像しにくい内容になると、難しくて納得できなくなることがあるから。

この生徒のナマの声に、どのように応えていくのかが問われているのである。キーワードとしてあげるなら、「世界を解読」、「意味」、「興味」、「公式と計算」、「見えない」、「根本的」、「納得」となるだろう。これらのキーワードに対する「腑に落ちる回答」を示す教材、教育方法の開発を目指しているのである。

(2) 数学・理科の好き嫌い、科目の履修率

質問番号［4］、［5］の数学と理科の好き嫌いについては、次のグラフのような結果となった。これまでの「定説」通り、数学・理科の好き嫌いについては男女差があり、男子生徒に比べて女子生徒には好かれていないことが分かる。

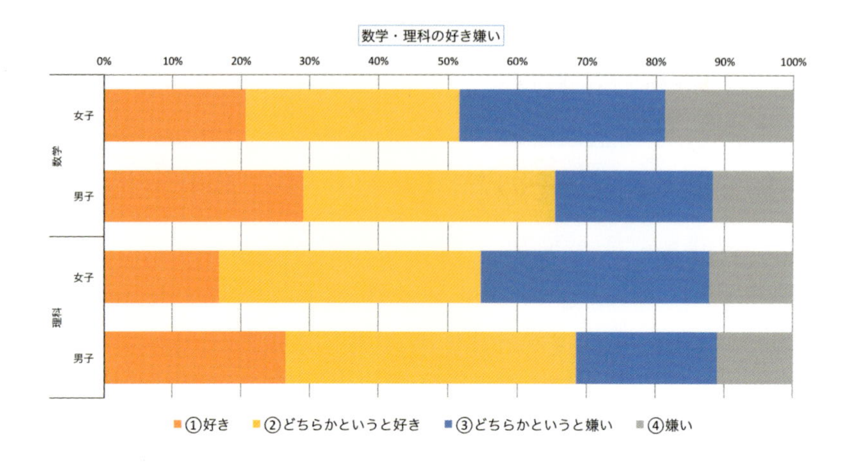

そして、数学と理科の科目ごとの履修率を見ると次のようになり、数学Ⅲ、物理、化学では、女子の履修率は男子に比べて低い。

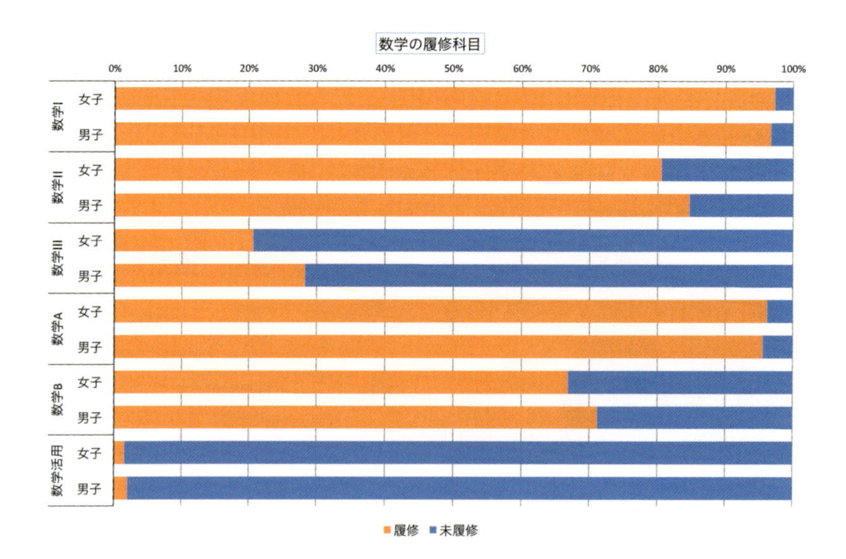

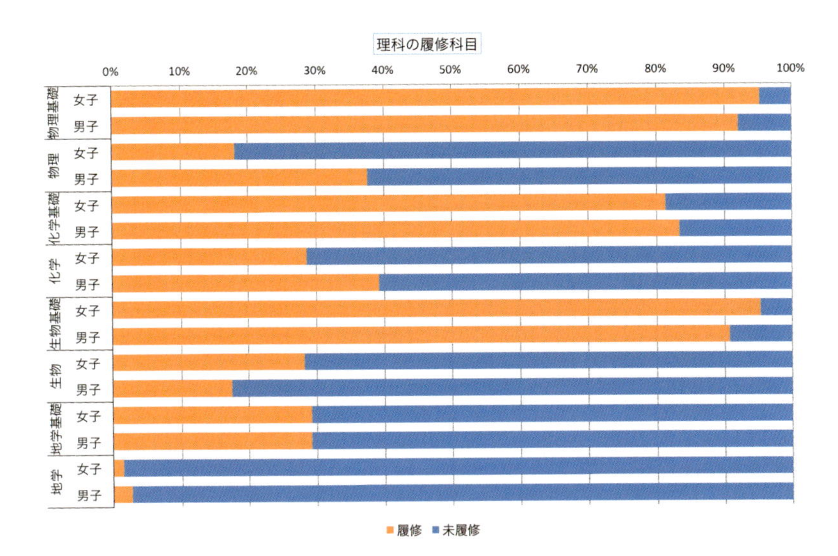

逆に、生物に関しては女子の方が男子より履修率が高く、これまで言われているように、理科の中で女子生徒に人気があるのは生物であることが見えてくる。なお、地学の履修率が特別に低いのは、地学を専門とする教員が勤務していない学校が多いことを反映している。

⑶ 教科のイメージ

質問Cにおける、各教科のイメージついての特徴的な結果とその考察を述べる。

■実生活に役立つ

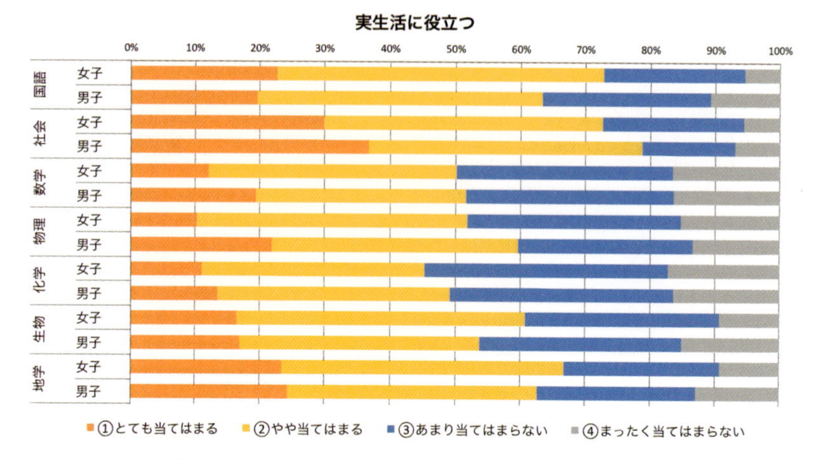

女子は、国語、生物に関して男子より肯定率が高く、逆に物理に関しては肯定率が低い。これも、従来の「定説」を裏付けるものである。

■各教科・学問の基盤である

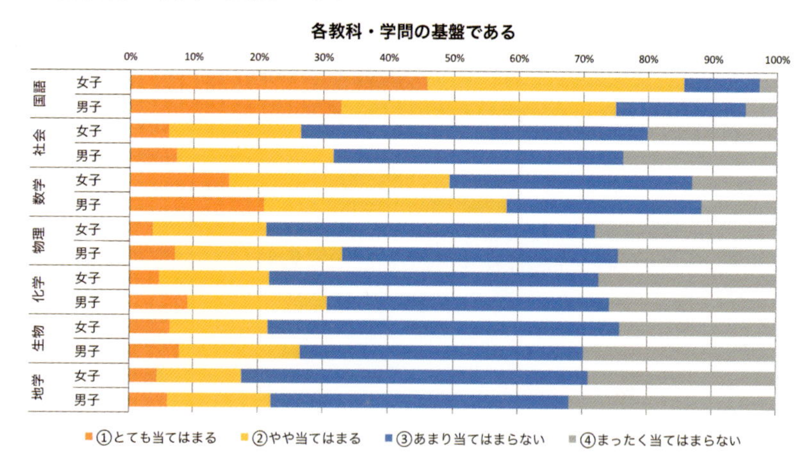

男女ともに、国語と数学に関しては肯定率が高い。教科・科目別に見ると、数学、物理、化学は男女差が大きく、いずれも女子の肯定率が低い。

■知識・技能が習得できる

知識・技能が習得できる

0%　10%　20%　30%　40%　50%　60%　70%　80%　90%　100%

国語　女子　男子
社会　女子　男子
数学　女子　男子
物理　女子　男子
化学　女子　男子
生物　女子　男子
地学　女子　男子

■ ①とても当てはまる　■ ②やや当てはまる　■ ③あまり当てはまらない　■ ④まったく当てはまらない

教科・科目間にほとんど差がない。これは、大学入試に収斂するような知識・技能の習得に重きを置く、現在の日本の高校教育の「特徴」を表していると考えられる。

■思考力が育成される

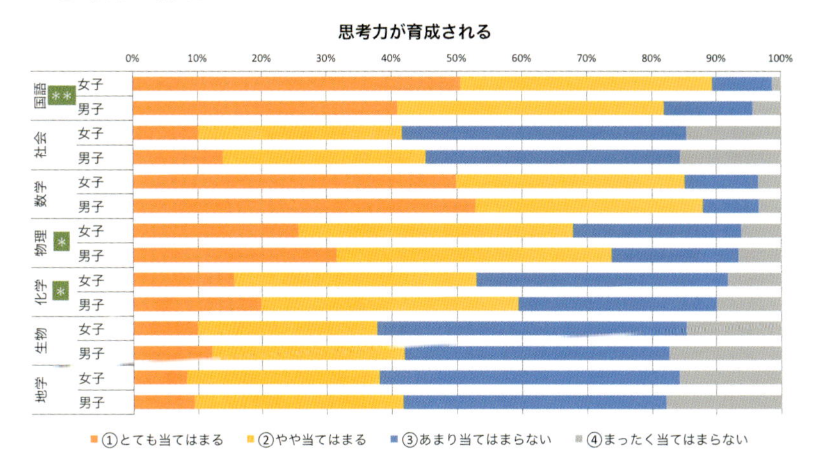

※上記の［＊＊］、［＊］は、χ^2検定での結果を表す。

漸近有意確率（両側）＜0.01　1%水準で有意差あり：＊＊

漸近有意確率（両側）＜0.05　5%水準で有意差あり：＊

漸近有意確率（両側）＞0.05　有意差なし

以下のデータについても、同様である。

まず、男女ともに国語、数学に対する肯定率が高いことが目立つ。それに対して、社会、生物では肯定率が低い。これは、生徒は社会、生物を暗記科目ととらえていることの表れとも考えられる。この結果を見た高等学校・大学の生物の関係教員は、暗記科目ではないし、そのように教えてはいない、と口をそろえて言っていたが、結果はこのようになっている。

また、国語、物理、化学には男女で有意差があり、国語のみが女子の肯定率が高かった。

■論理的な力が育成される

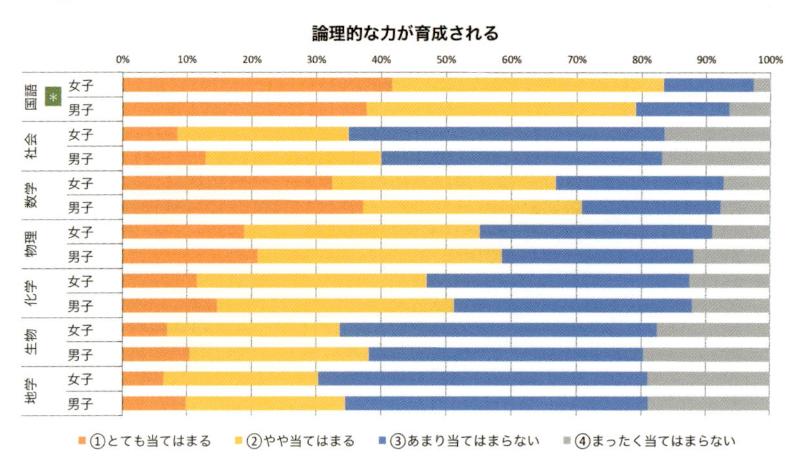

論理的な力に関しての結果は、思考力の育成に関する結果と似たもの

であり、男女ともに国語、数学に対する肯定率が高い。また、社会、生物に対する肯定率が低い傾向も同様である。やはり生徒は、暗記科目的にとらえていると思われる。なお、国語に関しては有意差がある。

■情緒的である

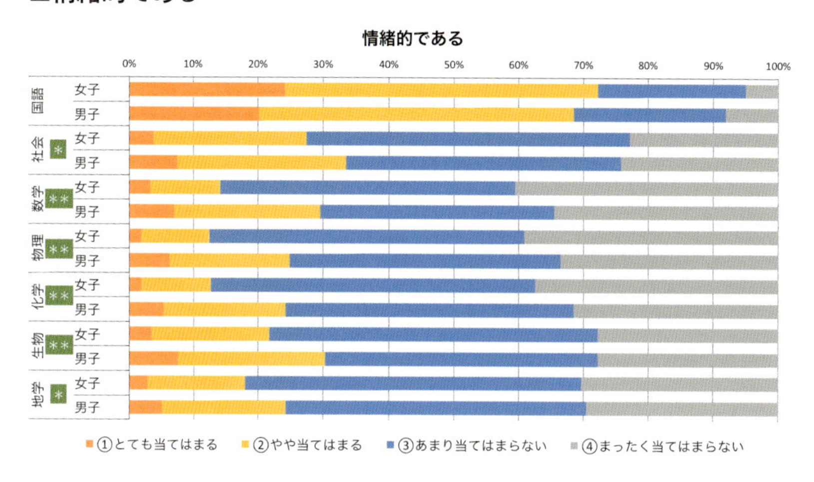

本調査のキーワードの1つが、「情緒的である」ことだ。「情緒」について、辞書には、

　　人にある感慨をもよおさせる、その物独特の味わい。また、物事に触れて起こるさまざまな感慨。（大辞林 第三版）

とある。今回の調査では、この「情緒」の意味をあえて説明せずに、「情緒的である」ことの解釈を生徒自身に委ねて回答してもらった。その上での結果と分析である。

まず、国語以外の教科・科目では男女の有意差があり、数学、物理、化学、生物ではその差が大きく、いずれも男子の方が情緒的であると感じているという、非常に興味深い結果が出ている。「情緒的である」ことと他の視点とのクロス集計については、後述する。

■学習するのは易しい

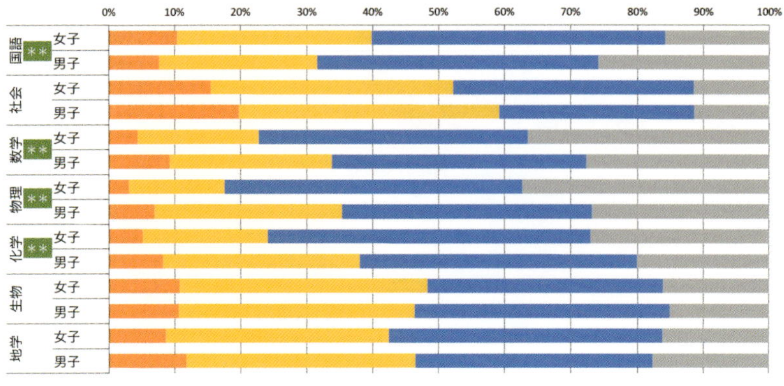

国語、数学、物理、化学は、男女の有意差がある。このうち国語以外の理数科目は、女子の肯定率が低い。やはり、理数に関しては女子生徒の方に苦手意識が強いようである。同じ理科でも、生物に関しては男女の有意差はなく、女子生徒は生物を苦手としないことが現れている。

■理解するのは易しい

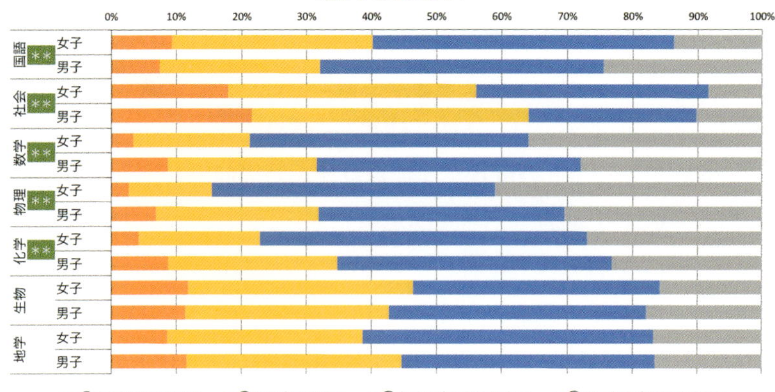

国語、社会、数学、物理、化学については、男女の有意差がある。

このうち国語以外は女子の肯定率が低く、物理に関する肯定率が最も低い。

全体の傾向は、先の「学習するのは易しい」とほぼ同じである。

⑷ 学習してみたい物理の内容

女子生徒を物理の学習に引き込むためには、どのような学習内容を取り入れるかがポイントの1つであると考える。女子生徒からは、物理の教科書等によく出てくる滑車や斜面上を滑る物体等についての「興味がない」、「面白くない」という酷評をよく聞く。

それでは、どのような内容であれば女子生徒が興味を持つのかを調査するために、この項目を設定した。その際、男女の差が現れると予想できる項目も入れておいた。

結果、女子の方が興味・関心を示した項目は、化粧品、衣類、食事や食物、住居、生命と関連した内容であった。これに対して、男子の方が興味を示した項目は、電化器具、交通手段（車・飛行機など）、工学（金属・材料など）、化学、科学の歴史や法則・公式等が発見された過程、先進的な科学技術、最先端の物理学に関する内容であった。これらは、従来からの物理の内容を考えると、ある程度は予想できた結果であるが、女子生徒が興味を持つ内容を一部にせよ明らかにできたと考える。

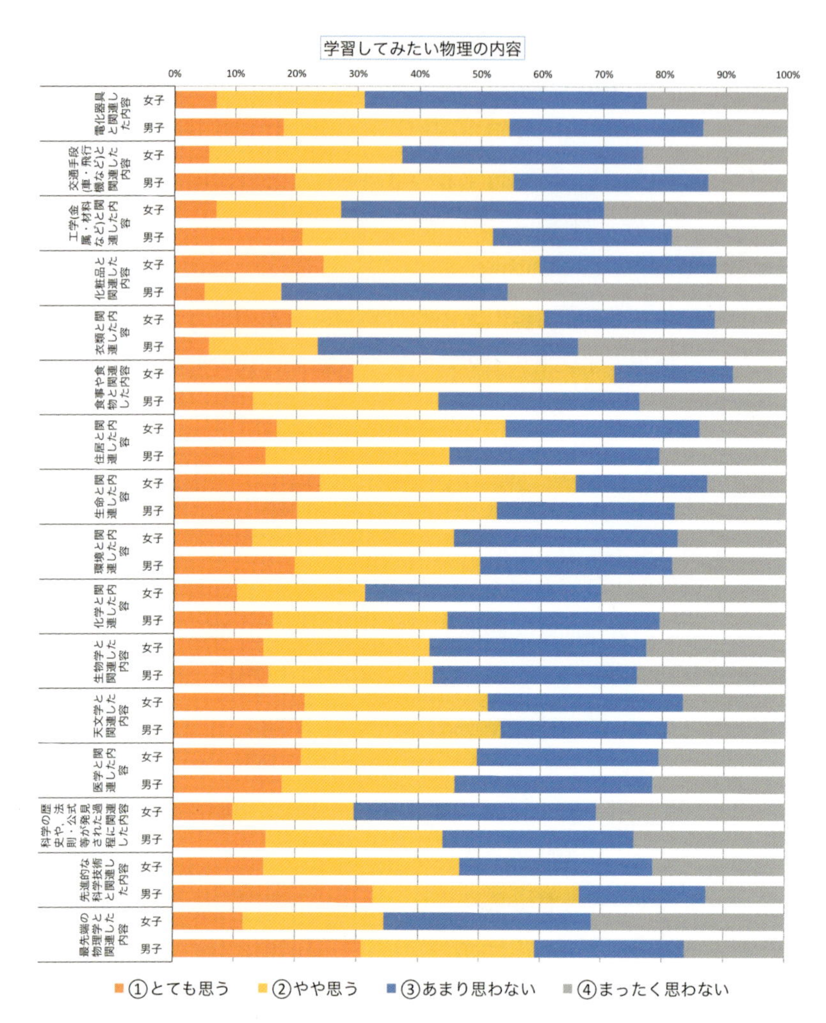

(5) 文系・理系と学習したい物理の内容

ここでは、質問項目の［3］と J. に関して、「女子の文系・理系」と「学習してみたい物理の内容」のクロス集計の結果を示し、その考察を行う。女子のみで分析・考察したのは、女子生徒の物理の学習への興味の持ち方を明らかにしたいと考えたからである。（理系・文系の割合は次の表)。

	女子	男子	合計
文系	36%	27%	31%
理系	29%	43%	36%
その他の学科	1%	1%	1%
分かれていない	33%	30%	32%

電化器具

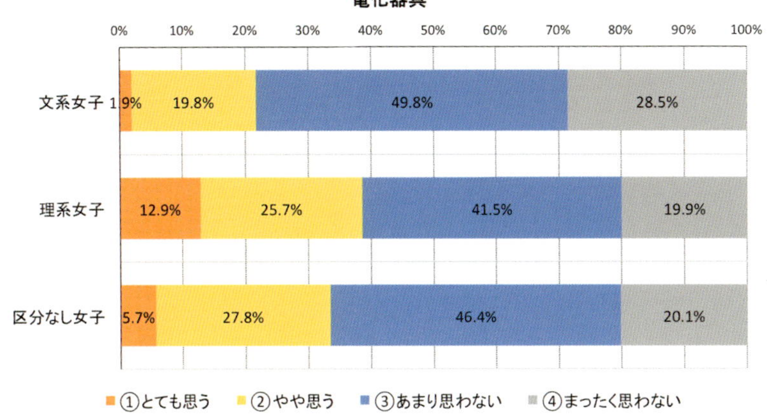

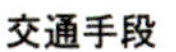

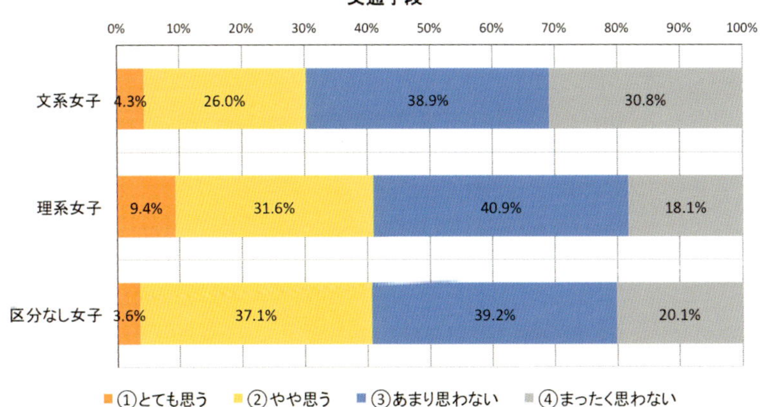

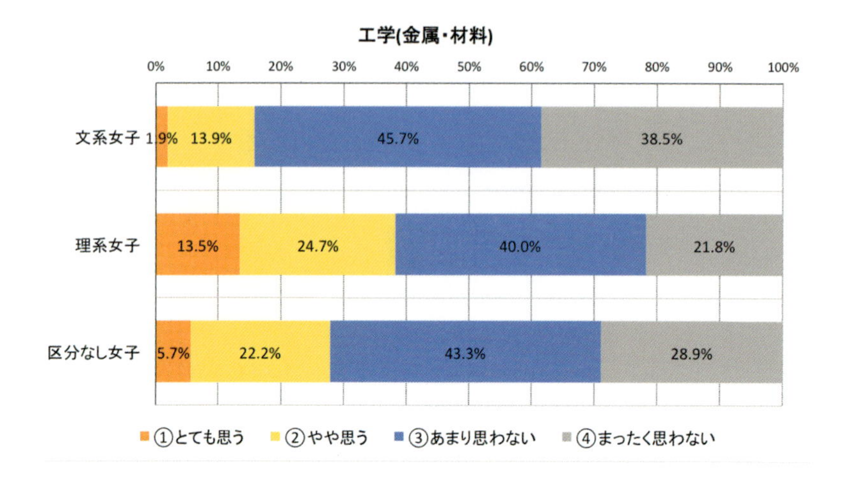

電化器具、交通手段、工学（金属・材料）に関しては、いずれも理系女子がより興味を持っていて、文系女子の興味は低いものがある。χ^2検定によれば、１％水準で有意差があった。なお、「区分なし女子」とは、高校1年生でまだ文理分けがされていない女子生徒を指す。これに対して、次の結果は興味深い。

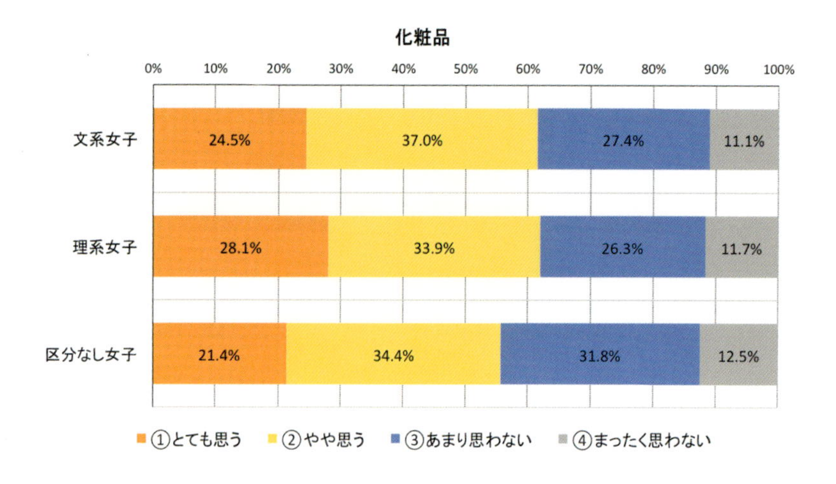

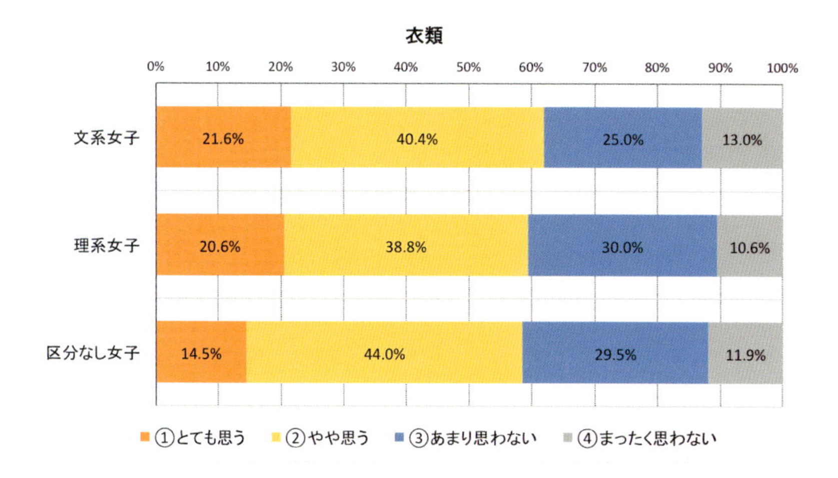

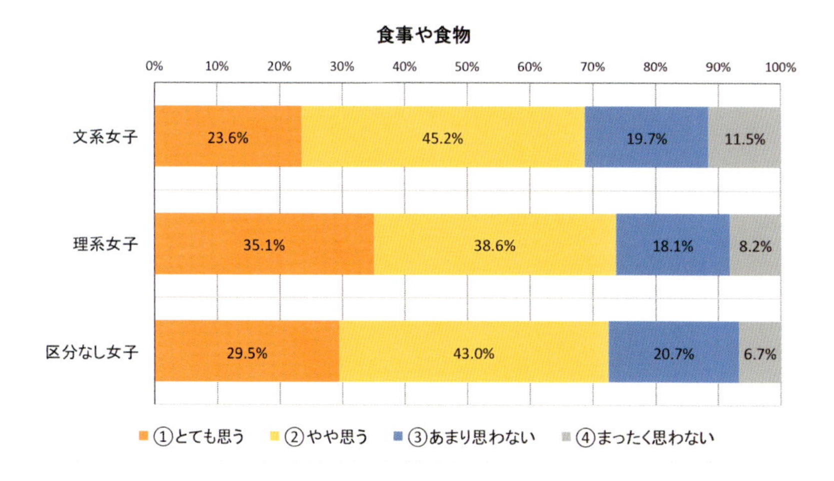

化粧品、衣類、食事や食物に関しては、文系女子の興味も高く、文系・理系で有意差がなかった。すなわち、文系の女子でもこれらの内容であれば学習してみてもよいと思っているのである。したがって、これは物理への興味・関心を持つ女子生徒を増やすヒントではないかと考える。

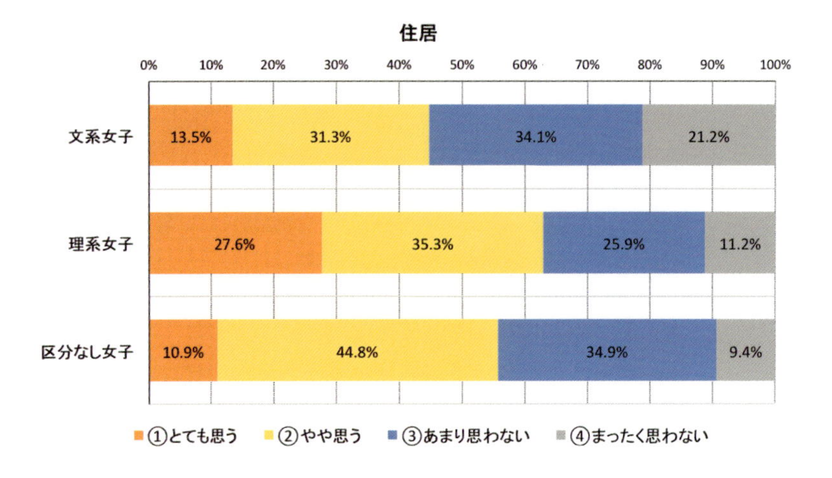
住居
0%
10%
20%
30%
40%
50%
60%
70%
80%
90%
100%
文系女子
13.5%
31.3%
34.1%
21.2%
理系女子
27.6%
35.3%
25.9%
11.2%
区分なし女子
10.9%
44.8%
34.9%
9.4%
①とても思う
②やや思う
③あまり思わない
④まったく思わない

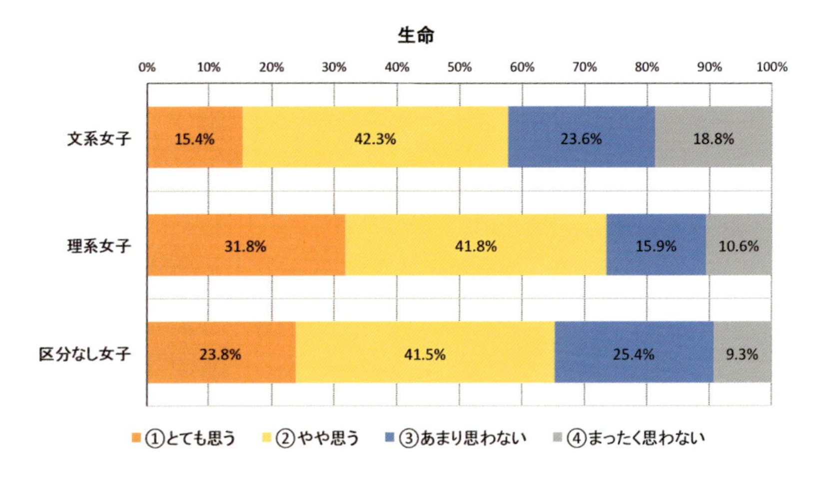
生命
0%
10%
20%
30%
40%
50%
60%
70%
80%
90%
100%
文系女子
15.4%
42.3%
23.6%
18.8%
理系女子
31.8%
41.8%
15.9%
10.6%
区分なし女子
23.8%
41.5%
25.4%
9.3%
①とても思う
②やや思う
③あまり思わない
④まったく思わない

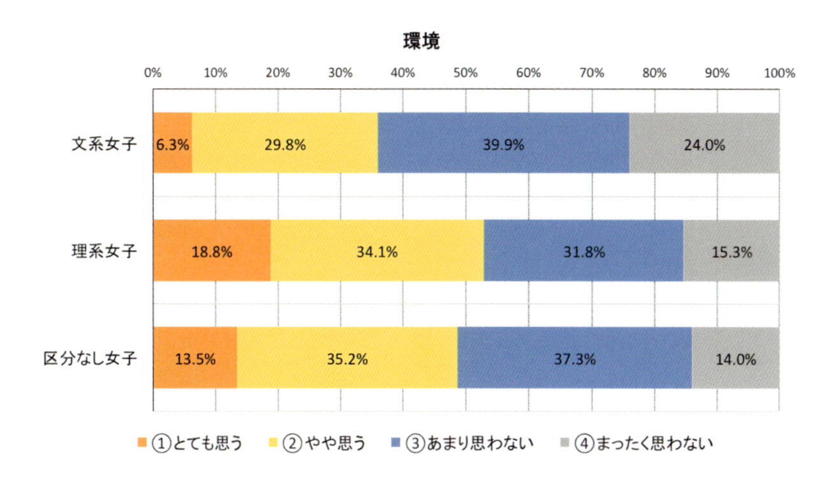

住居、生命、環境については、１％水準で有意差があったが、文系女子でもある程度の肯定率がある。

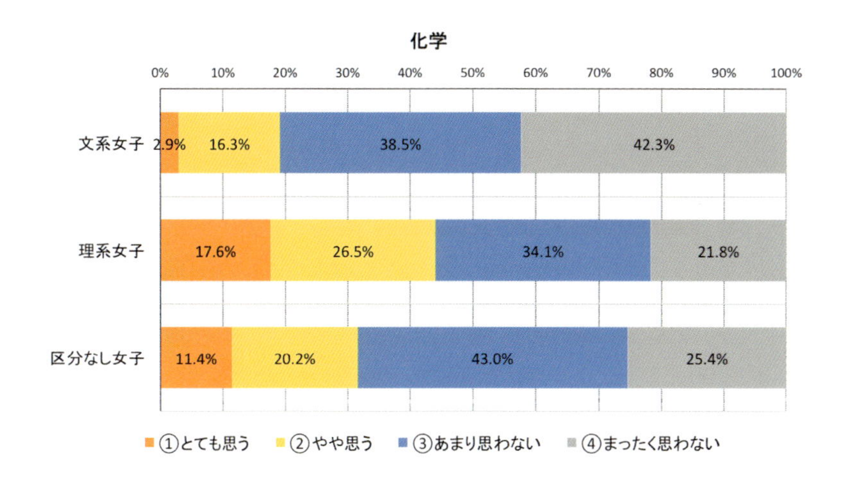

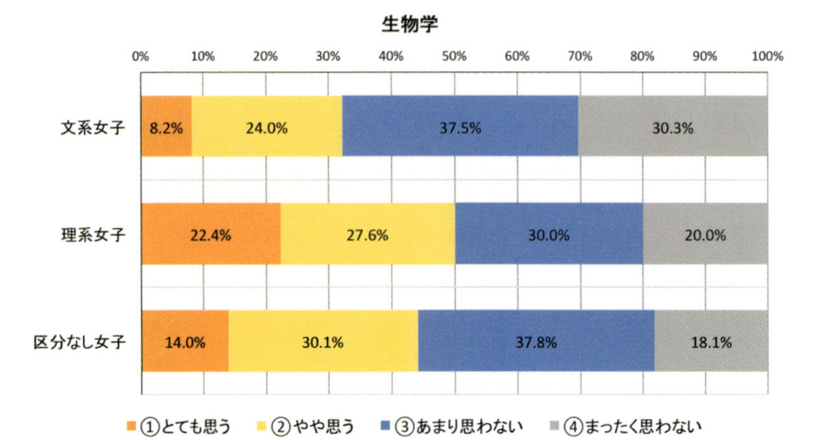

化学、生物学に関する内容については、やはり１％水準で有意差があったが、文系女子の肯定率が住居、生命、環境に比べると低い。

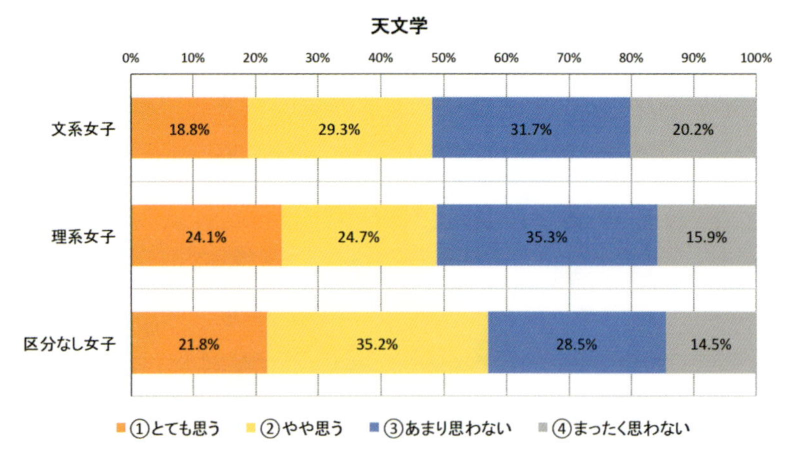

天文学は、文系・理系で有意差がない。この題材も、女子の物理への興味・関心を引く１つとなる可能性がある。もしかすると、占星術的な興味かもしれないが、天文学と占星術とは昔から大いに関係があるので、占星術から入る学習も面白いだろう。

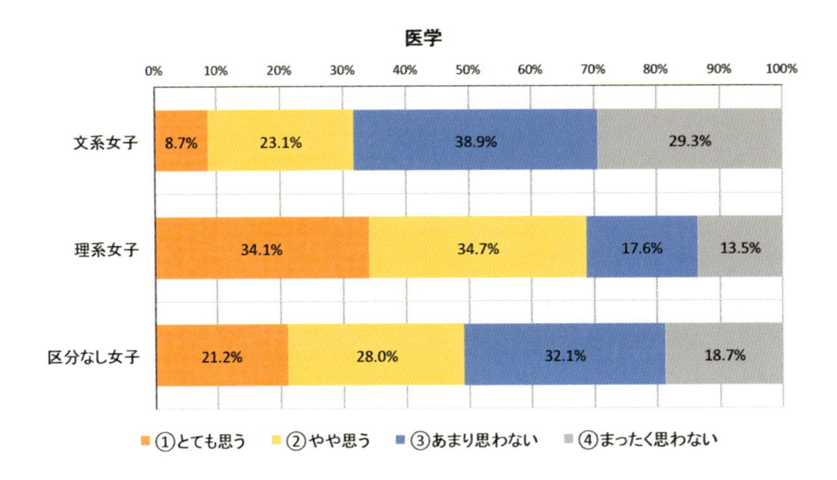

医学に関しては、１％水準で有意差があり、文系女子の肯定率は低い。しかし、女子が関心を持ちやすい分野も入れて、「医学・看護・福祉」として調査すると結果は違っていたかもしれない。

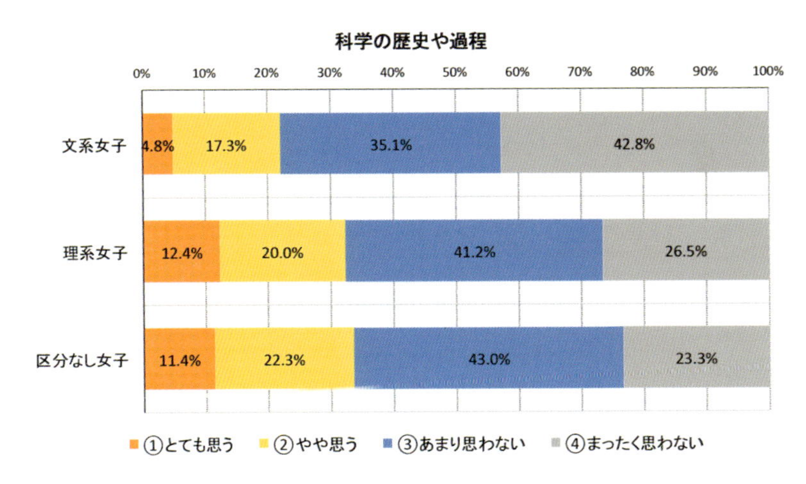

科学の歴史や、法則・公式等が発見された過程についても、１％水準で有意差があった。文系の肯定率がもう少し高いのではないかとの

予想が外れた。これは、女子が歴史を好きになるのは特定の個人を通じてであるとの意見もあり、科学における女性のロールモデルの少なさが、このような結果を引き出したのではないかとも考えられる。

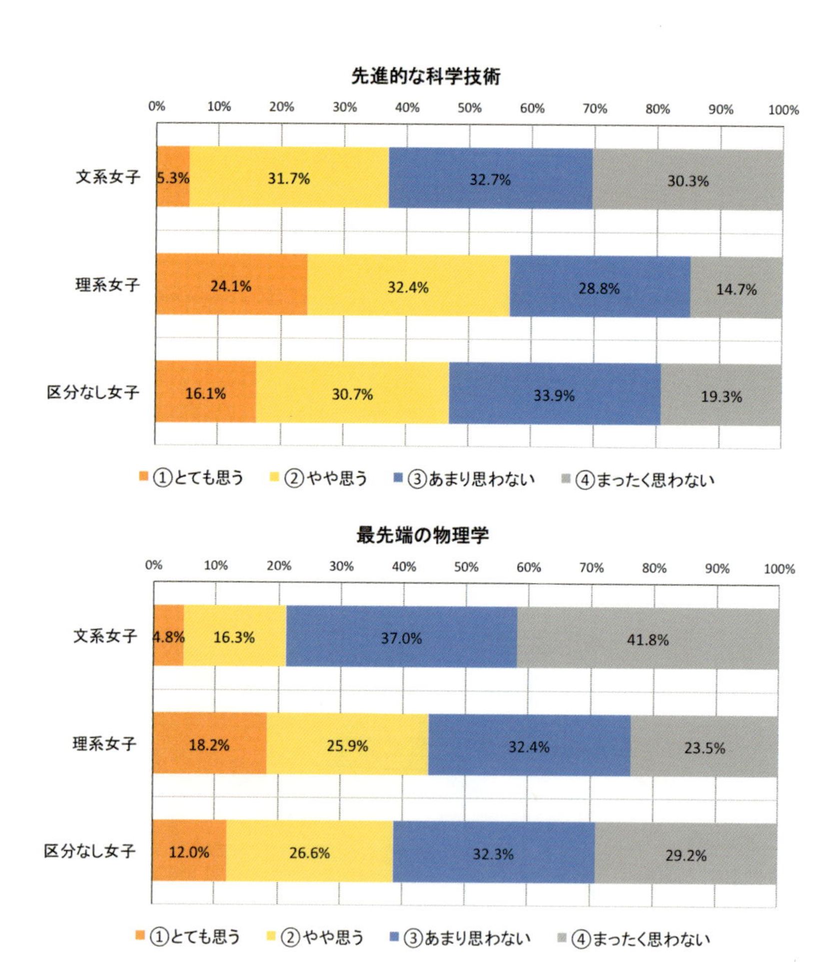

先進的な科学技術、最先端の物理学については、１％水準で有意差があり、文系女子の肯定率は低い。これは、予想通りであった。

(6) 数学の好き・嫌いと「情緒的」

先に述べたように、今回のアンケートでは調査項目に「情緒的である」を入れたのが特徴である。「情緒的である」の解釈は生徒に任せたので、各人それぞれの感じで答えたと思われるが、予想としては「いいなと思う」、「面白みを感じる」、「親しみを感じる」、「味わいを感じる」などの感覚ではないかと思っている。

まず、調査項目［4］の「数学の好き・嫌い」と各教科の「情緒的である」とのクロス集計の結果を見る。

■国語

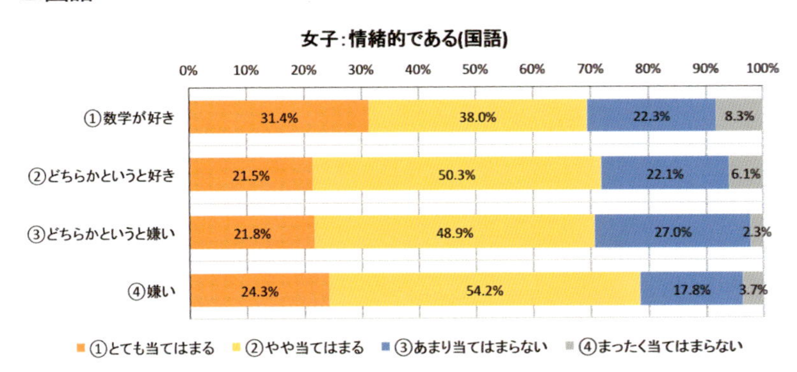

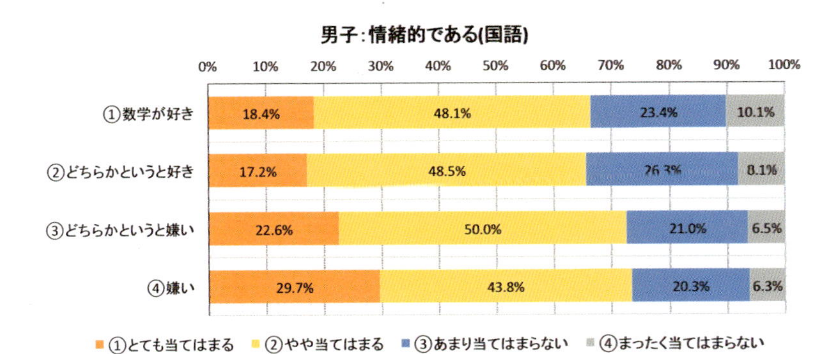

国語については、数学の好き・嫌いに関わらず男女ともに情緒的であると感じている割合が高い。男女ともに有意差はない。

■社会

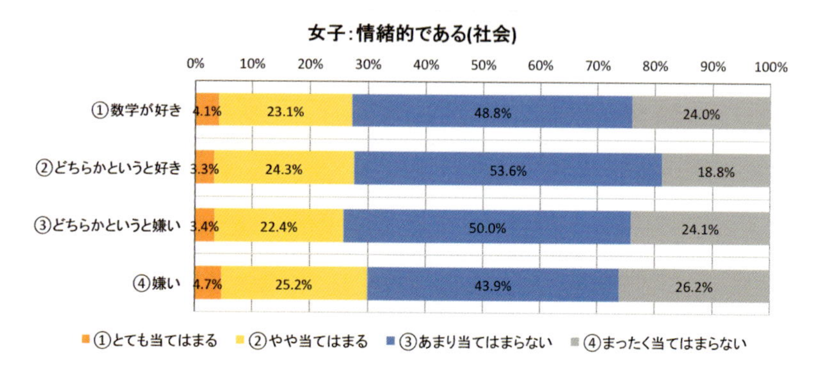

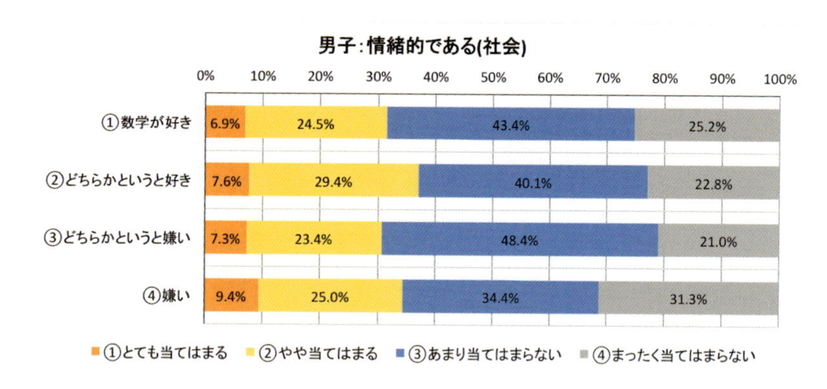

社会は、男女ともに情緒的であると感じる割合は国語に比べると低く、数学の好き・嫌いとの間に有意差はない。

■数学

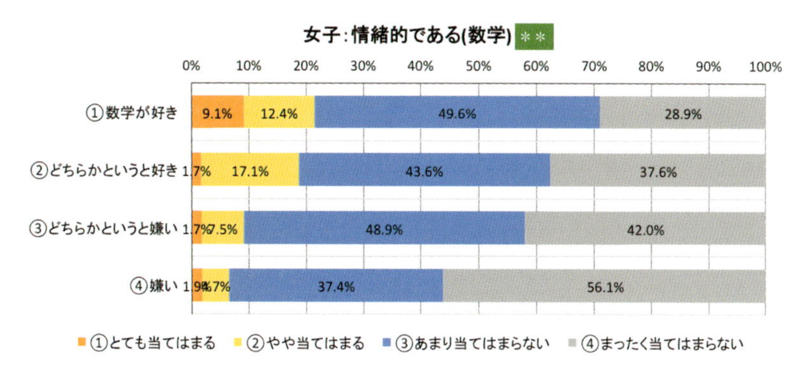

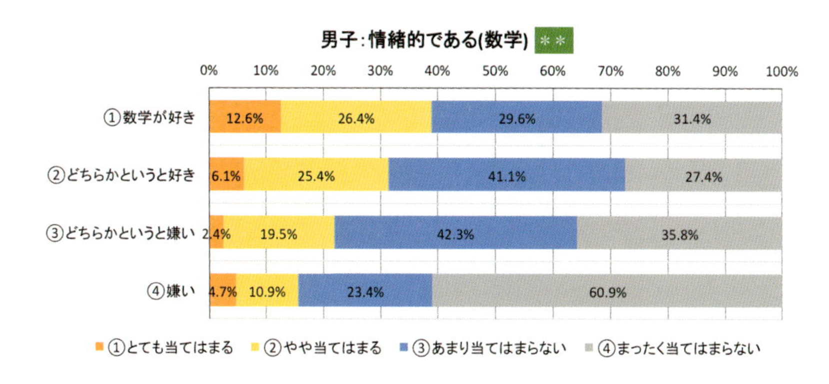

数学が好きであるほど、数学を情緒的と感じているが、男子の方が女子より情緒を感じている。これは、数学同士のクロス集計なので、ある意味で当然とも考えられる。男女ともに１％水準で有意差がある。

■物理

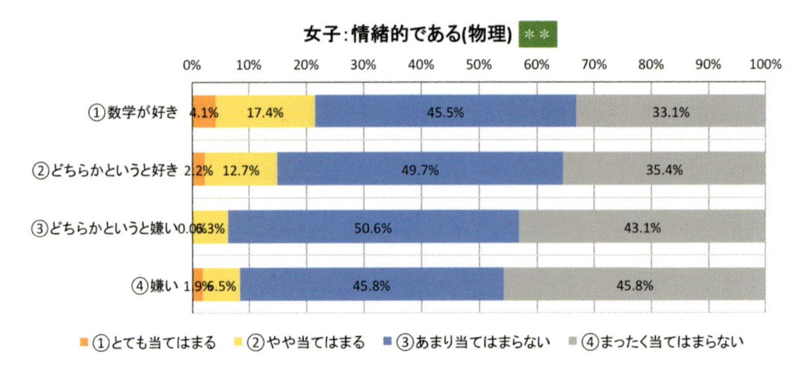

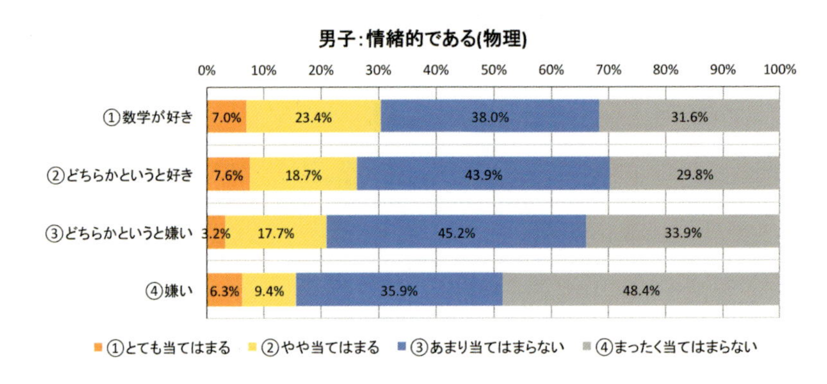

女子は、数学が好きであるほど物理を情緒的と感じ、1％水準で有意差がある。男子は有意差なしであり、数学が嫌いでも物理に結構、情緒を感じている。

■化学

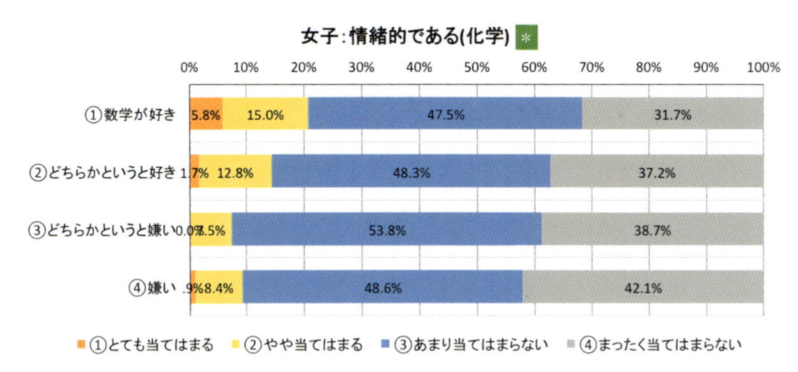

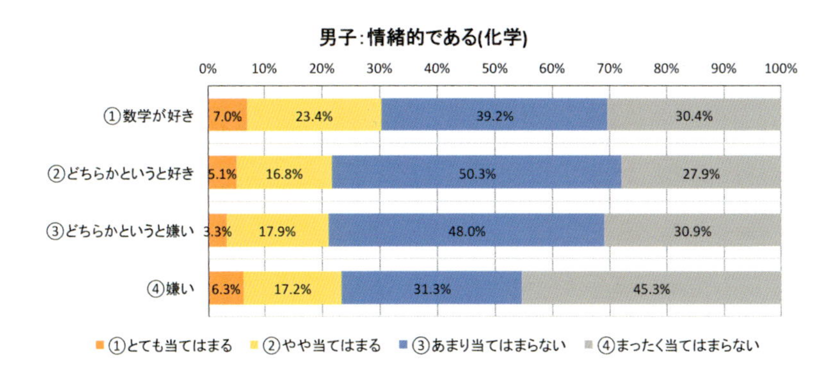

女子は、数学が好きであるほど化学を情緒的と感じ、５％水準で有意差がある。男子には有意差はなく、数学が嫌いでも化学に情緒を感じる割合は高い。

■生物

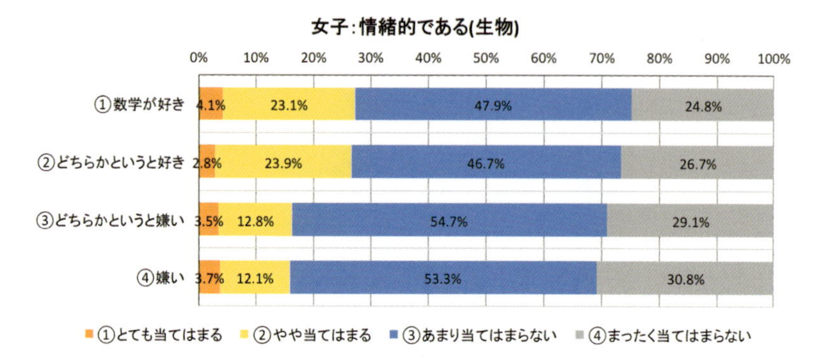

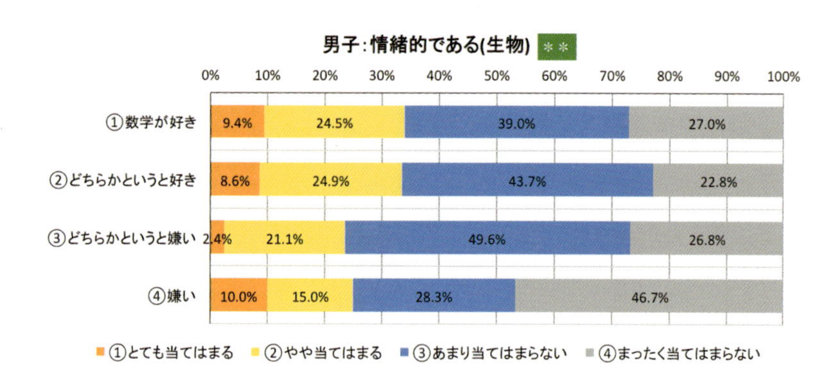

女子は有意差がなく、男子は１％水準で有意差がある。女子は、理科の他の科目に比べて、生物に情緒を感じる割合が高い。また、男子は数学が嫌いでも結構、生物に情緒を感じるようである。

■地学

履修者が少ないので、省略する。

⑺ 理科の好き・嫌いと「情緒的」

次に、調査項目［5］の「理科の好き・嫌い」と各教科の「情緒的である」とのクロス集計の結果を見る。

■国語

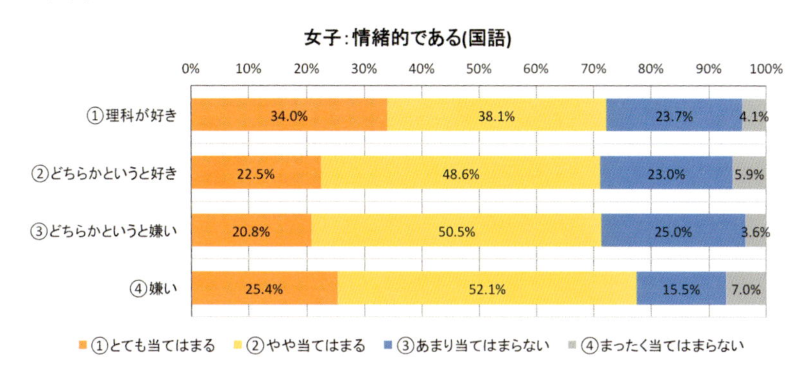

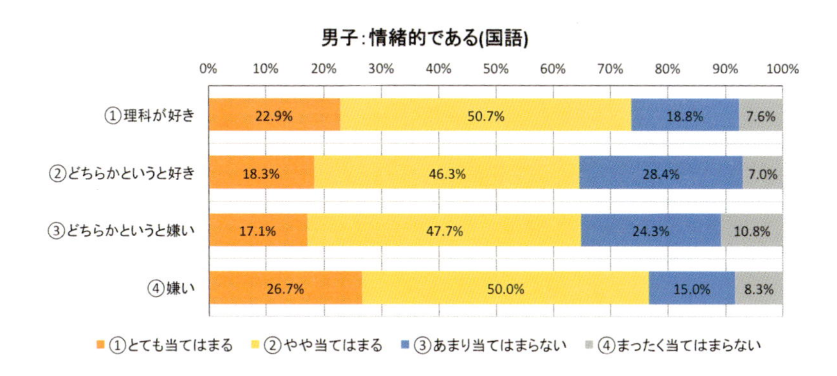

国語については、理科の好き・嫌いに関わらず男女ともに情緒的であると感じている割合が高い。男女ともに有意差はない。

■社会

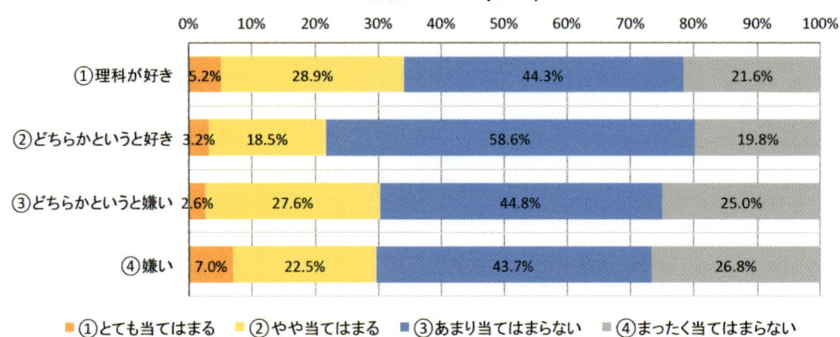

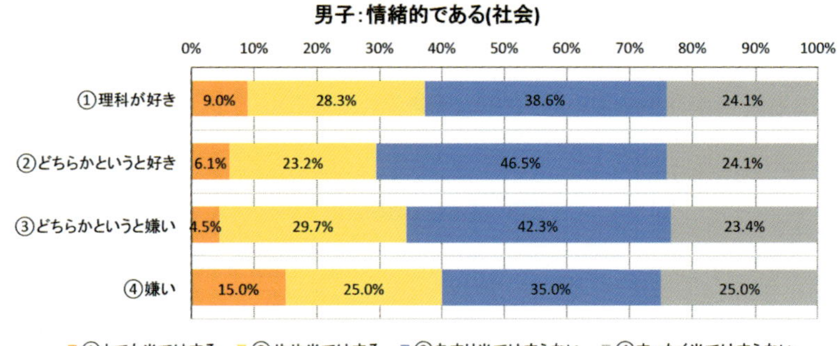

社会は、男女ともに情緒的であると感じる割合は国語に比べると低く、理科の好き・嫌いとの間に有意差はない。

■数学

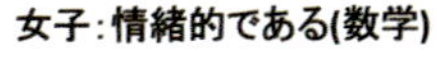

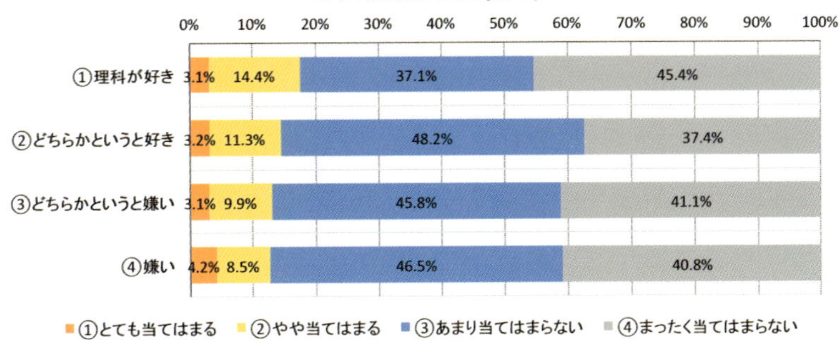

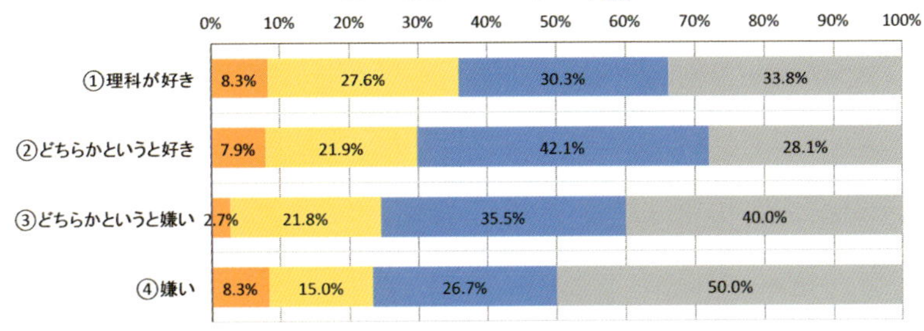

女子は有意差がなく、男子は５％水準で有意差がある。また、男子は理科が嫌いでも結構、数学に情緒を感じている。

■物理

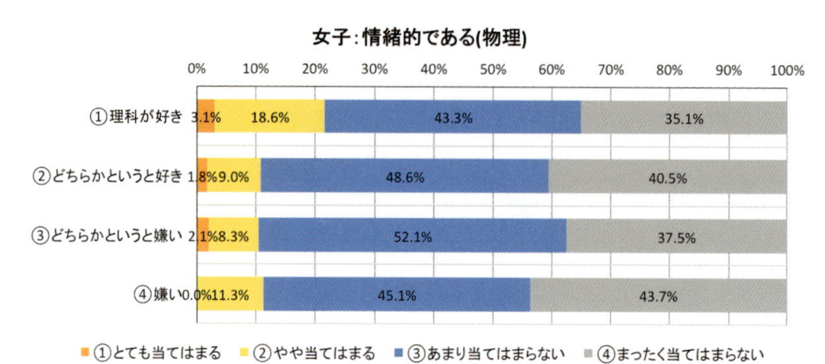

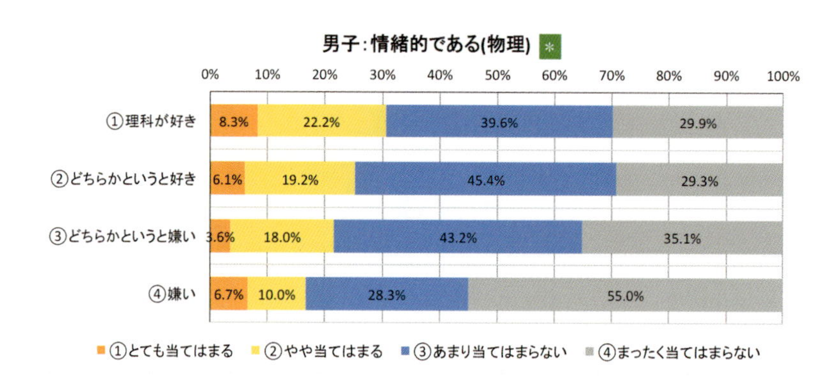

女子は有意差がなく、男子は５％水準で有意差があり、数学と傾向は似ている。男子は女子に比べると物理に情緒を感じる割合は高いが、数学に情緒を感じる割合と比べると低くなっている。

■化学

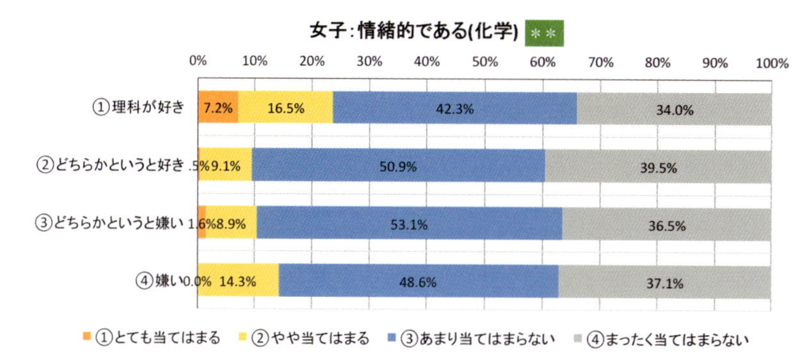

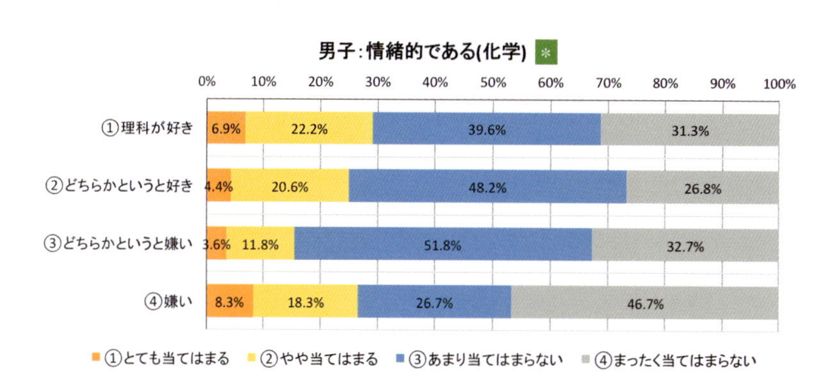

女子は１％水準で、男子は５％水準で有意差がある。女子より男子の方が情緒を感じる割合が高く、男子は理科が嫌いでも結構、化学に情緒を感じている。

■生物

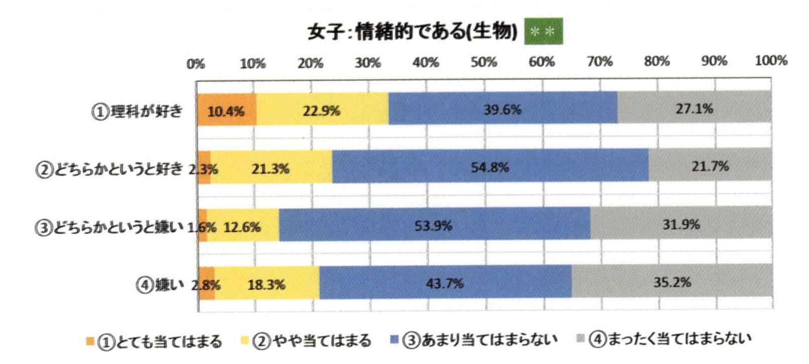

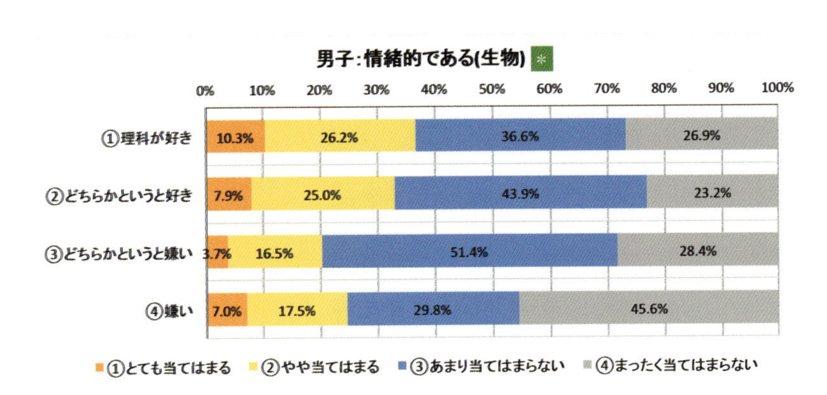

女子は１％水準で、男子は５％水準で有意差がある。理科の他の科目に比べると女子と男子の傾向は似ていて、このようなところにも女子が生物を好む傾向が現れていると考える。

■地学

履修者が少ないので、省略する。

(8) 物理の「情緒的」と学習したい物理の内容

次は、物理に情緒を感じるかどうかと、学習したいと思う物理の内容とのクロス集計の結果について見る。

［78］電化器具

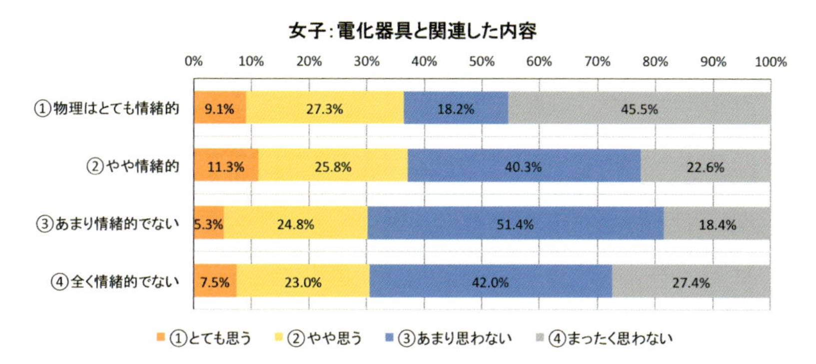

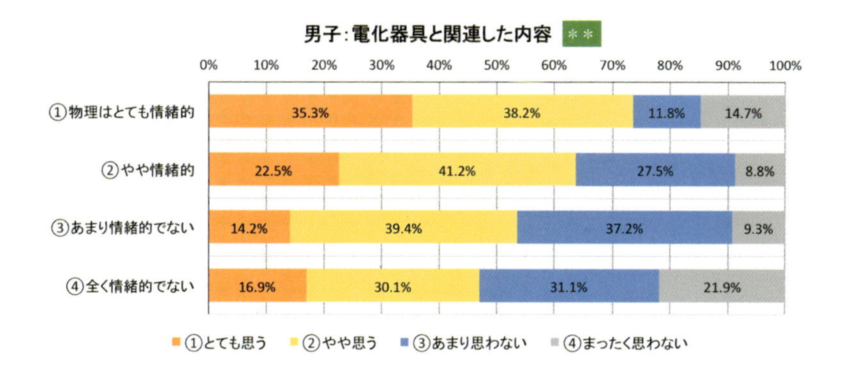

女子は有意差がなく、全体に少し興味がある。男子は１％水準で有意差があり、物理に情緒を感じない層でも、学習したいと思う割合が女子に比べると高い。

[79] 交通手段（車・飛行機など）

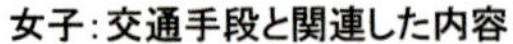

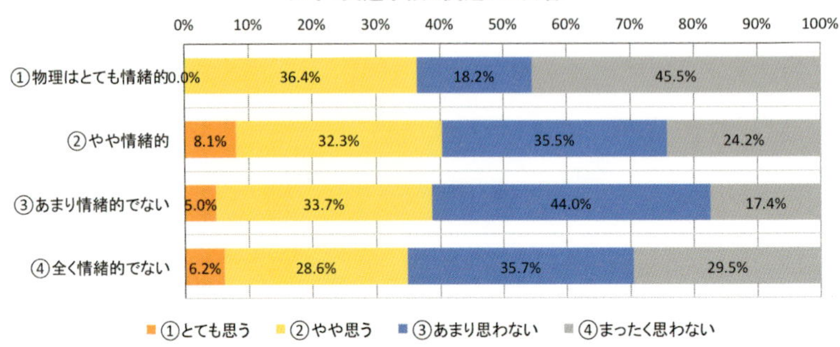

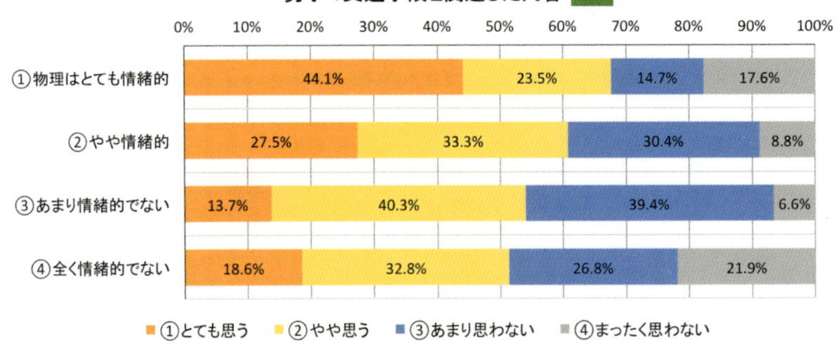

女子は有意差がなく、全体に少し興味がある。男子は１％水準で有意差があり、物理に情緒を感じない層でも、学習したいと思う割合が女子に比べると高い。

［80］工学（金属・材料など）

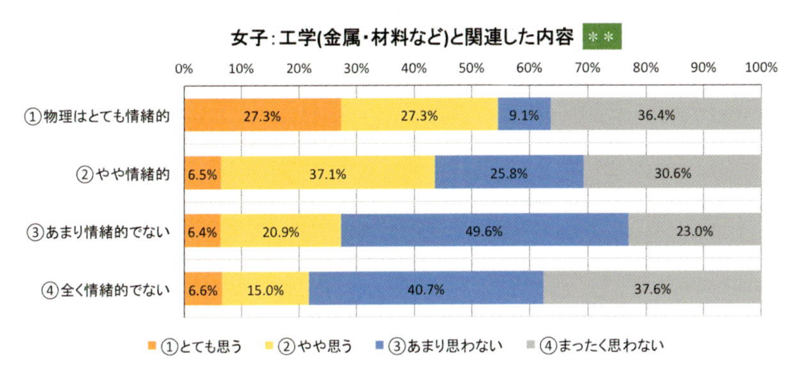

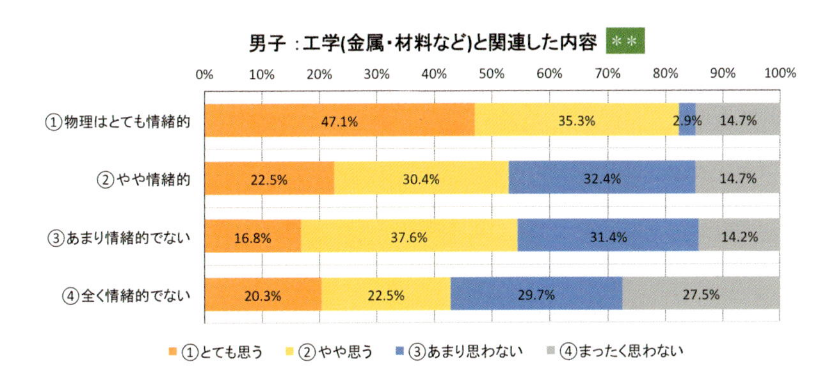

男女ともに１％水準で有意差があり、物理に情緒を感じるほど学習したいと思う割合が高い。そして、やはり女子より男子の方がより興味を持っている。

男女ともに物理に情緒を感じる方がより工学的な方向に興味を持ち、その割合は男子の方が高いことは、工学部に進学するのは圧倒的に男子が多いことを表す１つのデータであると思われる。

［81］化粧品

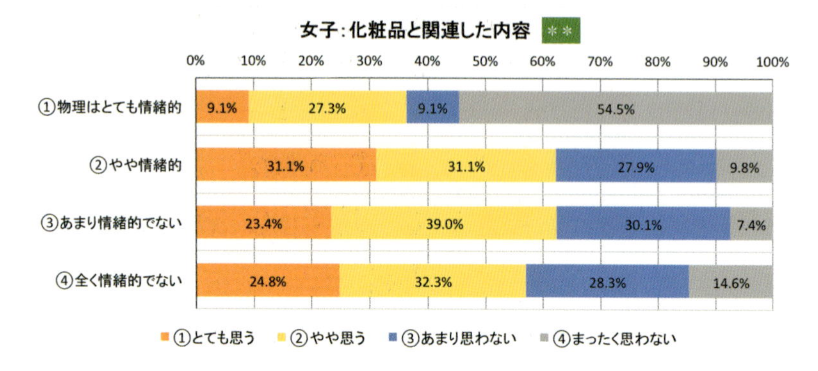

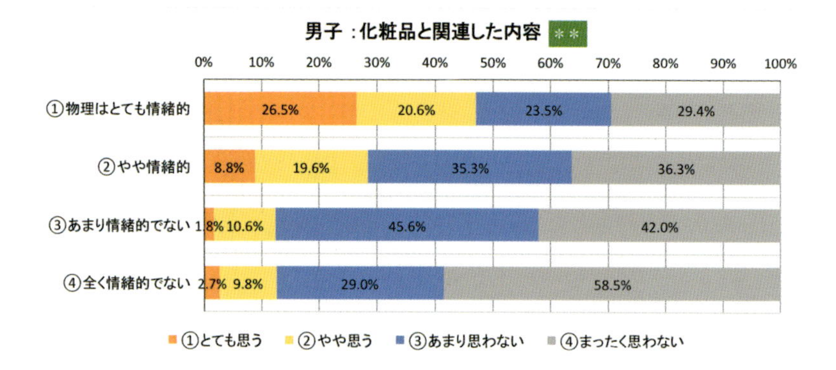

男女ともに１％水準で有意差があるが、女子は情緒をあまり感じない方が学習したいと思う割合が高く、男子は情緒を感じるほど学習したいと思う割合が高くなる点が違っている。

これは、化粧品に対する高校生の男女の意識・とらえ方の差も影響していると思われるとともに、女子が物理に興味を持つための１つのヒントとなっていると考える。

[82] 衣類

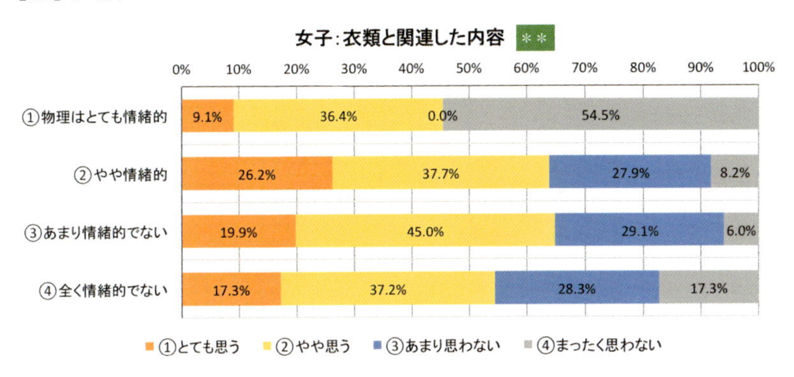

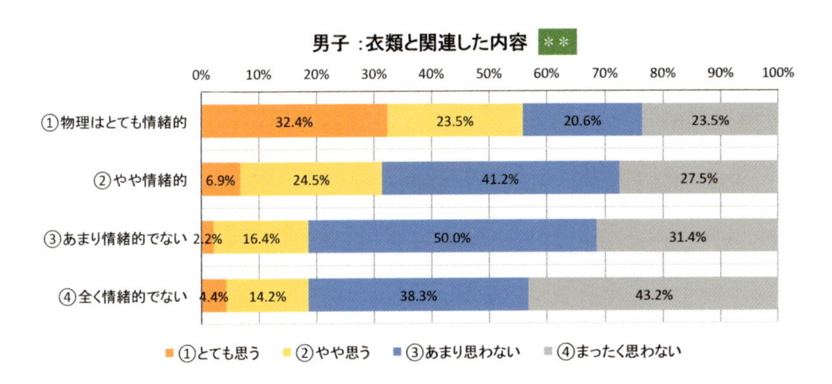

男女ともに１％水準で有意差があり、化粧品と同様に、女子は情緒を感じない方が学習したいと思い、男子はその逆である。

[83] 食事や食物

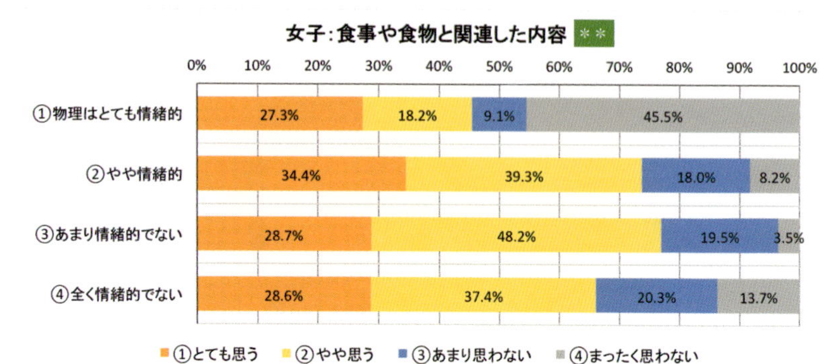

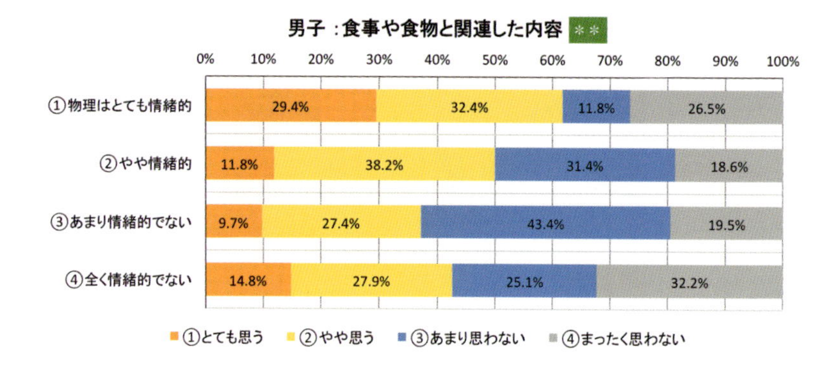

男女ともに１％水準で有意差があり、化粧品、衣類と同様に、女子は情緒を感じない方が学習したいと思い、男子はその逆である。

[84] 住居

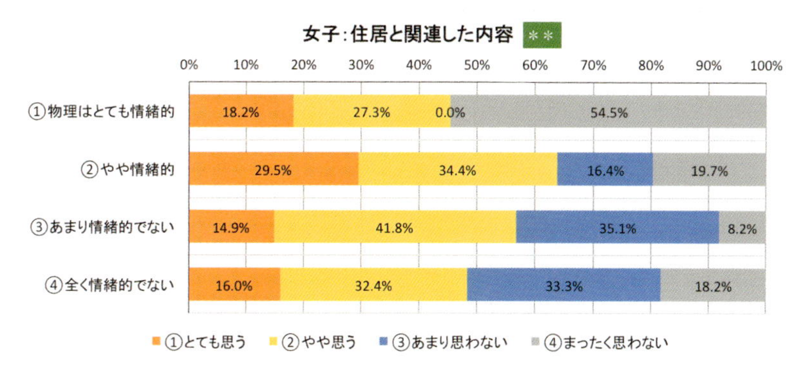

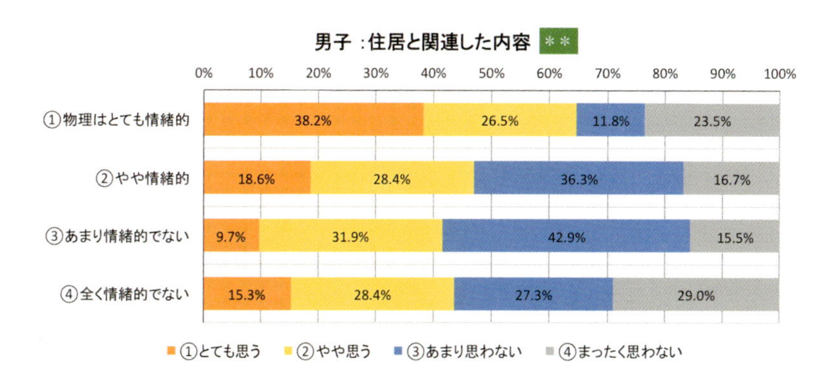

男女ともに１％水準で有意差があり、化粧品、衣類、食事や食物と同様に、女子は情緒を感じない方が学習したいと思い、男子はその逆である。

[85] 生命

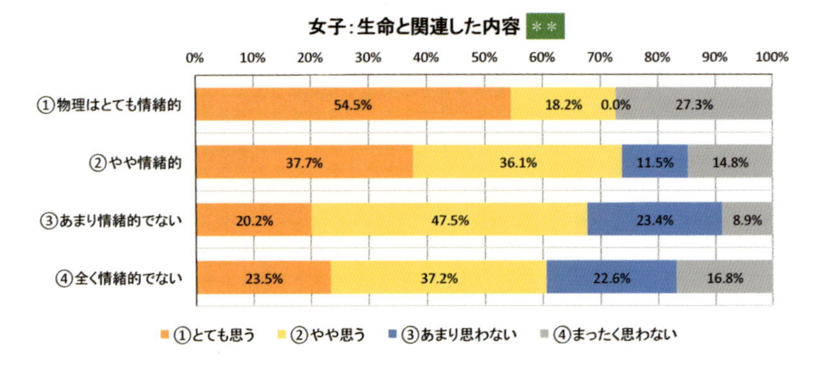

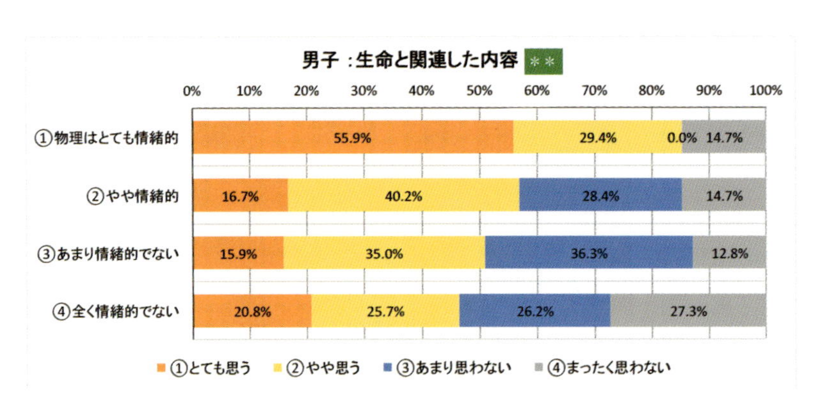

男女ともに１％水準で有意差があり、男女ともに情緒を感じる層ほど学習したいと思う割合が高い。そして、興味を持っている割合は女子の方が男子より少し高い。

これは、女子は生命に関係することに興味・関心があるという説の、証拠の1つであると考える。

［86］環境

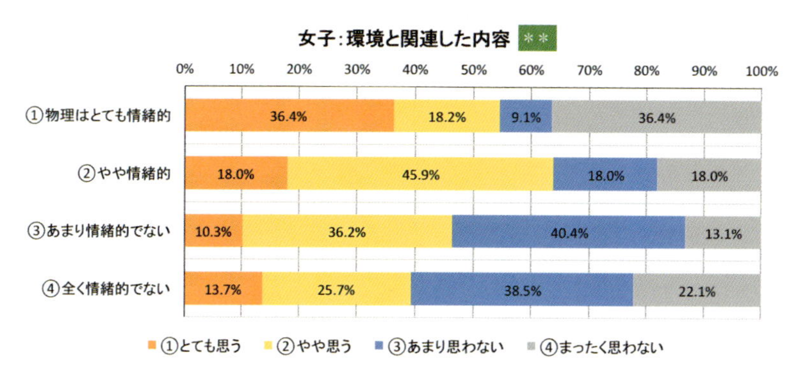

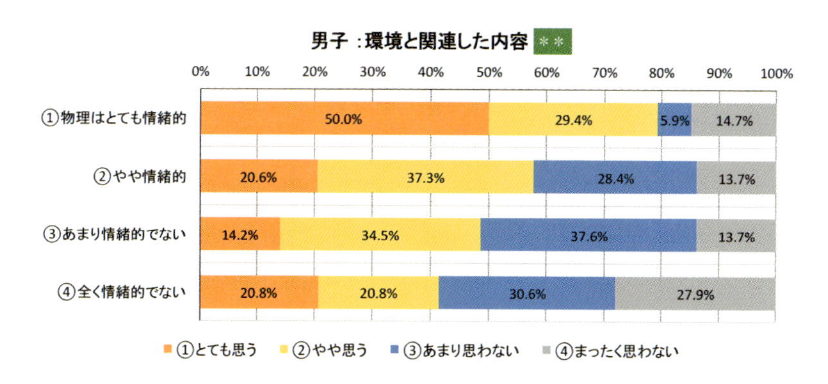

男女ともに１％水準で有意差があり、特に男子は情緒を感じる層ほど学習したいと思う割合が高い。

[87] 化学

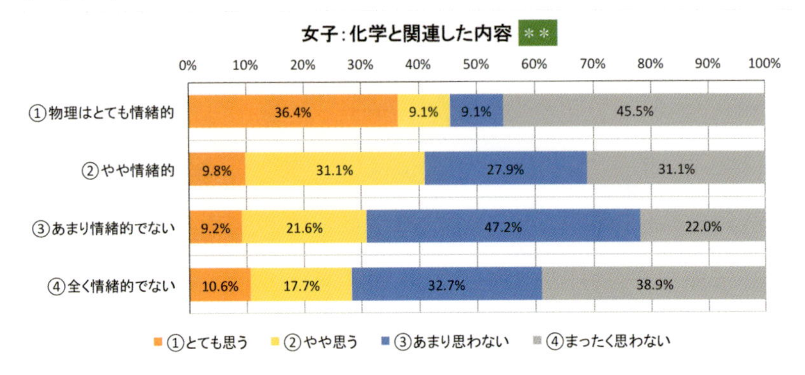

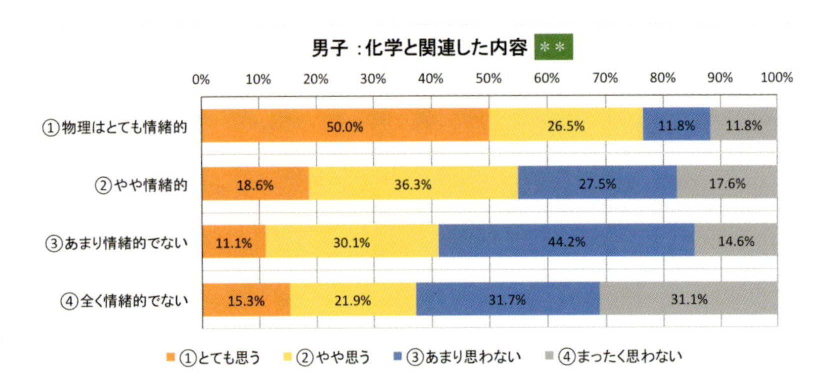

男女ともに１％水準で有意差があり、情緒を感じる層ほど学習したいと思う割合が高い。全体的に、女子より男子の方がより興味を持っている。

［88］生物学

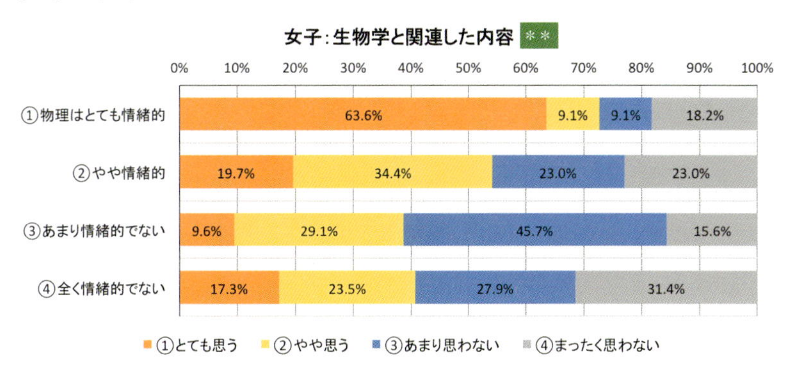

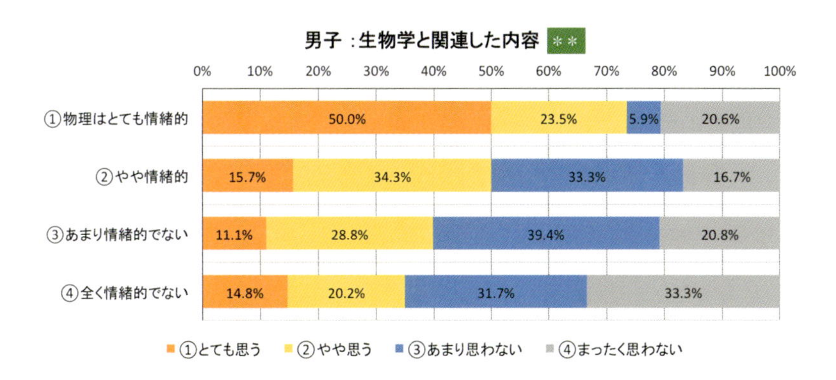

男女ともに１％水準で有意差があり、情緒を感じる層ほど学習したいと思う割合が高い。男女の傾向はほぼ同じであり、やはり生物学は他の理科の科目とは違う傾向が見られる。

[89] 天文学

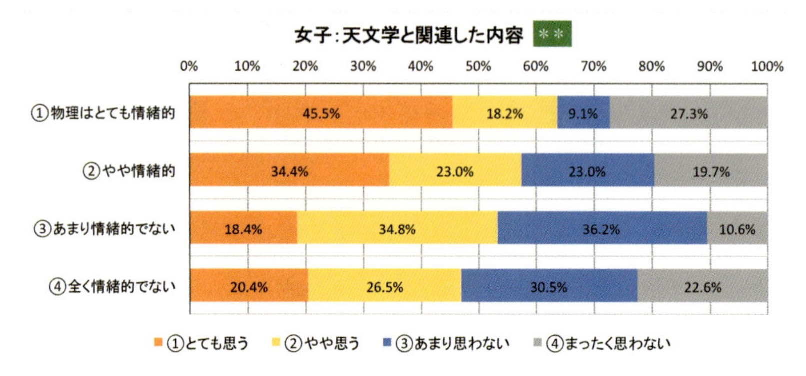

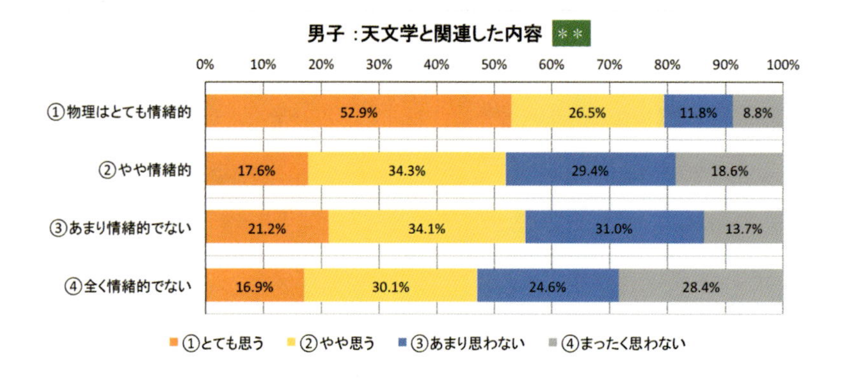

男女ともに１％水準で有意差があり、情緒を感じる層ほど学習したいと思う割合が高い。そして、情緒的ではないと感じている女子でも約半数が興味を持っていて、全体的に男女の差は大きくない。

これは、天文学が女子を物理の学習に向かわせるための有力な題材の１つになることを示していると考える。

［90］医学

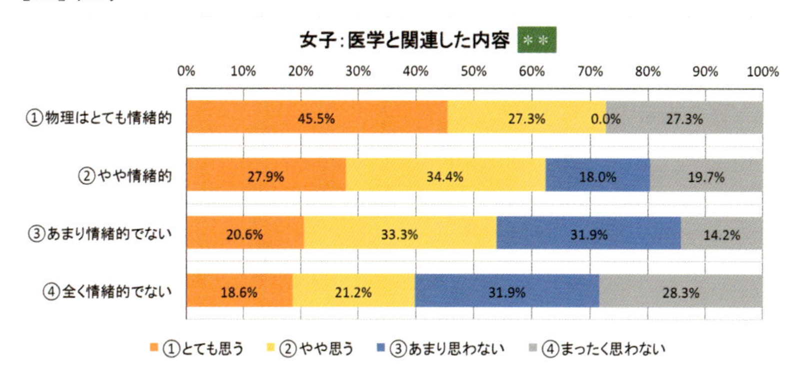

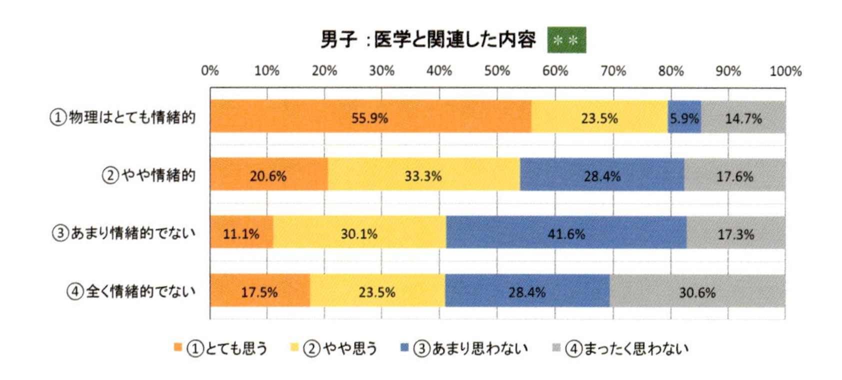

男女ともに１％水準で有意差があり、情緒を感じる層ほど学習したいと思う割合が高い。男女の傾向は、ほぼ同じである。質問項目を、「医学・看護・福祉」とすると、結果が少し変わったかも知れない。

[91] 科学の歴史や、法則・公式等が発見された過程

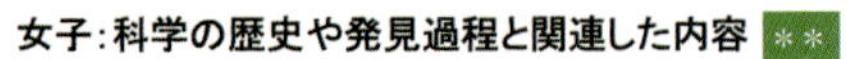

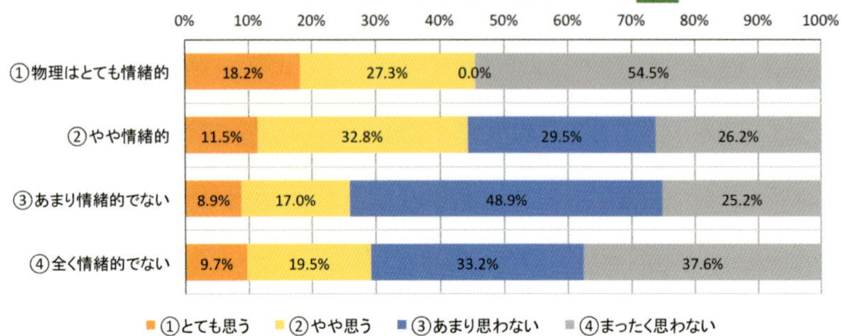

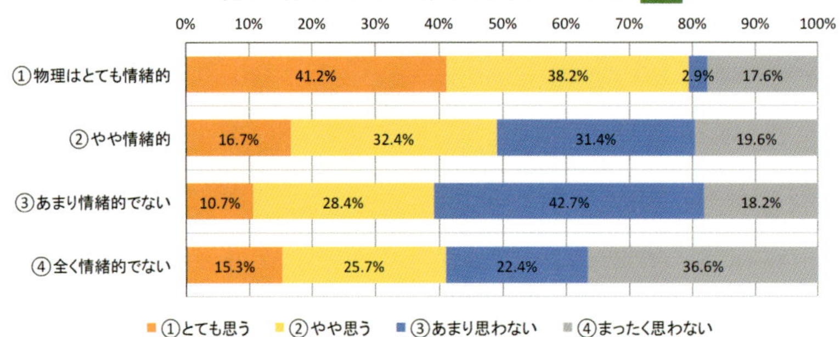

男女ともに１％水準で有意差があり、情緒を感じる層ほど学習したいと思う割合が高い。とても情緒的と感じている層では、男子の方がより興味を持っている。

これは、やはり科学における女性のロールモデルの少なさが影響しているのではないかと考える。

[92] 先進的な科学技術

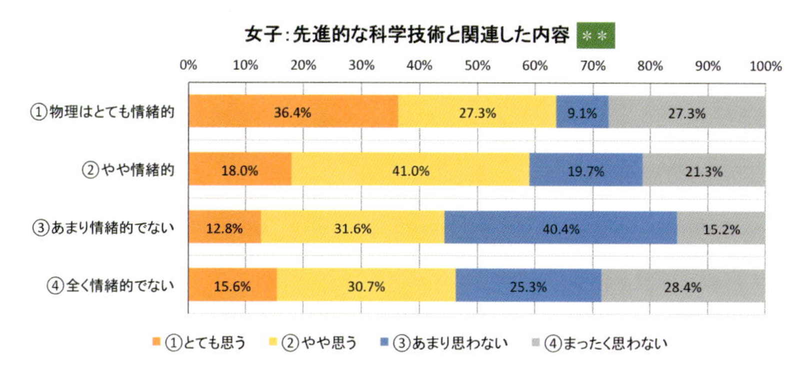

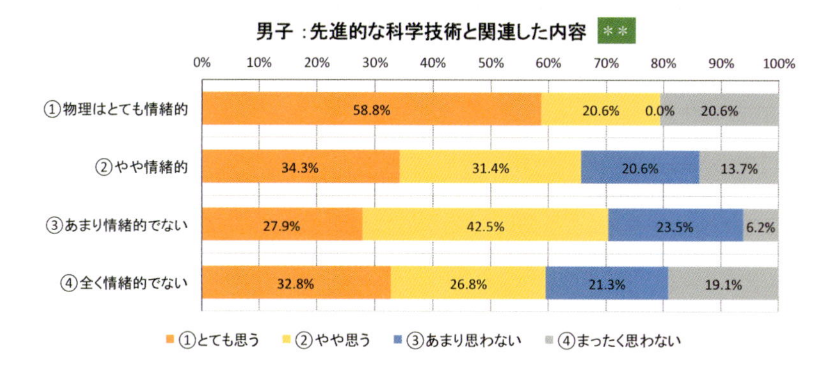

男女ともに１％水準で有意差があり、情緒を感じる層ほど学習したいと思う割合が高く、全般に男子の方が女子より興味を持っている。

［93］ 最先端の物理学

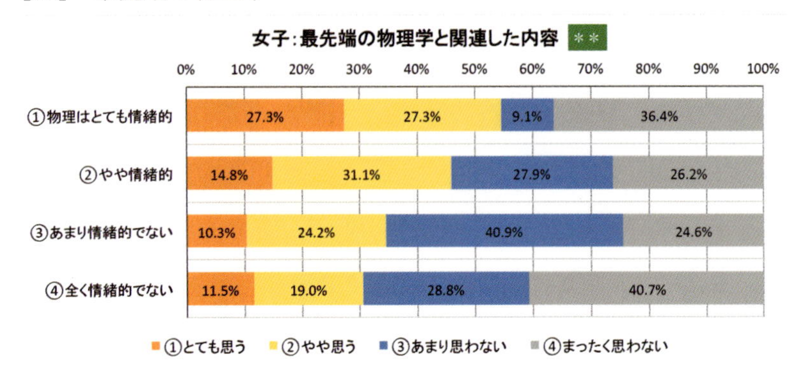

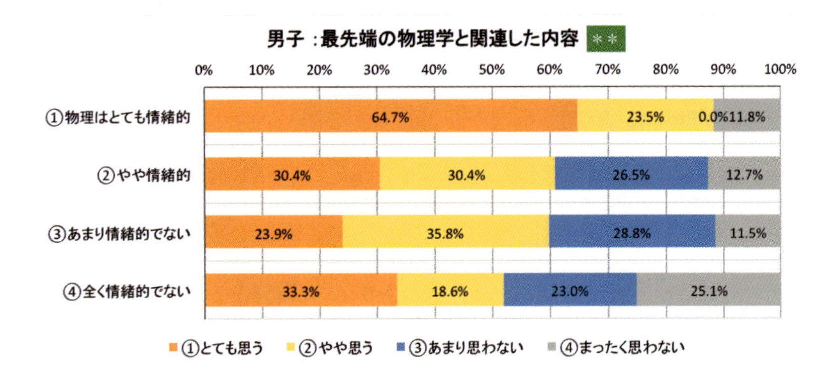

男女ともに１％水準で有意差があり、情緒を感じる層ほど学習したいと思う割合が高い。また、これまでに見てきた女子の物理学に対する「不人気」を表すように、全般に男子の方が女子より興味を持っている。

1-4　調査結果から考える新しい理数教育のあり方

⑴ 女子生徒への新しい切り口

以上のアンケートの集計結果と考察を、女子が物理で学習したいと思う内容に関してまとめると、次のようになる。

まず、文系・理系の視点から見た特徴的なグラフは次である。

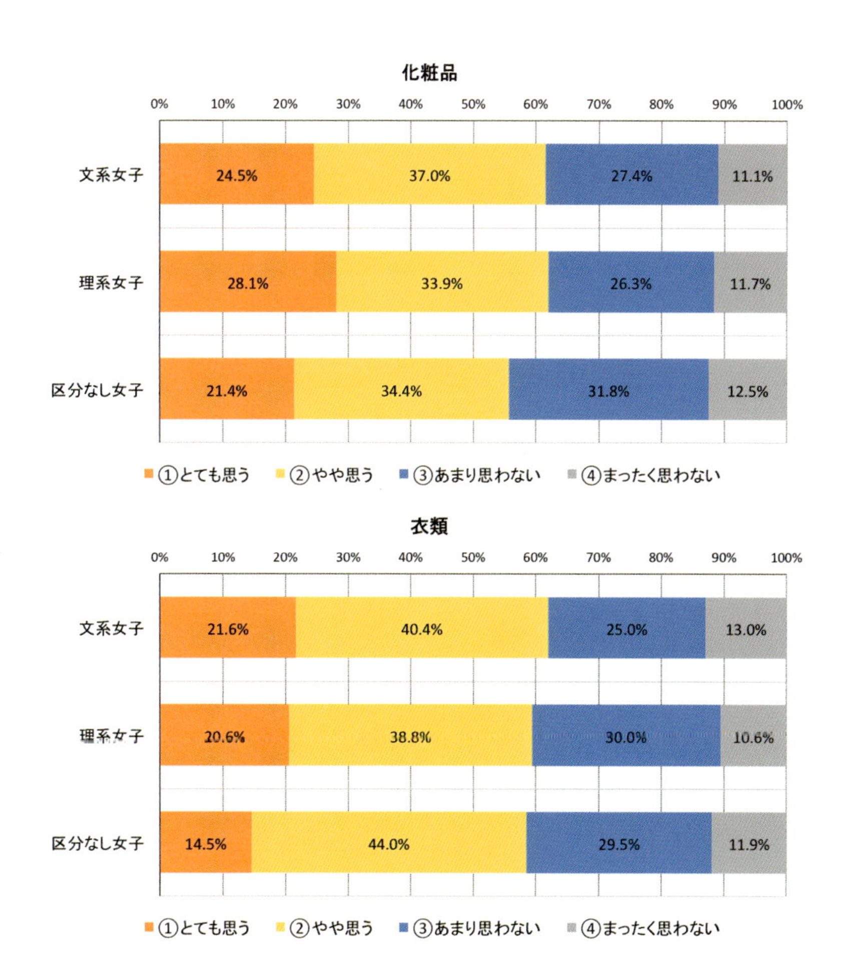

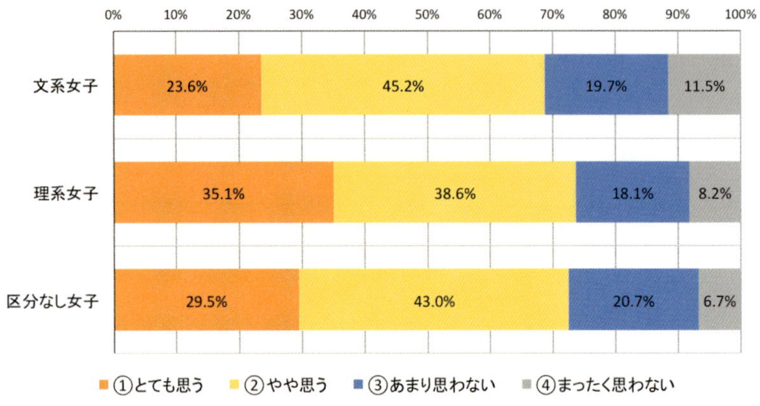

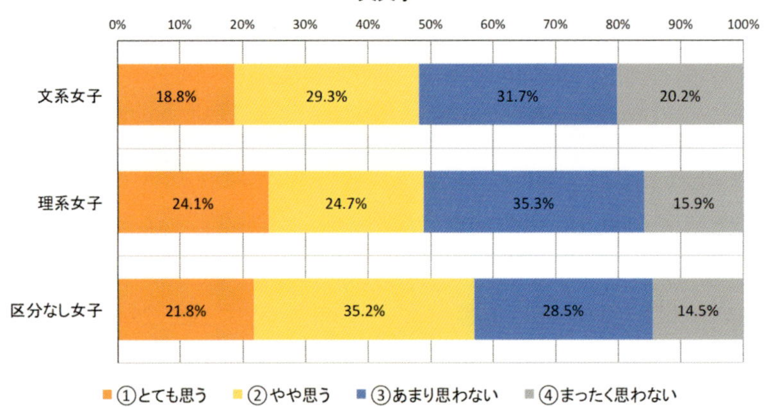

これから、化粧品、衣類、食事や食物、天文学については、文系・理系で有意差がない。つまり、文系女子の肯定率も高いので、これまで物理に興味がなかった女子を物理の学習に誘うためには、これらの内容を物理テキスト・副読本に取り入れるのが有効であると思われる。

次に、物理に情緒を感じるかどうかの視点で見ると、特徴的なグラフは次のようになる。

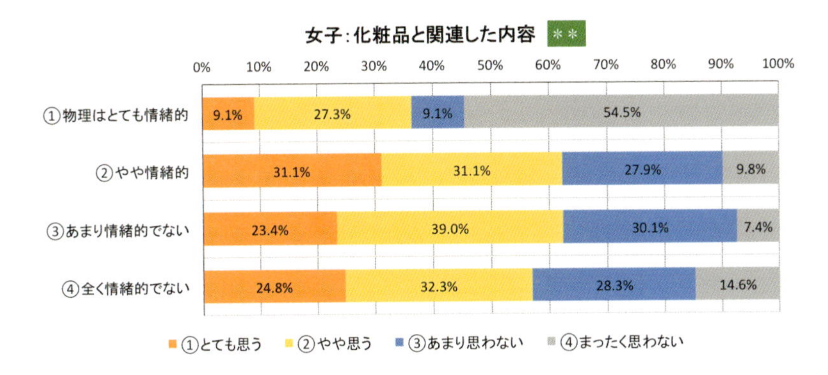
女子：化粧品と関連した内容 ＊＊
0% 10% 20% 30% 40% 50% 60% 70% 80% 90% 100%
①物理はとても情緒的 9.1% 27.3% 9.1% 54.5%
②やや情緒的 31.1% 31.1% 27.9% 9.8%
③あまり情緒的でない 23.4% 39.0% 30.1% 7.4%
④全く情緒的でない 24.8% 32.3% 28.3% 14.6%
①とても思う ②やや思う ③あまり思わない ④まったく思わない

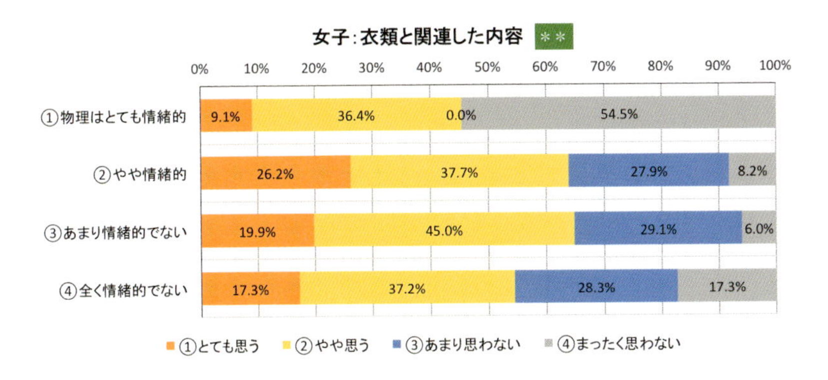
女子：衣類と関連した内容 ＊＊
0% 10% 20% 30% 40% 50% 60% 70% 80% 90% 100%
①物理はとても情緒的 9.1% 36.4% 0.0% 54.5%
②やや情緒的 26.2% 37.7% 27.9% 8.2%
③あまり情緒的でない 19.9% 45.0% 29.1% 6.0%
④全く情緒的でない 17.3% 37.2% 28.3% 17.3%
①とても思う ②やや思う ③あまり思わない ④まったく思わない

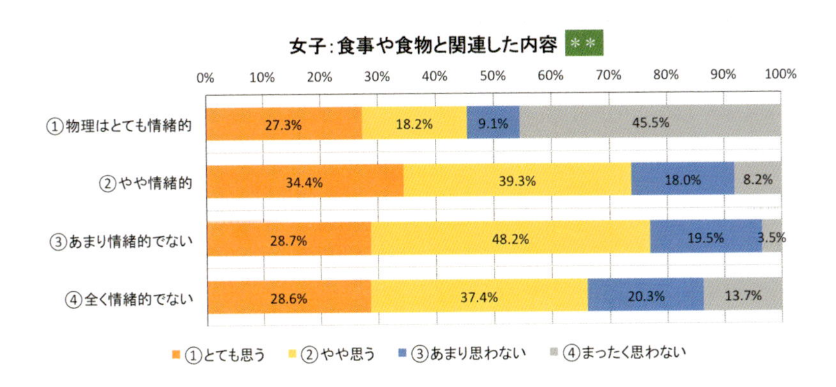
女子：食事や食物と関連した内容 ＊＊
0% 10% 20% 30% 40% 50% 60% 70% 80% 90% 100%
①物理はとても情緒的 27.3% 18.2% 9.1% 45.5%
②やや情緒的 34.4% 39.3% 18.0% 8.2%
③あまり情緒的でない 28.7% 48.2% 19.5% 3.5%
④全く情緒的でない 28.6% 37.4% 20.3% 13.7%
①とても思う ②やや思う ③あまり思わない ④まったく思わない

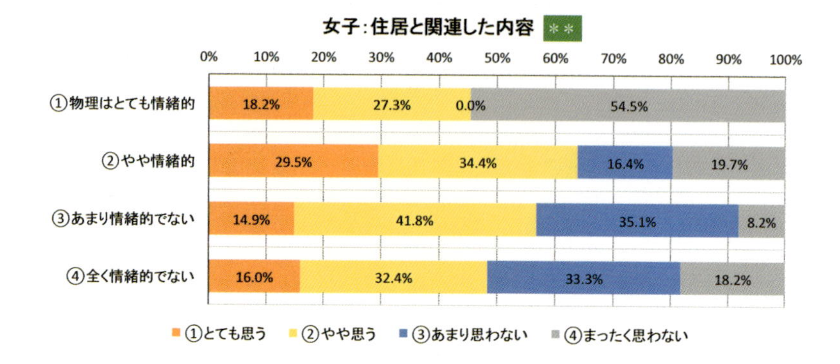

これから、化粧品、衣類、食事や食物、住居については、物理に情緒をあまり感じない層の方が、これらの内容を学習したいと思っていることが分かる。

そして、生命については、次のグラフから分かるように、文系女子も物理に情緒をあまり感じない女子も興味を持つ率が高い。

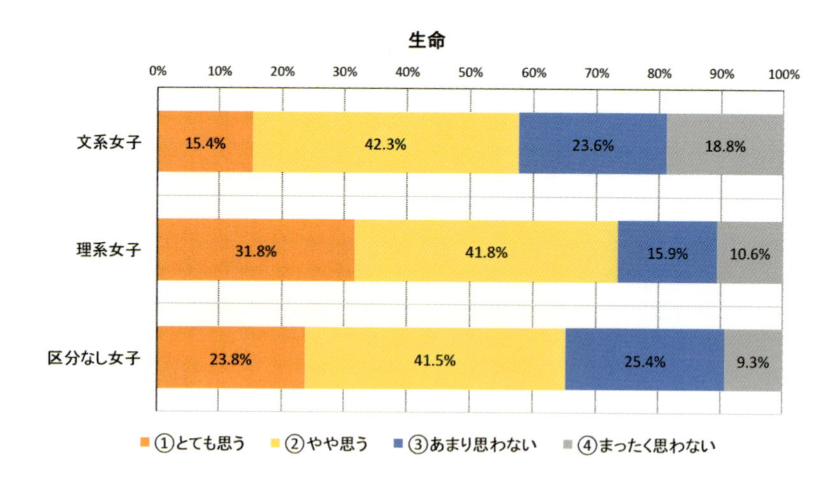

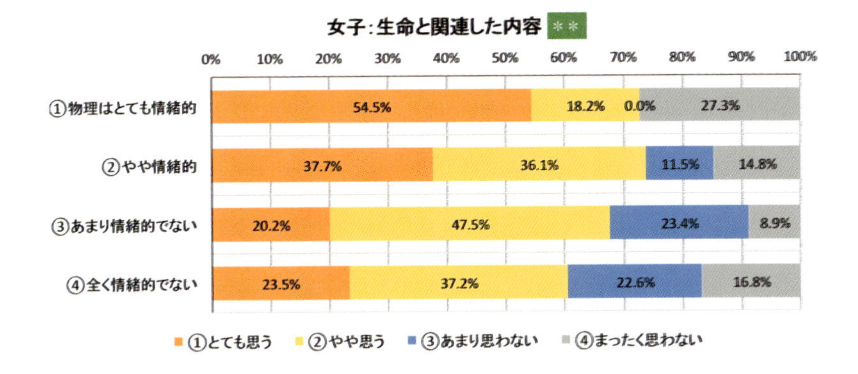

以上より、今回のアンケート調査において浮かんできた、女子を物理に誘うためのキーワードは、

（☆）**化粧品、衣類、食事・食物、住居、生命、天文学**

であると考える。そして、これらはいままでの物理の教材としてはあまり取り上げられてこなかったものでもある。つまり、従来の物理の内容・題材としては、男子が興味・関心を持つものが多く、女子が学ぶ気になるような切り口を持った教材が少なかったのである。

ぜひ、（☆）の切り口、導入を持った教材・テキストが必要であると考える。例えば、光を学習するのに、

・日焼け止め、化粧品

・虹の仕組み

・ダイヤモンドの輝き

・ニュートンのプリズムの実験

を題材として取り上げる等が考えられる。

テキスト・副読本としての具体的な提案は、第３章をご覧いただきたい。

(2) 中等教育における理数のカリキュラムのあり方

女子生徒を意識した新しい物理の学習内容を、テキスト・副読本の形で提案すると、必ずといっていいほど出てくるのが、「大学入試もあるのに、こんな内容をいつ、どこでやるの？」という質問だ。この原因の1つは、日本の高等学校教育においては、「ゴール」が大学入試合格に設定されている学校が多数あることである。また、日本の生徒は中学〜高校1年で文系か理系かを意識していて、一般的な高等学校では、高校1年の終了時点で文系と理系に分かれる。これも、大学入試に対応するための面が大きい。

また、高等学校のカリキュラム内容の選定においては、まだまだ大学教員が中心であり、高等学校教員が自分たちでカリキュラムマネジメントを行うことは少ない状況である。特に理数のカリキュラムでは、大学院ではここまで必要だから学部ではここまで、したがって高等学校ではここまでの知識・技能は身につけておいて欲しい、という「研究者養成」の考えに基づくカリキュラムが編成されがちだ。その結果として、現在の大学入試で問われる内容が決まってくる。もちろん、学習指導要領を前提としてはいるが。

しかしながら、高等学校まででで学校教育を終える生徒も半数いて、大学へ進学する生徒でも研究者になるのは一部である。そのような状況の中で、教育の目的は「幸せに生きることのできるよき市民の育成」であることを再認識すれば、文系・理系の区分なく、自然界を解明するための自然科学、人間を理解するための人文・社会科学の両方を学ばなければならないのは当然であろう。とりわけ、敬遠される物理、数学の学びへの誘いが重要だと考える。このような意味で、新しい物理、数学のテキスト・副読本の提案は喫緊の課題である。

新学習指導要領（小学校は2020年度、中学校は2021年度、高等学校は2022年度から実施）においては、教育の基本的な考え方が、コンテンツ（内容）ベースからコンピテンシー（資質・能力）ベースに変わる。「何を知っているのか」から「何ができるのか」に変わるのであり、学習がよりオーセンティックな（真正の）学びになる。オーセンティックな学びとは、「教科の本質に即した学び」であるとともに、「日常の生活、世界が変わって見えるようになる学び」である。先に述べた女子を意識した新しい物理の学習内容は、日常生活とも結びつくオーセンティックな学びであると考える。

以上のような観点から中等教育（中学校・高等学校）のカリキュラムを考え、編成することが大切であり、それを実現するテキスト・副読本を作成することが、女子を理系に誘うことにもつながる。

第2章

教科における「情緒的である」のインタビュー調査

第１章で述べたアンケート調査では、教科に「情緒的である」と感じることについて、「情緒」とは何かについては生徒に委ねた。したがって、生徒によって解釈は様々であったと考えられる。それでも、女子と男子とでは「情緒」の感じ方に差があり、それが理数教科・科目の好き・嫌いや得意・不得意に関係していると思われる結果が出た。これにより、女子は単純に理数に向いていない、不得意なのではなく、理数に魅力を感じていないだけなのではないか、という問いを立てたのである。

この問いを深めるために、次の課題は、

・教科に「情緒」を感じるとはどういうことなのか？

・「情緒」と好き・嫌い、得意・不得意であることの関係は相関関係なのか、因果関係なのか、無関係なのか

を明らかにすることである。仮説としては、

・「共感」や「全体の物語の把握」がある

・生活に密着している

・具体的でストーリーがある

ことに、女性は「情緒」を感じるのではないかと考えている。

仮説の検証の一環として、24人の高校生にインタビュー調査を実施した。質的な調査を行うことで、「情緒的である」ことの意味を探ろうとしたのである。

2-1　インタビューの概要

2017年６月に、質問紙調査への協力校の1つである国立A大学附属中等教育学校の５年生（高２）・６年生（高３）の24人にインタビューを行った。内訳は、次のようになっている。

	5年	6年
女子	6人	6人
男子	6人	6人
合計	12人	12人

	5年	6年
文系	6人	6人
理系	6人	6人
合計	12人	12人

生徒の抽出は、学年関係の理科・数学の教員にお願いした。その際、自分の考えや感想をしっかりと話せる生徒を中心に選んでほしいと伝えた。

2-2　インタビューの調査の質問

昼休みと放課後に、一人あたり10分～15分程度の時間をかけて、下記の質問事項によるインタビューを実施した。本当はもう少し時間をかける方がよいと思うのであるが、高校生も忙しいためにこのようになった。

Q1. 理系か文系か？
Q2. 数学の好き・嫌い、得意・不得意は？
⑴　とても好き　好き　どちらかというと嫌い　嫌い
⑵　とても得意　得意　どちらかというと不得意　不得意
Q3. 物理の好き・嫌い、得意・不得意は？
⑴　とても好き　好き　どちらかというと嫌い　嫌い
⑵　とても得意　得意　どちらかというと不得意　不得意
Q4. 昨年の「教科に関する意識調査」での「情緒的である」という質問を覚えているか？
Q5.「情緒的である」という言葉から受けた感覚を、自分の言葉で言い換えると？
Q6. 数学・物理は「情緒的である」と感じるか？
⑴数学：とても思う　思う　あまり思わない　思わない

（2） 物理：とても思う　思う　あまり思わない　思わない

Q7. 次の事柄は、「情緒的である」と関係しているか？

・学習内容に共感できる

・学習内容が、この先どこにつながるか「全体の物語」として把握できる

・生活に密着している

・具体的でストーリーがある

・その他

Q8. 数学・物理を「情緒的である」と感じることと、好き・嫌い、得意・不得意には関係があると思うか？

Q9. どうすれば、数学・物理の学習に興味が持てるようになるか？

2–3　インタビュー結果の概要とその分析

インタビューに対する自由な意見表明に基づく、質的な分析がこの節の目的である。それに先立ち、傾向を見るためのデータの量的な状況を提示しておくが、データ数が24件と少ないこと、国立大学附属の中等教育学校（6年一貫教育で、高校入試がない学校）であることを考慮して見ていただきたい。

Q2、Q3、Q6における回答について、次のように点数化して分布と平均値を求めた。

とても好き4点　好き3点　どちらかというと嫌い2点　嫌い1点

とても得意4点　得意3点　どちらかというと不得意2点　不得意1点

とても思う4点　思う3点　あまり思わない2点　思わない1点

まず、平均点の結果とその分析について述べる。

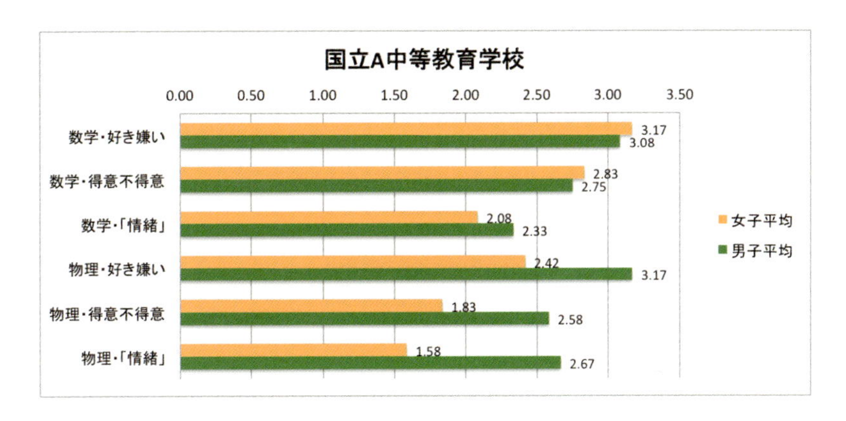

数学の好き・嫌い、得意・不得意については、男女でほとんど差がない上に、どちらかというと女子の平均点の方が高い。これは、インタビューに際して、どのような生徒が選ばれたかに依存していると思われる。

これに対して、物理の好き・嫌い、得意・不得意については、男女で大きな差がある。物理が女子生徒にとって「障壁」となっている様子がうかがえる。

さらに、数学、物理に「情緒」を感じるかどうかについては、男子の方が「情緒」を感じる割合が高く、物理になるとその差が非常に大きくなる。これは、先に述べた質問紙調査における３校全体のデータでもうかがわれたことである。

３校全体のデータについて、同様に平均点をグラフにすると、次のようになる。全体の質問紙調査では、好き・嫌いについては数学と理科のみ調査し、物理ではない点に留意していただきたい。

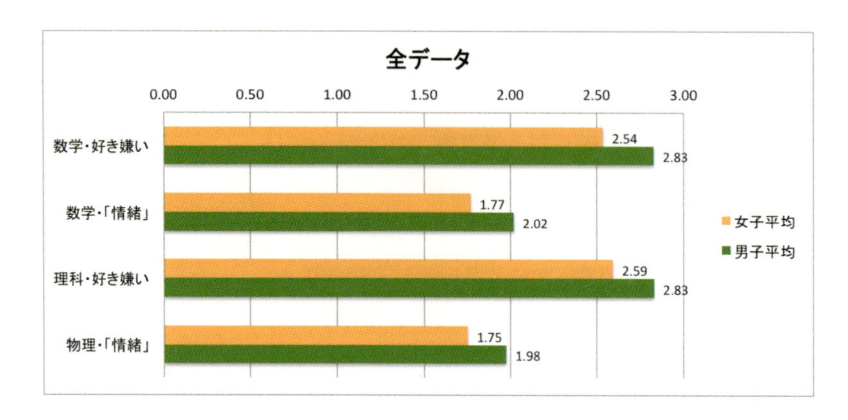

この結果は、すべて女子の平均点の方が低くなっていて、好き・嫌い、「情緒」ともに、数学と理科は同じような傾向にあることが分かる。理科には、女子生徒が好む生物や化学が含まれているので、物理だけのときのような大きな男女差は現れなかったと思われる。全体の質問紙調査で理科としたのは、高1生がまだ物理を履修していない可能性もあるためである。

次に、各調査についての4点～1点の分布は次のようになった。

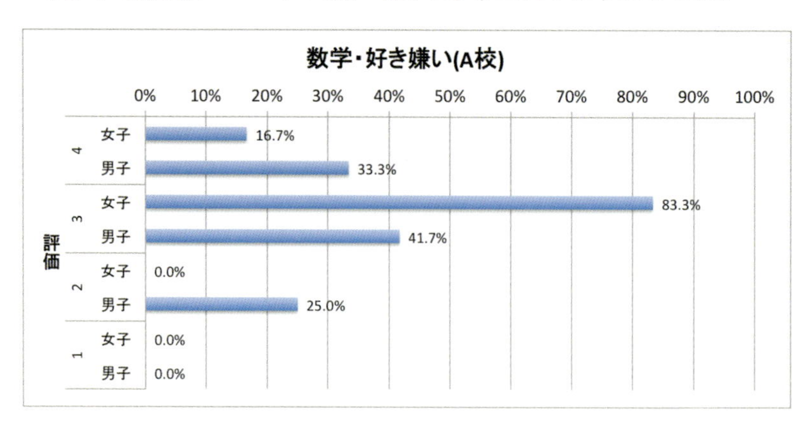

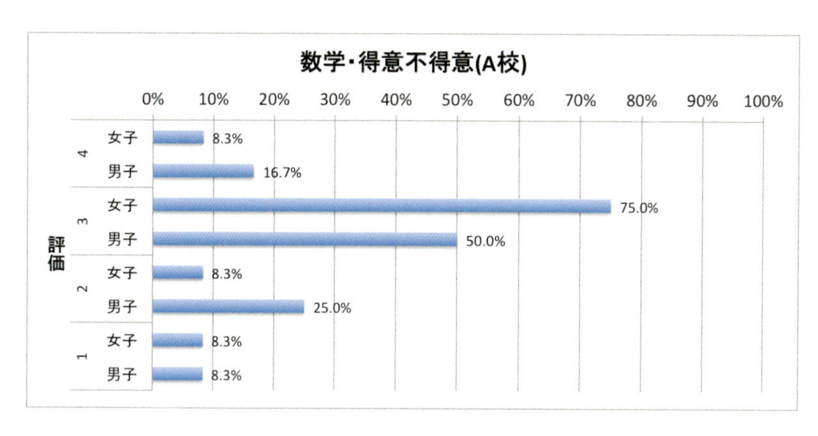
数学・得意不得意(A校)
0%
10%
20%
30%
40%
50%
60%
70%
80%
90%
100%
評価
4
女子
8.3%
男子
16.7%
3
女子
75.0%
男子
50.0%
2
女子
8.3%
男子
25.0%
1
女子
8.3%
男子
8.3%

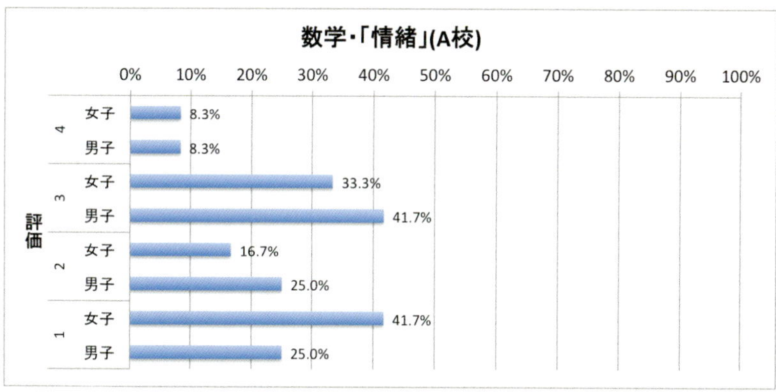
数学・「情緒」(A校)
0%
10%
20%
30%
40%
50%
60%
70%
80%
90%
100%
評価
4
女子
8.3%
男子
8.3%
3
女子
33.3%
男子
41.7%
2
女子
16.7%
男子
25.0%
1
女子
41.7%
男子
25.0%

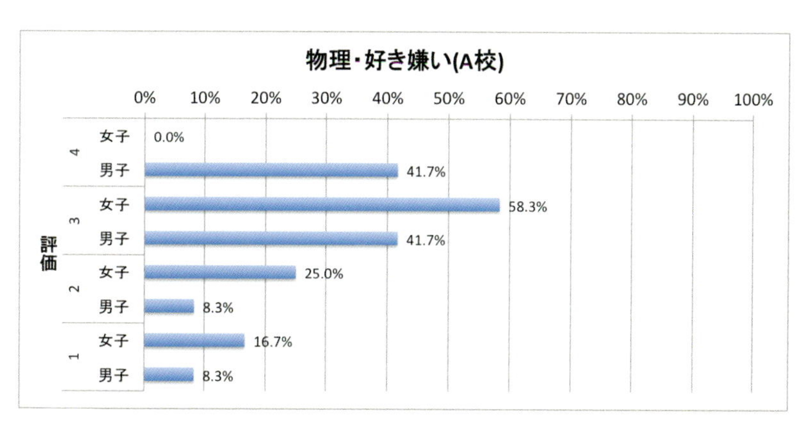
物理・好き嫌い(A校)
0%
10%
20%
30%
40%
50%
60%
70%
80%
90%
100%
評価
4
女子
0.0%
男子
41.7%
3
女子
58.3%
男子
41.7%
2
女子
25.0%
男子
8.3%
1
女子
16.7%
男子
8.3%

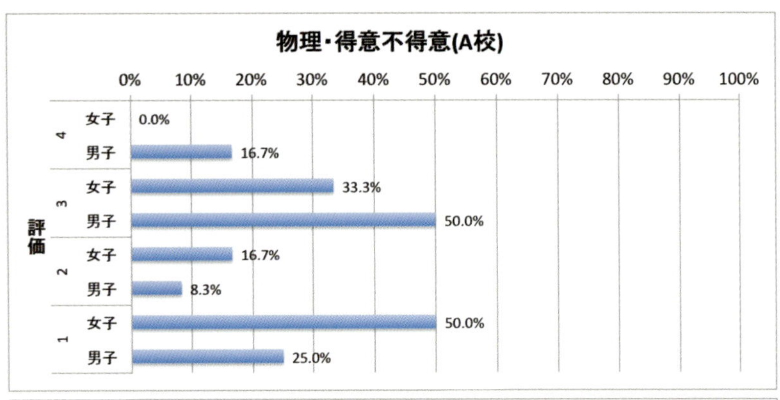

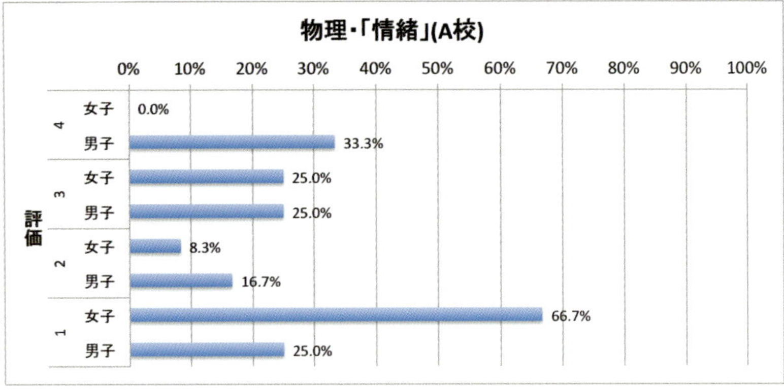

A校では、数学に関しては好きと肯定的（4､3）に回答した女子が100%、得意と肯定的（4､3）に回答した女子は83%になる。これに対して、物理については、それぞれ58%､33%となっている。また、「情緒」を感じるかどうかでは、女子の肯定的な回答は数学で42%、物理では25%となっている。やはり、物理の「障壁」が明らかである。

2-4　好き・嫌い、得意・不得意と「情緒」の関係

数学と物理の好き・嫌いと得意・不得意、情緒に関する回答をプロットしたグラフが、以下のものである。整理番号については、

1〜6：文系女子、7〜12：理系女子

13〜18：文系男子、19〜24：理系男子

となっている。

数学に関して、好きか、得意かについては、文系女子も含めて肯定的に回答している生徒が多い。ところが、情緒に関しては否定的な回答が多いことがわかる。

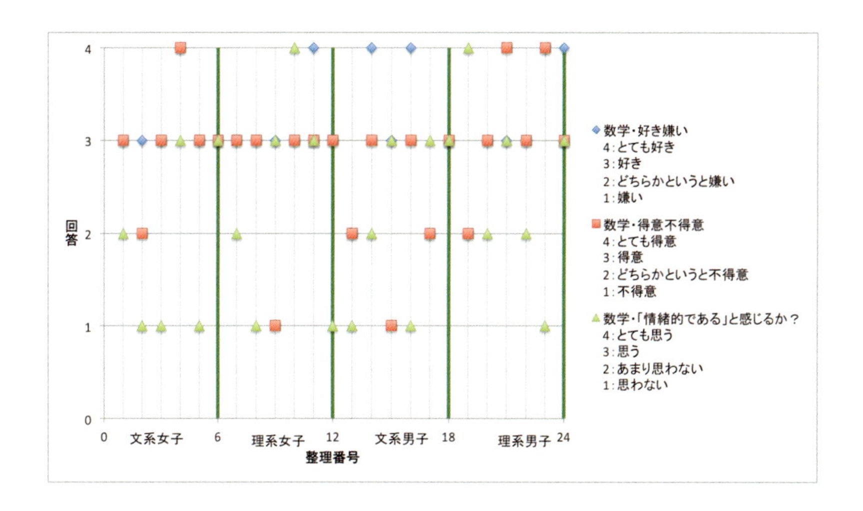

物理に関しては、好きか、得意か、情緒的かのいずれについても、女子は否定的な回答（2、1）が多いことがわかる。男子との差ははっきりとしている。この中で、整理番号5の女子生徒は、物理が好きで得意と回答（3）しているが、情緒を全く感じていないと回答（1）している。この女子生徒は、物理が好き、得意な理由として「公式さえ覚えて理解していれば点が取れて、解けたとき嬉しい」と答えた。これは、「学校物理」においてテストで点は取れるが、物理の面白さや興味深さを感じるまでには達していない典型的な生徒であり、この傾向は数学についても同様である。

これに対して、整理番号15の男子生徒は、とても好き（4）でとても情緒を感じる（4）と回答しているが、とても不得意（1）とも回答している。この生徒の物理が好き、不得意である理由に関しては、「数学より現実に関係し、具体的であり、可視化できるし、考えるのも楽しい。しかし、公式を用いて問題を解くのは不得意だ。」と答えている。

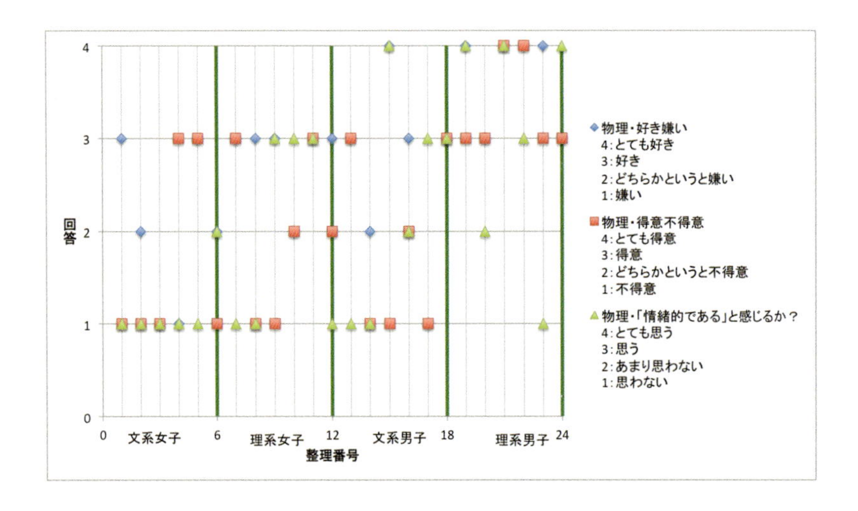

以上から、数学に関しては、情緒を感じなくても数学が好きなほうである、得意なほうであると回答している女子生徒が多いのに対して、物理に関しては、情緒を感じないと物理が嫌いなほう、不得意なほうであると回答している女子生徒が多いことが分かる。

次に、24人の生徒が問いQ8.に対して回答した結果について述べる。

> Q8. 数学・物理を「情緒的である」と感じることと、好き・嫌い、得意・不得意には関係があると思うか？

この問いは、数学と物理をまとめて質問していることに留意しつつ、その結果を見ると次のようになる。まず、情緒的であると感じることと好き・嫌いが関係すると思う生徒の方が少し多い。逆に、得意・不得意に関係すると思う生徒は少し少ない。また、これを女子・男子の別で見ると、好き嫌いに関係すると思う女子が男子より少し多い。さらに、文系・理系の別で見ると、好き・嫌いに関係あると思う生徒は理系に少し多く、得意・不得意に関係あると思う生徒は文系に少し多い。これらの24人の数の上からは、情緒と好き・嫌い、得意・不得意の間の相関などについては、はっきりしたことは言えないと考える。

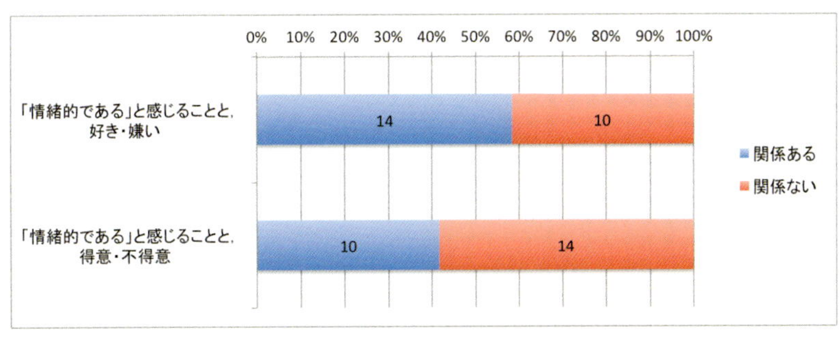

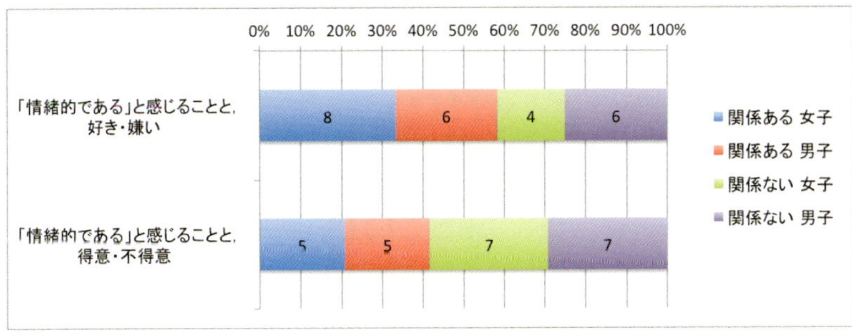

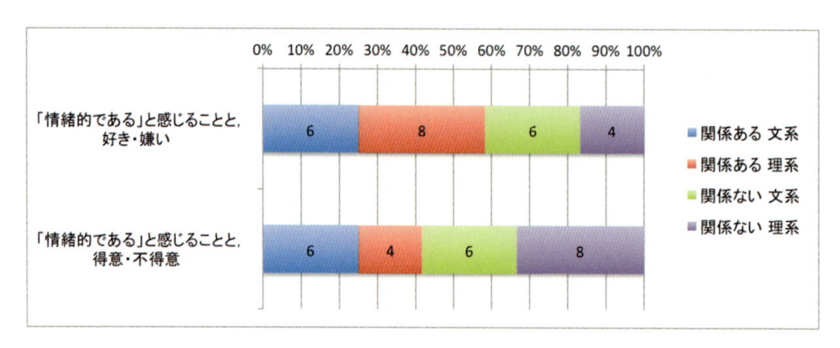

そこで次は、具体的なインタビューでの回答内容について考える。

2–5　女子生徒の物理に関する感じ方・考え方

物理の好き・嫌いや得意・不得意、情緒を感じるか、等についてのインタビューにおける回答をまとめると、以下の表のようになる。ただし、表中のアンダーラインは筆者が興味深いと思った部分である。また、表中における項目の内容は、次である。

[1] 整理番号　[2] 学年・男女・文理

[3] Q3、Q6：好＝物理の好き嫌い（とても好き：4〜嫌い：1）
得＝得意不得意（とても得意：4〜不得意：1）
情＝情緒的（とても思う：4〜思わない：1）

[4] Q6：「情緒的である」を自分の言葉で言い換えると？

[5] 物理の好き嫌い・得意不得意の理由

[6] Q9：どうすれば、数学・物理の学習に興味が持てるようになるか？

[1]	[2]	[3]	[4]	[5]	[6]
1	6年 女子 文系	好 3 得 1 情 1	・古文などのように、季節、土地、人の気持ちにつらなっている ・計算は機械的で、代入などによって同じ答えが出てくるので情緒的でない ・人によって、考え方によって捉え方が違ってくる	・実生活に関係していて、こんなことに応用できると感じられるから好き ・しかし、問題になって「計算して…」となるとダメになるので不得意 （例）「ボールを投げ上げると…」という状況はイメージができないのでダメ	・いまの勉強は受験のためなので将来使わないとの意識があるので、いまの勉強がどこにつながるか、将来へのつながりが見えればよい ・知識の習得のみで応用がないのも、上記の一因ではないか ・もっとスマホ、PC等を利用して動きを見せる、視覚化する授業が必要
2	6年 女子 文系	好 2 得 1 情 1	・見たときに心を動かされる（良い方向に） ・心に広がる暖かみ	・公式の意味が理解できない、使えない ・物理の内容に関心が持てない（重力、波は自分には波長が合わなかった） ・薬品で爆発！のようなイメージがあるので、ワクワクするから化学は好き	・小さいときに物理的なものに触れるようにするのがよい ・小さいときの体験の影響が大きい ・化学の実験は変化が見えて面白い
3	6年 女子 文系	好 1 得 1 情 1	・気持ちに訴えかける、感動させる	・説明を聞いているだけで難しく感じる（質量と聞くと、エッとなるように） ・教科書の文章は堅くて頭に入ってこない（斜面、ボール投げなどは、…、何？） ・日常的なことを科学的に扱うから ・記号がたくさんあり、多すぎる	・実験を多くして、イメージをつかめるようにする ・教科書をもっと噛み砕いて柔らかくする （例）化粧品などを取り入れる（女子は薬剤師志望が多いので、化学も）

[1]	[2]	[3]	[4]	[5]	[6]
4	5年 女子 文系	好 1 得 3 情 1	・勉強しているときに、自分の感情が動かされる、興味が持てる	・物理をやる意味が分からない、公式もいや ・ボールを投げる、斜面を転がす、滑車などの題材に対して、「それがどうした？」と思う	・物理の学習においては、車やボールの題材をやめること ・具体的な興味を持てるものにする ・「無機質なもの」（「情緒的なもの」の反対）はだめである
5	5年 女子 文系	好 3 得 3 情 1	・国語：文章を読んで心情を答えるなど、自分で汲み取って答えるところが情緒的 ・数学、物理：答えにたどり着くまでのプロセスが定型的なところが情緒的	・公式さえ覚えて理解していれば点が取れて、解けたとき嬉しい	・数学、理科：公式の表面を覚えるだけではなく、図なども含めて、他の公式とも関連付けて理解することを指導すべき ・斜面やボールを投げる場面は、最初は気になったがいまは気にならない ・しかし、なぜ物理や数学を勉強するのかについてはわからない…
6	6年 女子 文系	好 2 得 1 情 2	・学習分野で何かを感じる	・現実の面白いものと絡んでいる ・問題と計算（公式）が結びつかない	・日常や自分たちと関係していることと結びつけて教えて欲しい （例）ジェットコースター、化粧品、ヘアドライヤー ・「鉄球を温めて水に入れると…」という実験が、どこにつながるのか分からなかった

[1]	[2]	[3]	[4]	[5]	[6]
7	6年 女子 理系	好 3 得 3 情 1	・数式では解決できない問題や状況（数学とは結びつかない）	・物理基礎は理解しやすかったが、物理になると式などが増えて難しくなりそうだったことと、農学部志望なので生物を選択した	・公式の証明を噛み砕いて、意味を把握しイメージできるようにする ・なぜその公式を利用しようと思ったかの説明をする
8	6年 女子 理系	好 3 得 1 情 1	・一定の法則に従うものとは違って、個人の感情によって左右されるもの	・電気は好き（目に見えなくても、電球がつくなどのことから意識できる） ・万有引力は、具体的でなくて概念が理解できない	・数学：文系の人は分からなければすぐに答えを見るが、それはダメであると指導する ・物理：一定の法則で解けることを指導する ・いずれも、自分の頭で考えなければならないことを指導すべき
9	6年 女子 理系	好 3 得 1 情 3	・他のものから刺激を受けて生まれる感情	・建築家になりたくて物理を勉強していると、面白くなった ・応用力がなく、成績に結びつかない	・学習の方法が正しいか判断してほしい ・教科書の内容が硬いので、自分には受け入れられないと文系に流れる ・難しい式で表したりしない、難しいと思わせない

[1]	[2]	[3]	[4]	[5]	[6]
10	5年 女子 理系	好 2 得 2 情 3	・何かに触れたときに、「なるほど！」と納得できて感動できるものがある	・物理は話が大きく目に見えないので実感がわかず、推測だと感じている →生物は、実感できる大きさである	・音楽をやっているので、波の学習は面白かった ・興味に関連することが学習内容にあればよい ・生活に使えるものがよく、ボール投げなどは、実生活から離れているのでダメ
11	5年 女子 理系	好 3 得 3 情 3	・難しい問題が解けたとき、心が動かされる	・数学より数値が汚く、文字がたくさんあると混乱するが、頑張って数学的な面を見つけた ・数学が好きだから	・文字の多さに戸惑わないように、最初は言葉から入って文字に替える ・証明して、これでいいですねと納得させるのではなく、具体例で納得させる
12	5年 女子 理系	好 3 得 2 情 1	・自分の思ったこと、感じたことで答えが変わる	・例題は解けるが、応用となると自分で解けないことが多い（波はよいが、運動はダメ） →これは、「物理」になって運動の難度が上がったためかもしれない、波は「物理基礎」で学習しただけ	・文化や現代的な音楽（音楽ホールの響き等）と絡めるなど、日常と関係することを扱う ・数式を出すときは、その応用例を出す、ざっくりと示す

項目［4］の、Q6：「情緒的である」を自分の言葉で言い換えると？という質問に対して、「感情」「暖かみ」「人によって違う」「答えが変わる」等のキーワードで答えた生徒は、物理を「情緒的」とはとらえていない。これに対して、「刺激を受ける」「納得して感動」「心が動かされる」と答えた生徒は、物理を「情緒的」ととらえている。

次に、項目［5］の、物理の好き嫌い・得意不得意の理由については、公式や物理をやる意味が分からない、教科書の文章が硬い、ボールを投げ上げる・斜面を転がす・滑車などの題材に否定的なものが多い。しかし、実生活に関係していることや、現実の面白い問題と絡んでいるからという理由で、物理が好きな文系の生徒も少数ながらいる。

これらの文系の生徒は、問題が解けないことが理由で物理が不得意だと感じている。

そして、項目［6］の、

Q9：どうすれば、数学・物理の学習に興味が持てるようになるか？についてては、次のような示唆に富む回答があった。

・いまの勉強がどこにつながるか、将来へのつながりが見えればよい
・小さいときに物理的なものに触れるようにするのがよい
・教科書をもっと噛み砕いて柔らかくする
・日常や自分たちと関係していることと結びつけて教えて欲しい
・公式の証明を噛み砕いて、意味を把握しイメージできるようにする
・生活に使えるものがよく、ボール投げなどは、実生活から離れているのでダメ
・証明して、これでいいですねと納得させるのではなく、具体例で納得させる
・文化や現代的な音楽（音楽ホールの響き等）と絡めるなど、日常と関係することを扱う

・数式を出すときは、その応用例を出す、ざっくりと示す

2-6 「情緒」を感じる事柄

次に、問いQ7.の結果について述べる。

Q7. 次の事柄は,「情緒的である」と関係しているか？
・学習内容に共感できる
・学習内容が，この先どこにつながるか「全体の物語」として把握できる
・生活に密着している
・具体的でストーリーがある
・その他

この問いには、○、△、×のどれかで答えてもらった。まず、男女を合わせた全体の集計をグラフにすると、次のようになる。

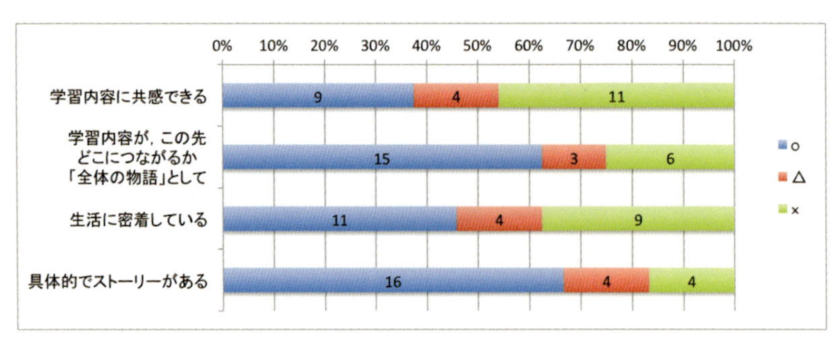

これを見ると、

具体的でストーリーがある、全体の物語として把握できる

ことへの肯定的回答が多いのがわかる。それに対して、学習内容に共感できることへの肯定が、予想より少なかった。その理由として、次

のことがあげられた。

・「共感できる」は「理解できる」だから（女子・文系）
・共感は、「そういうのもあるのね…」という感じ（女子・理系）
・共感でとどまるのは、情緒とは違う（男子・文系）
・共感は、「興味がわく」という感じ（男子・理系）

また、この回答状況を男女別にグラフにすると、次のようになる。

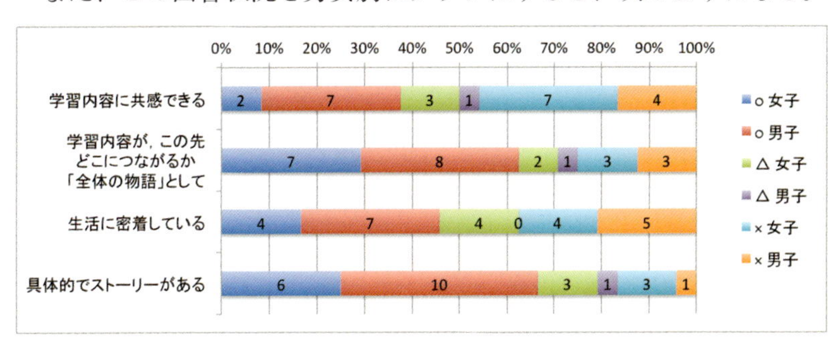

女子の肯定の割合が高いのは、「全体の物語として把握できる」ことであり、次いで、「具体的でストーリーがある」こととなっている。「学習内容に共感できる」への肯定の割合は、女子が非常に低いのに対して、男子は他のものとあまり変わらない。

また、情緒的と関係すると思われる他のことを自分の言葉で述べてもらったところ、次のような回答が得られた。

■女子・文系

・イメージができると、情緒的と感じる
・問題を解くだけではなく、何かを作り出す！　などを見ることができれば情緒的と感じる
　→暖かみや感動が必要であり、問題を解くだけでは無機質である

・興味が持てる内容であることが重要
・人の気持ち、精神の変化、動きが見られるもの
→理系科目や歴史には見られない、倫理にはある
・教えられる前に、自分で解く

■女子・理系
・葉序が黄金比に関係すること
・数式をずーっと計算した結果が、簡単に美しくなる
・あとで思い返すことができ、そのときも情緒的（納得、感動の感覚）だと思う感覚が繰り返される、よみがえる
・実験の後の考察で、上手くいった！
・答えが決まらないもの、複数あるもの

■男子・文系
・国語の作品、文章等では、書いた人を知っていると情緒を感じ取れる
・数学などの公式では、発見した人のことを知らない（教えられていない）ので、情緒を感じられない
・学んでいる対象において、先で課題を見つけられるとか、発展させられる
・数学では「美しい式」とよく言うが、「美しい」の判断基準は個人の主観である
・公式を丸暗記するだけではなく、どう使うかを考える
・テストのための勉強ではなく、実生活や将来などに使える武器にする
・解法を発信し、外部の意見を取り入れる

■男子・理系

・映画、映像
・世界を拡げる、創造する
・身近な物の中に共感するものを見つける
　→見た目のすっきりさや美しさ、複雑な式がすっきりした式になる
・人と人とのコミュニケーション、つながり
・物があって、その物に自分がどう感じるか
・具体的になればなるほど情緒的である

これらのインタビューによる質的な調査の結果は、先の質問紙による量的調査の分析から見えてきたことと重複する部分が多く、女子生徒に物理に対する興味・関心をもってもらうための方向性がより具体的に示されていると考える。

以上の調査結果とその分析を基にして、新しい物理テキスト・副読本の提案を次章で行う。

第 3 章

新しい物理テキスト・副読本の提案

3-1　化粧品やダイヤモンド、虹と光

1. ストーブではなぜ日焼けしないの？

昔は健康のために日光浴をすることが推奨されていたけれど、最近は肌に悪い、シミ・ソバカスができる、皮膚ガンになる、などで日焼けが「悪者」になっている。確かに、太陽光線を浴びると数時間で日焼けするし、ひどいときは痛みも伴って大変だ。しかし、同じ光を浴びることでも、冬に電気ストーブの前で何時間もゴロゴロして光を浴びても、日焼けはしない。これはなぜだろう？

［問1］**電気ストーブの前では日焼けしない理由を説明せよ。**

電気ストーブの宣伝や説明書には、「赤外線」という言葉があり、日焼け止めクリームの宣伝では「紫外線カット」などいう言葉が踊っている。同じ光線であっても、性質が違うようだ。

光には、次の３つの種類がある。

可視光線：人間の目が感じることができる光（赤・橙・黄・緑・青・藍・紫）

赤外線　：赤の外側にある光（赤より波長が長い・振動数が小さい）

紫外線　：紫の外側にある光（紫より波長が短い・振動数が大きい）

ここで、言葉の定義をしておこう。

波長：波の山から山（谷から谷）の長さ

振動数：波が1秒間に振動する回数

可視光線の様子を図で表すと、次のようになる。

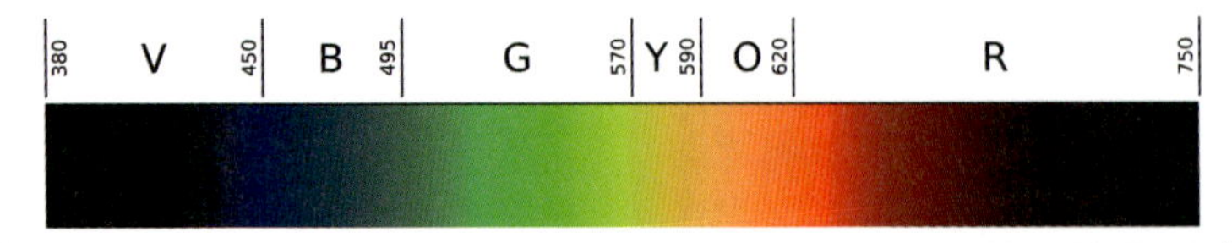

（https://ja.wikipedia.org/wiki/%E5%8F%AF%E8%A6%96%E5%85%89%E7%B7%9A）

図の中の数字は、波長を単位nm（ナノメートル）で表している。例えば、紫の端の波長は、

$$380\text{nm} = 380 \times 10^{-9}\text{m} = 3.8 \times 10^{-7}\text{m}$$

である。

つまり、

$$\text{nm} = 10^{-9}\text{m}、ナノ = 10^{-9}$$

である。

可視光線の波長の下界は360～400nm、上界は760～830nmであり、可視光線より波長が短くても長くても、人間の目には見ることができなくなる。

さて、波はエネルギーを運ぶことができるが、

波長が短い・振動数が大きいほど、波のエネルギーは高い

という性質がある。このことから、紫外線は可視光線よりも高いエネルギーを持っている。この高いエネルギーにより、皮膚の細胞内の物質が化学変化を起こして日焼けが生じるのである。

それに対して、電気ストーブが出している光線は、ものを温める効果のある赤外線である。可視光線の中でいちばん波長が長い赤よりもさらに波長が長い赤外線では、日焼けを生じさせるようなエネルギーがないので、電気ストーブでは日焼けをしないのである。冬の日向ぼっこ、洗濯物の乾燥も赤外線の恩恵だが、一方で夏に熱中症になるのは赤外線の有害作用の１つである。

2. 紫外線は怖い？

日焼けだけではなく、シミ・ソバカスを発生させ、皮膚ガンをも引き起こすエネルギーを持つ紫外線（Ultraviolet rays）には、次の3つの種類がある。

UV-A：波長315～400nm　　UV-B：波長280～315nm

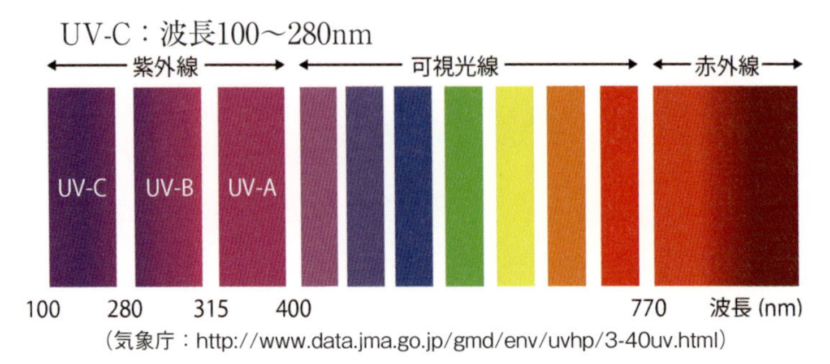

（気象庁：http://www.data.jma.go.jp/gmd/env/uvhp/3-40uv.html）

このうち、波長の短いUV-CとUV-Bの短波長側の一部の紫外線は、エネルギーが高くて危険な光線であり、皮膚の組織を破壊して皮膚ガンや白内障、免疫力の低下などを引き起こす。

［問2］ 恐ろしいUV-Cを防ぐ方法はあるのか？

しかし、心配はない。これらの危険な紫外線は、地球を取り巻くオゾン層によって吸収されて地表には届かないので、日常生活では心配することはない。フロンガスによるオゾン層の破壊が問題になったのは、危険な紫外線から地球を守ることに関係があるからである。

フロンは、かつてはエアコン、冷蔵庫、スプレーなどに大量に使われ、大気中に放出されていた。 フロンは地上付近では分解しにくい性質なので、大気の流れによって高度40kmあたりの成層圏にまで達することができる。その高さにおいて、太陽光の紫外線によって分解され、塩素を発生する。そして、この塩素が触媒として働いてオゾンを破壊することで、1980年代を中心に長期的にオゾンが減少していった。そこで、国際的にフロンの規制を進めた結果、1990年代なかば以降は減少に歯止めがかかった。しかし、オゾン層の破壊が少なかった1980年以前と比べると、オゾンの少ない状態はまだ続いていて、オゾン層破壊物質の総量が1980年以前に回復するのは、2050年頃の見通しである。下図は、世界平均のオゾン全量の、1994～2008年の平均値と比較した増減量を％で示したものである。

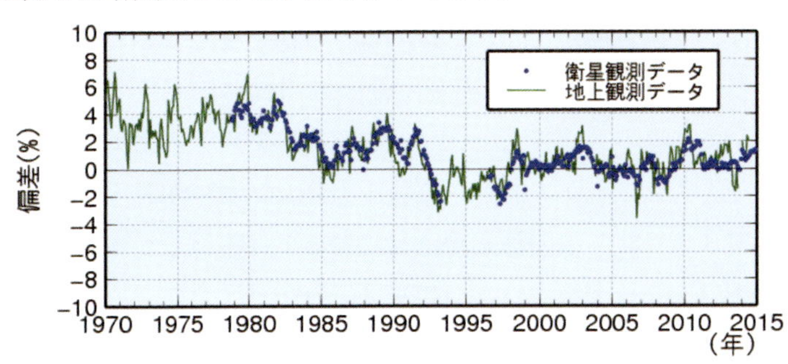

（気象庁：http://www.data.jma.go.jp/gmd/env/ozonehp/3-25ozone_depletion.html）

3. 日焼けの仕組みと日焼け対策

60歳以上のほとんどの男性の顔には、老人性色素斑とよばれるしみがある。これは、男性が若い頃に紫外線カットを軽視した結果である。日焼けに必要な最小紫外線量（最少紅斑量）は年齢と共に低下し、伴って免疫機能も低下していくので、60歳を過ぎたら過度の日焼けは避けたほうがよい。

一方で、子どもや若者の最少紅斑量は大人より大きいが、紫外線を大量に浴びるのはやはり避けたほうがよい。20歳までに、一生に浴びる紫外線量の半分以上を浴びてしまうといわれていて、これが後に皮膚ガン、免疫機能の低下などの引き金になるともいわれている。やはり、過度な日焼けは避けたほうがよいのである。

［問3］ 日焼けはどのようにして起こるのかを調べよ。

先に述べたように、地表に届く紫外線はUV-AとUV-Bである。この２つの紫外線によって、どのように日焼けが起きるのかを見てみよう。

⑴ UV-A

皮膚は、皮膚表面から順に、次のような構造をしている。

角質層（0.01〜0.02nm）→表皮（0.04〜0.15nm）→真皮（1〜4nm）

UV-Aは皮膚の奥まで届いて、表皮にあるメラノサイト（色素細胞）を刺激する。メラノサイトには、チロシンというアミノ酸があり、紫外線でメラノサイトの活動が活発になると、

チロシン→ドーパ→ドーパキノン→…→メラニン

といくつかの物質を経て、チロシンは褐色の物質メラニンに変化する。メラニンは、隣接するケラチノサイトへと分泌され、次々と表皮細胞へ移動していく。日焼けすると肌が黒くなるのは、メラニンが増えるからである。

メラニン色素は紫外線を吸収するので、紫外線が皮膚にダメージを与えるのを防ぐ。したがって、メラニンが適度に生成されているうちは、肌が黒くなるだけの健康的な日焼け（サンタン）となる。しかし、UV-Aは皮膚の深いところまで届いて組織に影響を与えるので、しわ・たるみ（光老化）、色素沈着を引き起こすのである。

過度の日焼けを防止するための方法として、日焼け止めクリームがある。そのクリームの容器には、日焼け防止効果を表す、

日焼け止めのPA（Protection grade of UV-A）値

が書かれている。日本化粧品工業連合会では、PFA（Sun Protection Factor of UV-A）の値から、次の3段階を定めている。

PA+	2≦PFA＜4	：UV-A防御効果がある
PA++	4≦PFA＜8	：UV-A防御効果がかなりある
PA+++	8≦PFA	：UV-A防御効果が非常にある

PA値が高いと日焼け防止効果が高いのだけれど、それは肌への負担やダメージも大きいということなので、時と場所を考慮して使うのがいいだろう。

⑵ UV-B

UV-Bは、やはり皮膚の奥まで届いてUV-Aと同じ作用をするが、そのほとんどは皮膚の表面に近いところまでしか届かない。しかし、UV-Bのほうがより強いエネルギーを持っているので、肌表面の細胞を傷つけ、肌が赤くなり、ひどいときには水ぶくれが生じる日焼け（サンバーン）を起こし、皮膚ガンの原因ともなる。

このUV-Bによるサンバーンを防ぐ効果を表す数値が、

日焼け止めのSPF（Sun Protection Factor）値

である。

SPF値は、UV-Bを個人にとって何倍の時間防ぐかを示すものである。

（例）　紫外線で赤い斑点ができるまで20分かかる人
↓　SPF15の日焼け止めクリームを塗る
20×15＝300分＝５時間は日焼け止め効果がある

なお、UV-Aの防止のところで現れたPFAは、皮膚が黒くなるのをSPFと同じ方法で測定した値である。

4. 日焼け止めクリームの仕組み

日焼け止めクリームは、過度な日焼けを防いで健康を守るために必要であるが、どのようにして紫外線を防いでいるのだろうか。

［問4］紫外線をブロックする方法として、どのようなものが考えれるか。

日焼け止めクリームには、紫外線防止剤が含まれていて、それは次の２種類に分類できる。

⑴ 紫外線散乱剤

紫外線散乱剤は二酸化チタン、酸化亜鉛などの化合物である。皮膚に塗ると、紫外線が皮膚に届く前に散乱、反射されるので、皮膚を紫外線から守ることができる。

有機化合物ではないので、肌への負担が少ないことが特徴であり、紫外線で化学変化を起こさないために構造が崩れにくく、効果が長持ちする。また、UV-AとUV-Bの両方を防ぐことができる。ただ、白浮きしやすいとか、ベタベタするなどのデメリットもある。そして、紫外線が当たることで活性酸素が発生して、菌や有機物を分解する作用（光触媒作用）があるので、肌への刺激を感じる人もいる。

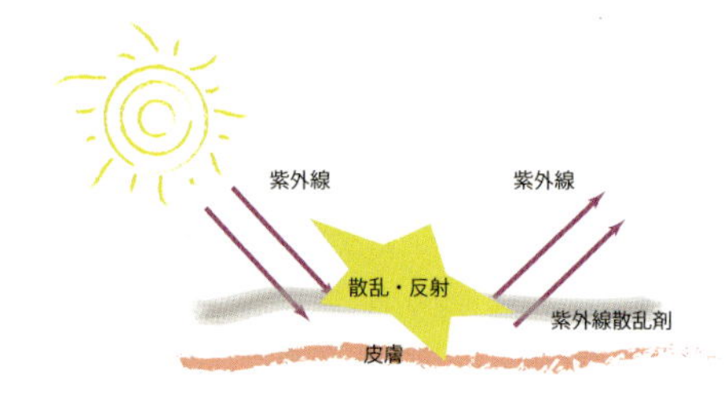

⑵ 紫外線吸収剤

紫外線吸収剤の代表的なものは、t-ブチルメトキシジベンゾイルメタン、メトキシケイヒ酸エチルヘキシル、オキシベンゾン-3などである。これらの化合物の共通点は、構造中にベンゼン環や二重結合を持っていて、それが紫外線を吸収するのである。

［問5］ 紫外線を吸収するとは、具体的にどのようなことが起こっているのか。

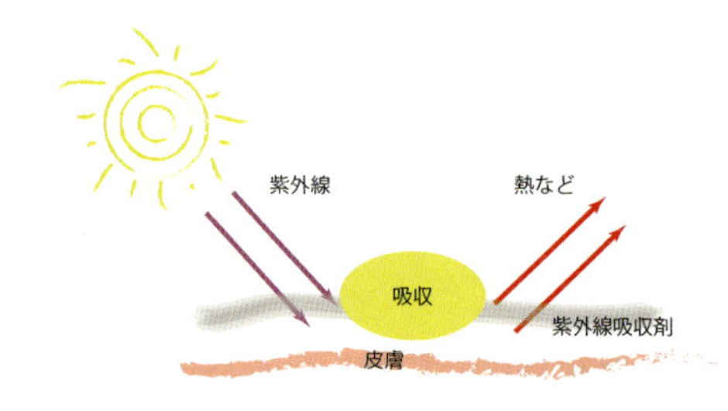

紫外線吸収剤が皮膚の表面で紫外線を吸収すると、分子がエネルギーを受け取るので、分子中の電子の状態がエネルギーの低い安定した基底状態から、エネルギーの高い不安定な励起状態になる。そして、電子の状態はすぐに不安定な励起状態から、安定な基底状態に戻るのであるが、このときに差分のエネルギーを熱として放出する。このサイクルを繰り返して、皮膚を紫外線から守るのである。

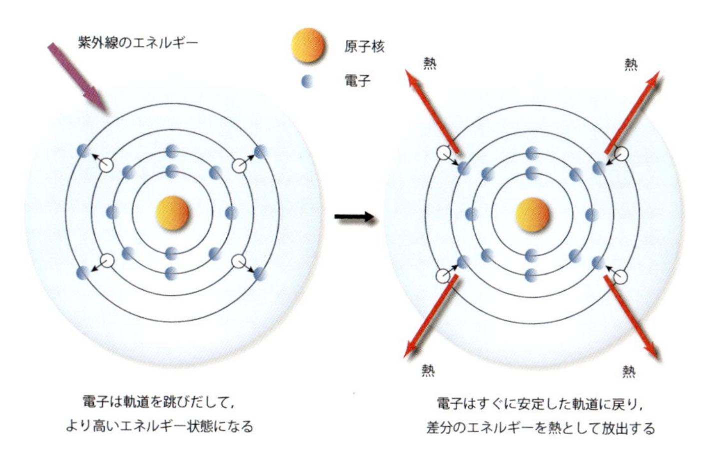

［注］上の図は、電子の軌道をわかりやすく太陽（原子核）－惑星（電子）モデルで描いているが、実際には電子は雲のような状態で存在し、どこにあるのかは確率的にしか分からない。これは、現代物理学の一分野である量子力学によって示されていることである。上の図では、いちばん外側の円が電子の雲を表していると思って欲しい。

このように、非常にうまい方法で紫外線吸収剤は紫外線をブロックしてくれている。現代社会に生きている人間にとって、なくてはならない存在になりつつある日焼け防止クリームの仕組みは、分子レベルの電子の挙動によって支えられているのである。

5. 紫外線は悪者？

紫外線は、これまで見てきたように日焼けだけではなく、シミ・ソバカス、皮膚ガンをも引き起こす光線で、よいところは何もないように思われる。果たして、そうだろうか？

［問6］北アメリカ・北ヨーロッパの白人たちは、日光浴を頻繁に行っているが、その理由は何だろう？　日焼けや皮膚がんは怖くないのだろうか？

実は、紫外線のうちのUV-Bは、皮膚内でビタミンDの生成を引き起こすのである。ビタミンDは、強い骨や免疫システムをはじめ、多くの重要な機能を保つために私たちの身体に欠かせないものである。したがって、北アメリカ・北ヨーロッパの白人たちは日光を浴びて、ビタミンDが不足しないようにしているのである。

でも、私たち日本人やアジアの人たち、アフリカ系の人たちが頻繁に日光浴をするとは聞いたことがない。大丈夫なのだろうか？

進化論で有名なチャールズ・ダーウィンは、150年前に出版された『種の起源』の中で、人類の進化についてはたった1行しか触れていない。ビーグル号での経験や探検家、研究者の話を元にして人間の多様性についても考えていたようだが、『種の起源』には何も書かれていない。しかし、人間の多様性においては、皮膚の色が重要な特徴の1つであると知っていたし、皮膚の色の分布について興味を持っていたようだが、正しい結論にはいたらなかった。

［問7］下の図は、オランダのKNMI／TEMISによる、地表に到達する紫外線の量のデータである。これを見れば、ダーウィンだけではなく、貴方もある関係に気づくだろう。どんな関係か？

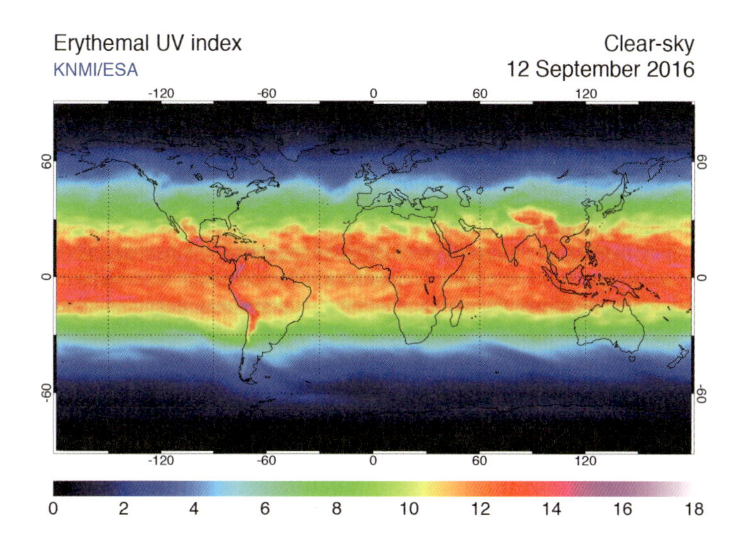

この図を見ると分かるように、赤道付近のピンク、赤色の紫外線が非常に強い地域から、緯度が上がるにつれて黄色、緑、青、黒と紫外線の強さが弱くなっている。これと、人類の肌の色の分布を比較すると、

紫外線の強い地域　⇔　肌の色が黒い

紫外線の弱い地域　⇔　肌の色が白い

という関係があることが分かる。もちろん例外もあるが、これについては後ほど述べる。

［問8］上のような紫外線と肌の色の関係は、どうして起きるのか？

私たちの祖先の初期の人類は、強い紫外線の環境下にある赤道アフリカで進化した。赤道直下で暮らすことで、私たちの祖先はビタミンDを作るのに必要なUV-Bを得ることができた。それと同時に、紫外線による皮膚やDNAへのダメージを防ぐために、天然の紫外線ブロッカーとしてメラニンを取り込んだのである。そのために、初期の人類の肌は全員、色素を多く持っていてもっと濃い肌色をしていた。これは150〜200万年前のことである。

そして、20万年前にホモサピエンスがアフリカで誕生した。このときも、肌は褐色であった。人類は獲物を追って、生息域を少しずつ広げていき、5万年〜7万年前に人類は大移動を始めたのである。赤道アフリカの故郷から移動を始め、アラビア半島で二手に分かれたと考えられている。

東に向かったルートでは、インドシナ半島を経て2万年後にはオーストラリアに到達したという。なんと、1万5千kmにもおよぶ大移動であった。これに対して、北に向かったヨーロッパ方面のルートでは、同じ2万年の間にたったの6千kmしか移動できなかった。

[問9] ヨーロッパルートの移動が困難であった理由は何か？

赤道アフリカの強い日差しから遠ざかっていった人類は、たちまちビタミンD欠乏症となった。それは、先ほど見たように、緯度の高い地域は紫外線が弱くなるからである。

紫外線は、太陽高度が高いとき（緯度が低いときや日中）は大気層を通過する距離は短くなり、太陽高度が低いとき（緯度が高いときや早朝・夕方）は大気層を通過する距離は長くなる。紫外線は、大気中を通過する間に、空気やエーロゾルなどの微粒子、雲などに反射・吸収・散乱されて弱くなっていく。したがって、おおまかに言って、地上に届く紫外線の強さは大気の通過距離に反比例する。つまり、緯度が高くなればなるほど紫外線は弱くなるのである。高緯度では、赤道付近の10%程度しか紫外線を浴びることができない。

紫外線が弱くなるのに、皮膚の色が黒いままで北方に移動していた人類は、ビタミンD不足からくる「くる病」で苦しめられたのである。このことは、肌の色の進化に大きな影響を与えた。高緯度でも健康を維持できるように、北方に移動した人類の祖先は自然選択によって肌の色が薄くなるよう進化したのである。

［問10］　肌の色が薄くなると、何がよくなるのか？

たった数千年の自然淘汰によって、紫外線をブロックするメラニン色素を失ってしまった一部の人類の肌は白くなり、低密度の紫外線からもビタミンDを作ることが可能となった。これが、現在の白人の祖先である。このようにして、紫外線の強さと肌の色の関係が出来上がったのである。

6.現代社会と紫外線とビタミンD

先に見たように、紫外線は身体に不可欠なビタミンDの生成に不可欠であることから、単純に「悪者」とはいえないし、日焼け（日光浴）についても考えなければならないだろう。

［問11］　緯度と人類の肌の色に関係があることは分かったが、現代ではその関係に当てはまらない地域もある。また、オーストラリアでは、皮膚がんの発生が深刻な問題となっている。その理由を考えよ。

北アメリカには、多数のアフリカ系黒人が住んでいるが、これは1520年～1867年の間に、1,200万人以上が奴隷貿易で高紫外線地域から低紫外線地域へと強制的に大西洋を渡ったからである。

また、南半球の人口2,100万人のオーストラリアでは、220年前よりヨーロッパから移民がやってきた。低紫外線地域から高紫外線地域への移動が行われたのである。したがって、いま紫外線をブロックできない白人移民の子孫達の間で皮膚ガンが広まっていて、世界で最も高い確率で皮膚ガンになると言われている。4万年前からのオーストラリアの先住民族はアボリジニであり、彼らの肌は褐色である。

7. 紫外線、赤外線の発見

赤外線も紫外線も、目には見えない光線である。それらは、どのようにして発見されたのだろう。

［問12］　赤外線と紫外線が発見された経緯を想像せよ。

イギリスの天文学者・音楽家・望遠鏡製作者であるハーシェル（1738～1822）は、天王星の発見者であるが、1800年にプリズムで太陽光を分散させて、色ごとの熱量の伝え方にどのような違いがあるかを温度計で調べていた。その結果、紫よりも赤の方がより温度が高いことが分かったが、赤のさらに外側に温度計を置くと、そこが最も温度が高いことを発見した。そこには色はなく、光線が来ていないと思われた場所であった。つまり、ハーシェルは目には見えないが非常に温度の高い光線が、赤の外側に存在することを発見したのである。これが、温熱効果のある赤外線の発見である。

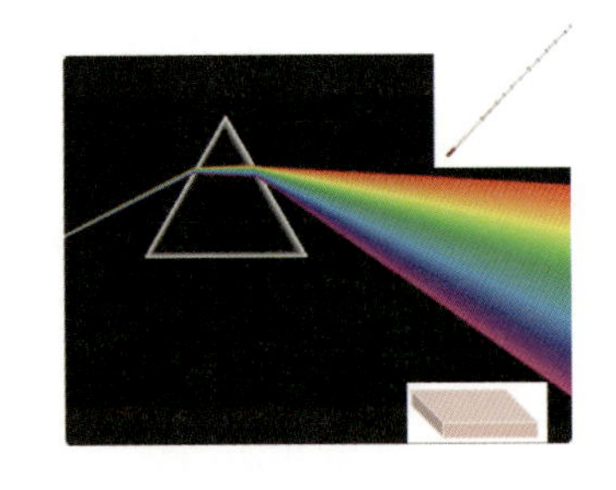

これに刺激されて、翌年の1801年にドイツの物理学者リッター（1776～1810）が、やはりプリズムで分散させた太陽光による塩化銀の変色反応を調べていた。赤外線と同様に、可視光線の反対側にも見えない光線があると考えて実験を行ったのである。その結果、紫の外側で可視光線の部分よりも強い反応があることを見つけた。これが、紫外線の発見である。

では、可視光線の正体を解明したのは誰だろう？

8. ニュートンの光の研究

イギリスの天才数学者・物理学者のニュートン（1642～1727）は、微積分の発見者、運動法則の発見者、万有引力の発見者として有名である。人類の歴史における3大数学者を選ぶとすると、数学に関係するほとんどの人はその中のひとりにニュートンの名をあげる。

［問13］　**ニュートン以外に、３大数学者として名前があげられる他の数学者は誰か。また、その数学者の業績を調べよ。**

ニュートンは、トリニティ・カレッジ（ケンブリッジ大学）で学んだが、そのトリニティ・カレッジの礼拝堂にはニュートン像がある。このニュートン像の手元の丸印の部分には、何かが握られている。

［問14］　**ニュートンが手に持っているものは何か。また、それがニュートンの有名な逸話であるリンゴでもなく、天と地を統一した書物『プリンキピア』でもないのはなぜか。**

ニュートンが手に持っているのは、プリズムである。ニュートンは若干26歳でトリニティ・カレッジのルーカス講座教授に就任した。このルーカス講座教授職は、ニュートンの師匠であるバロウが初代であり、ニュートンは2代目である。その後この教授職には、粘性流体のナビエ＝ストークス方程式のストークス（1819～1903）、相対論的量子力学を構築してノーベル物理学賞を受賞したディラック（1902～

1984)、身体が不自由でありながら宇宙論で知られる天才ホーキング(1942〜　)、超弦理論のグリーン(1946〜　)など、そうそうたるメンバーが就任している。

このルーカス講座教授についたニュートンが行った講義のテーマは、光学であった。彼は力学や微積分の創始者で有名であるが、最初の大仕事は光学であり、プリズムを用いた実験によって光に関する旧説を覆して新しい光学理論を打ち立てたのである。

[問15]　光に関する旧説とはどのようなものか調べよ。

ニュートンは、ガリレオが死んだ年である1642年にイングランドのリンカンシャーに生まれた。1661年〜1665年までトリニティ・カレッジ(ケンブリッジ大学)で学び、さらに学問を続けるために大学に残っていたが、ペストが大流行して大学が2年間封鎖された。そこでニュートンはリンカンシャーの実家に戻り、集中して研究活動を行った。歴史家はニュートンのこの時期を「奇跡の年」と呼ぶ。それは、万有引力、惑星の運動、微積分学のアイデアの基礎を固めた時期だからである。

ニュートンは、部屋の1つを実験室に改装して光学の実験にも没頭した。外部に向かって開いた小さな穴を残して光が入らないようにした部屋で、様々な位置においたプリズムとレンズで光の実験を行った。下の図は、ニュートンがプリズムを通して太陽光線を見る実験の様子

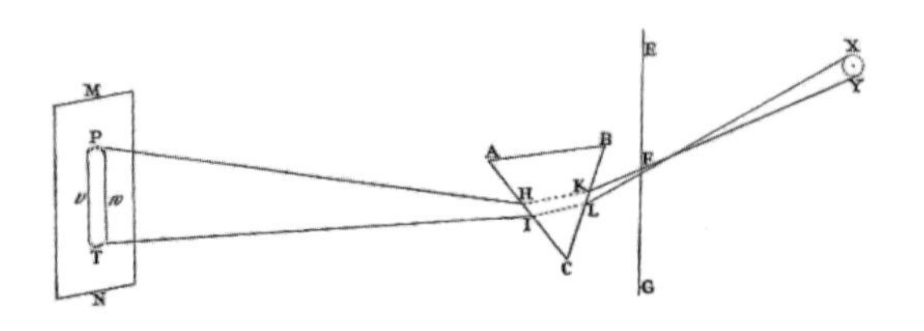

Fig. 13.

を、著書『光学』の中でニュートン自身が描いたものである。壁EGにあるFは小さな穴であり、そこから入った太陽光線がプリズムを通過して壁MNに映し出されたが、この実験結果を見て、ニュートンは大いに驚いた。

［問16］　ニュートンが驚いた実験結果とは、どのようなものか。

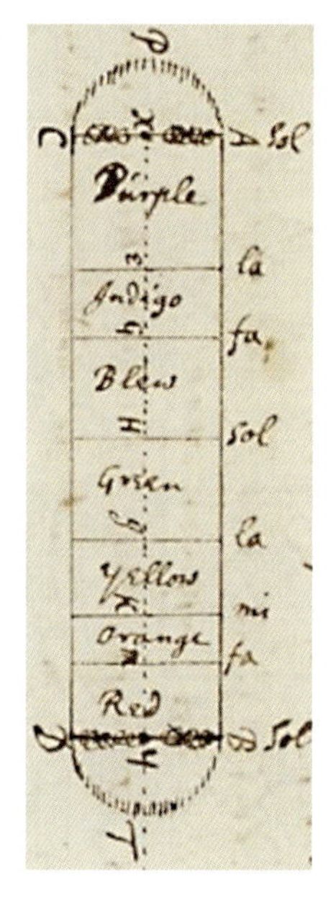

壁MNに映った太陽光線の形は、ニュートンの図によると右のようになっていた。すなわち、壁に映った像は次のような特徴を持っていた。

■陸上競技場のトラックのように、上下の半円を直線でつないだ形をしている

■直線で縁取られた線ははっきりしているが、上端、下端はぼやけている

■光の像の長さは、幅の5倍ほどある

■色は水平方向の縞模様で、両端は紫と赤

この結果を見てニュートンは大変興奮し、好奇心をかき立てられたようである。なぜなら、光の持つ身近でわかりやすい現象に色の出現があるが、これに関しては古代ギリシャの哲学者アリストテレスの時代から17世紀まで（実に2000年間！）もの間、「色は白色光（太陽光）に物質がもつ「闇」が混じることによって生じる」と考えられていたのである。当時も、有力な科学者であったデカルトたちは、プリズムは白色光を変質させる（色をつける）ことで、スペクトルを生み出すと考えていた。もしそうであれば、小さな穴からでてきた細い太陽光は、プリズムに入射したときと同様に丸い形で壁に映るはずだが、先に見たように色分けされた縦長の形で映ったのである。この実験結果によって、当時のデカルトたち

の有力な光の考え方を覆せるように思うが、アリストテレス以来の学説はなかなかしぶといものがあった。

［問17］「色は白色光(太陽光)に物質がもつ「闇」が混じることによって生じる」という考えで、ニュートンの見た縦長の像を説明することもできる。どのような説明が可能か。

『光学』のFig.13において、赤（T）を表す射線がプリズムを通る経路LIと、紫（P）を表す射線がプリズムを通る経路KHの長さを比較すると、LI＜KHとなっている。したがって、KHを通る光は、プリズムに含まれる「闇」とより多く混じり合うことになる。このように、「プリズの厚さが違うところを通ることにより、光と「闇」の混合の度合いが違うので、色が変化して映し出される」と、従来の考え方による説明ができてしまうのである。

そこでニュートンは、次の図のような決定的な実験を考案して実施した。

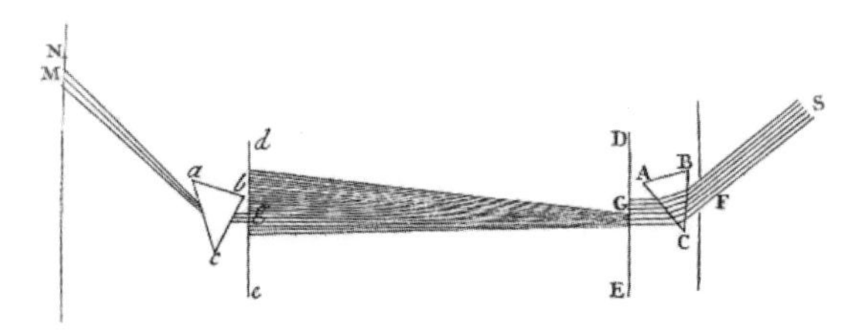

Fig. 18.

（Sir Isaac Newton “Opticks / Or, A Treatise of the Reflections, Refractions, Inflections, and Colours of Light”）

太陽Sからの光を窓の穴Fから取り入れ、プリズムABCで分散させてから衝立DEに空けた穴Gを通す。次に、2つ目の衝立deに空けた穴gを一色だけが通り抜けるようにする。これで、プリズムABCの角度を変えることにより、任意の色の光を選んで穴gに通すことができる。

最後に、gを通過した光を2つ目のプリズムabcで屈折させると、壁MNに映し出される。この実験を観察したニュートンは、次の事実を発見した。

■第1のプリズムで大きく屈折した青い光は、第2のプリズムでも大きく屈折した

■第1のプリズムであまり屈折しなかった赤い光は、第2のプリズムでもあまり屈折しなかった

■第2のプリズムを通過しても、光の色に変化は現れなかった

このような実験結果からニュートンは、光線がどのように反射されるかは入射角にはよらず、屈折率（光線が屈折される大きさ）は光線自体の性質であると結論づけた。これによって、2000年間にわたって信じられていた「太陽光（白色光）は混じり気のない純粋なものである」という説が間違っていて、ニュートンの唱える「太陽光（白色光）は屈折率の異なる様々な色が混じり合ったものである」という新たな理論が実証されたのである。

また、ニュートンは下図のような実験も行っている。

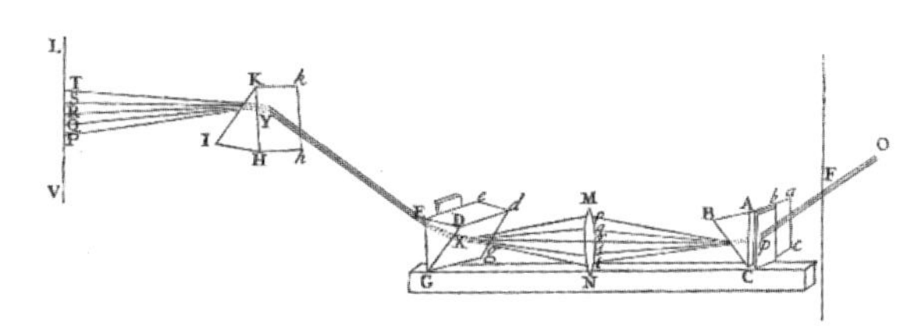

Fig. 16.

（Sir Isaac Newton “Opticks / Or, A Treatise of the Reflections, Refractions, Inflections, and Colours of Light”）

[問18]　上の図で表されている実験の意味を読み取り、説明せよ。

この実験では、太陽光が壁の穴Fから入り、まずは1つ目のプリズ

ムABCで５つの色

　　p：紫、q：青、r：緑、s：黄、t：赤

に分離される。次に、レンズMNで屈折して集められながら２つ目のプリズムDEGに入り、出口で１つに収束して白色光となって出る。そして、その白色光が3つ目のプリズムHIKに入り、分散して壁LVに映る。このとき、光の色は上から順に、

　　T：赤、S：黄、R：緑、Q：青、P：紫

となることを示す実験の図である。つまり、

　　太陽光（白色）→分解→5色→合成→白色光→分解→5色

であることを示し、白色光は様々な色の混合物であることを証明したのである。

9. 色が見えるのはなぜ？

　ニュートンはプリズムを利用して、太陽光を光の帯であるスペクトルに分解した。現代ではホログラムシートを使った回折格子を利用すると、光をスペクトルに分解することができる。ホログラムシートには、1mm幅に1000本もの平行な凹凸が作られている。

　手元にあった三角柱のガラスの文鎮がプリズムになるかと思い、窓から差し込む太陽光に当ててみた。角度を変えて実験すると、床や壁に右のようなスペクトルが映し出された。

［問19］　白熱電球に赤色のセロハン紙をかぶせると、周りは赤く見える。その光を回折格子で見ると、何色が見えるか？

［問20］　白熱電球に緑色のセロハン紙をかぶせて回折格子で見ると、

何色が見えるか？

[問21]　白熱電球に黄色のセロハン紙をかぶせて回折格子で見ると、何色が見えるか？

白熱電球に赤のセロハンをかけて回折格子で見ると、スペクトルは赤色だけになる。同様に、緑色のセロハンをかけて回折格子で見ると、スペクトルは緑色だけになる。他の色は全部セロハンに吸収されて赤色だけ、あるいは緑色だけを通すので、スペクトルはそのようになるのである。

しかし、黄色のセロハンをかけたときのスペクトルは、青や紫だけが消えて、赤や黄、緑のスペクトルは見えたままである。つまり、黄色のセロハンは青と紫の光だけを吸収して、赤、黄、緑の光は通してしまうのである。それでも、人間の目には黄色に見えるのである。不思議だ･･･

[問22]　２本の懐中電灯の１本には赤のセロハンをかぶせ、他の１本には緑のセロハンをかぶせる。暗い部屋の中で、この2本の懐中電灯で白い紙を照らして、赤と緑の色の光を重ね合わせると、その部分は何色に見えるか？

[問23]　問22の懐中電灯に加えて、もう１本青のセロハンをかぶせた懐中電灯を用意する。暗い部屋でこの３本の懐中電灯で白い紙を照らして、赤と緑と青の色の光を重ね合わせると、その部分は何色に見えるか？

赤、緑、青の光を組み合わせることで、その他のいろいろな光を作ることができる。例えば、次のようになる。

赤＋緑　→　黄

緑＋青　→　水色

青＋赤　→　ピンク

赤＋緑＋青　→　白

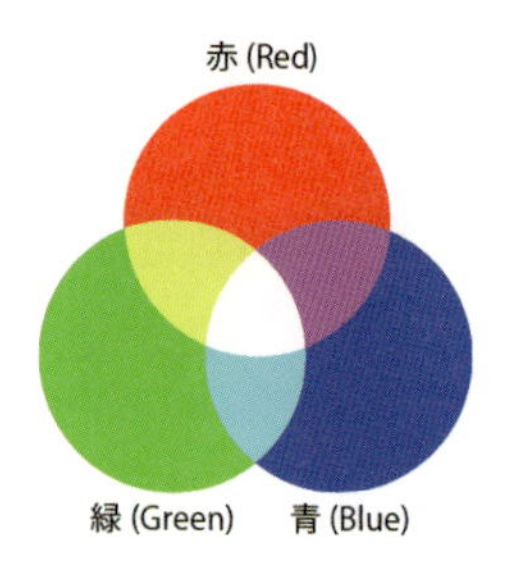

この「赤、緑、青」の３色を、光の３原色という。

人間の目の奥には、網膜という光を感じる場所があり、そこには光を感じる細胞がぎっしりと並んでいる。それらの細胞は、

主に赤を感じる、主に緑を感じる、主に青を感じる

という３種類でできている。そして、

(i)　黄色の光がやってくる

→　赤を感じる細胞と緑を感じる細胞に電気が生じる

ことで、大脳はその光を黄色と判断する。また、

(ii)　赤と緑の光が同時にくる

→　赤を感じる細胞と緑を感じる細胞に電気が生じる

ことで、大脳は黄色の光が来たと判断するのである。

光のスペクトルで黄色のところが黄色に見えるのは(i)の場合であり、テレビで黄色が見えるのは(ii)の場合である。

ここで、緑色の紙があるとして、その紙が緑色に見えるのはなぜだか分かるだろうか？　それは、太陽光が当たったとき、緑色の紙は赤や青の光を吸収して緑色の光を強く反射するので、緑色に見えるのである。

［問24］　暗い部屋で、緑色の紙に赤色だけの光を当てると、何色に見えるか？

緑色の紙に赤色だけを当てると、赤い光は緑色の紙にすべて吸収されてしまい、光は何も反射してこないので黒く見える。

さて、緑色といえば、植物の葉はみんな緑色をしている。これは、植物の葉には葉緑素（クロロフィル）という色素があるからである。葉緑素は太陽光を受けて光合成を行い、デンプンなどの養分を作り出す。このことで、植物は何を食べなくても大きく育つことができるのである。

［問25］ **植物をよく育てる光の色は何色か？**

植物の葉の色が緑色ということは、緑の色を跳ね返して他の色は吸収しているということである。つまり、緑色は植物にとって不必要な光である。したがって、植物を育てるには葉がよく吸収する赤や青の光を当てればよいことになる。実際に野菜工場では、次の図のように青色LEDと赤色LEDを利用して植物を育成している。

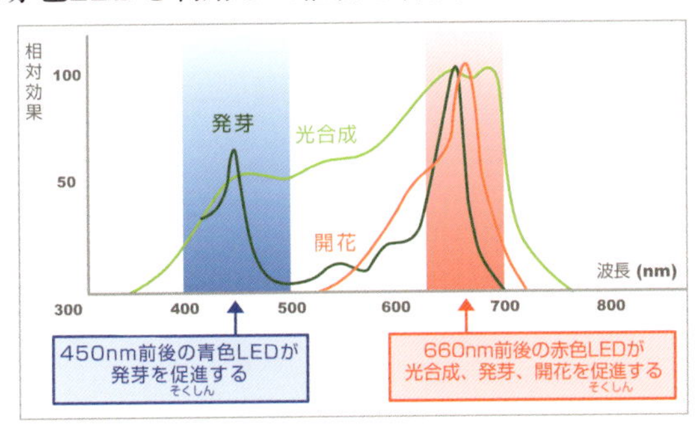

http://web.canon.jp/technology/kids/mystery/m_04_07.html

10. 光を知ればお化粧も完璧？

先に見たように、光の３原色「赤（R）、緑（G）、青（B）」は、色を混ぜると透明になる（明度が上がる）性質があり、これを加法混色という。また、虹色の順番「赤→橙→黄→緑→青→藍→紫」に赤紫を加えてリング状に並

べると右図のようになり、これを色相環という。色相環にはいろいろな種類があるが、右図は日本色研配色体系（PCCS）の色相環の12色分である（本来は、24色である）。

色相環において、反対側に位置する2色を補色という。おおざっぱに言うと、右図のように赤の補色は緑、黄の補色は紫となる。

補色には、補色同士を混ぜ合わせると無彩色になる（色が消える）という性質があり、これを利用すると肌のくすみや赤み・ニキビ、クマなどをうまくカバーできる。

例えば、赤すぎるほっぺや赤いニキビができたとき、赤の補色である緑の下地を赤い部分に塗り、その後にファンデーションを塗ればよい。また、目の下に紫のクマができているときは、そこに黄の下地を塗って気になる色を消せばよい。

さらに、加法混色を利用する化粧方法もある。赤いほっぺに黄の下地を塗ると、血色がよいように見せることができる。また、目の下にできたクマにはメラニン色素の沈着による茶色のクマもある。このときも、加法混色の利用で白色のコンシーラーを塗るとクマの色が肌の色に近くなるので、うまくカバーできる。

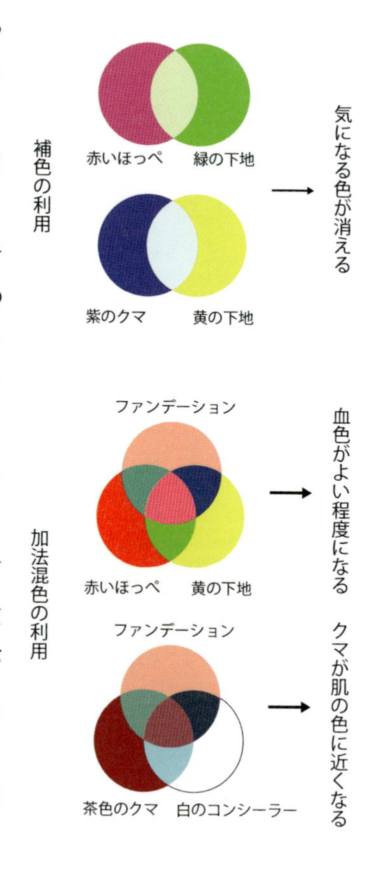

［問26］　茶色のクマを化粧でカバーするのに、補色を利用しないのはなぜか？

補色は色相の差が最も大きいことから、お互いの色を目立たせる効果がある。例えば、赤と緑、青と橙などの補色同士の配色は非常に目立つのである。セブンイレブンはこのことを利用して、赤と緑の補色配合の看板を作ったのである。

さて、植物の葉がどうして緑色なのかは、植物には葉緑素が含まれているからだと簡単に説明していた。このことを、もう少し科学的にきちんと説明しよう。

葉緑素は光にあたると、安定した通常の原子軌道よりも外側のエネルギー状態が大きい軌道に移動（励起）される。その際に吸収したエネルギーと同じエネルギーに相当する波長を持つ光が吸収されて光合成のためのエネルギーとして利用されるので、その波長の光は植物の葉から反射されなくなる。ここで、葉緑素が吸収する光は、主に青い光の領域（波長400～500nm）と赤い光の領域（波長600～700nm）である。すると、その間の波長500～600nmの緑の光の吸収効率が悪いために緑色の光が反射されるので、植物は緑に見えるのである。もう少し簡単に言うと、植物の葉で最も吸収される光は赤色なので、葉はその補色である緑色に見えるというわけだ。

波長(nm)	色	補色
435～480	青	黄
480～490	緑青	橙
490～500	青緑	赤
500～560	緑	赤紫
560～580	黄緑	紫
580～595	黄	青
595～610	橙	緑青
610～750	赤	青緑

このように、それぞれの物質は白色光から好きな色（吸収しやすい色）を取り込んで離さなくなり、そ

の結果として補色である色が反射されて私たちの目に飛び込んできて、その物質の色として認識するのである。光の解明を行ったニュートンはリンゴの逸話でも有名であるが、リンゴは青緑色が好きでその光を吸収するので、その補色である赤がリンゴの色として認識されるのである。

11. 虹は何色？

ニュートンが太陽光をプリズムで分光することにより、白色光の正体が解明された。このことは、虹の色の問題を解決したことでもある。虹については、その美しさや不思議さによって、昔から人々が興味・関心を持っていた。

［問27］ 虹について、貴方が疑問に思ったこと、興味を持ったことを幾つか挙げてみよ。

なぜ、空にあのような光の帯としての虹ができるのだろう？　太陽の光を反射しているようだが、空に鏡があるわけではないし、何が太陽光を反射しているのだろう？

空にある水滴が太陽光を反射しているのだろうか？　それなら、水滴はゆっくりでも地上に向かって落下しているはずだが、虹は同じ場所で見えているのはなぜだろう？

虹をよく見ると、明るい通常の虹（主虹という）の他に、少し暗いもう１つの虹（副虹という）が見えるときがあるが、それはなぜだろう？　そして、主虹と副虹の２つの虹の色の並ぶ順序が反対なのはどうしてだろう？

「七色の虹」というけれど、本当に七色なのだろうか？

人々は虹について、このような疑問や興味関心を持ち、神話や伝説で表現して伝えてきた。古代ギリシャのアリストテレスは、2500年も前に幾何学的に考察している。また、ヨーロッパキリスト教の聖書には、「虹は天上からの神のお告げ」との考えもあり、1200年代からキリスト教の神学者たちは、虹について実験的な研究を始めていた。有名な哲学者・数学者であるデカルトも、著書『気象学』(1637年) の中で、実験と理論の両面から虹の問題を論じている。

さて、虹が見えるのは雨上がりに太陽を背にしたときであることが多い。したがって、太陽光線と雨滴が関係しているであろうことは想像できる。ところが、太陽光線が水滴に当たると、光は様々なプロセスを経て四方八方に散らばる (光の散乱)。ここで、もし太陽光線が下図のようにどの方向にも同じように散乱するなら、単に水滴が光り輝くだけで虹はできない。

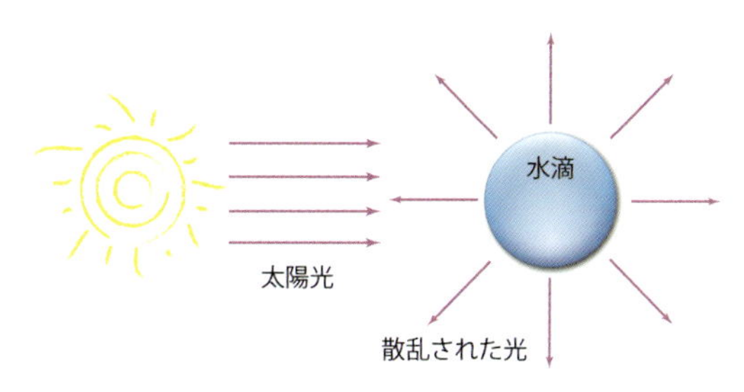

では、水滴に当たったときの太陽光の実際の進み方がどのようになっているかを見てみよう。

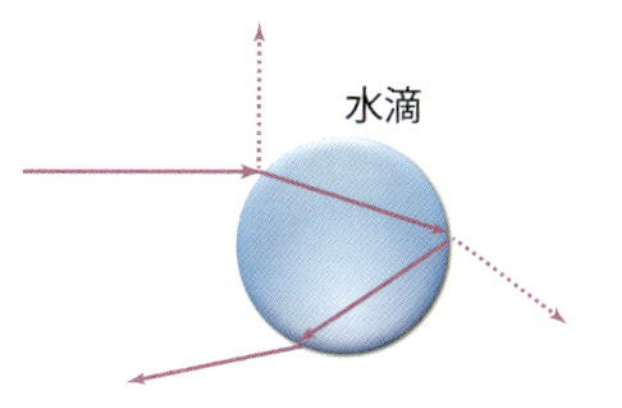

水滴に当たった太陽光線は、一部は表面で反射するが大部分は水滴の中に入り屈折

を起こす。屈折した光線は、大部分は水滴の外に出てしまうが、エネルギーにして数%分の光は反射して、再び水滴の内部に戻る。そして、大部分はまた屈折して水滴の外に出る。

この様子を、コンピュータのシミュレーションで描画すると、下図のようになる。これらは、水滴に入る太陽光線を、下から少しずつ上に動かしたときの入射光の反射と散乱の様子である。

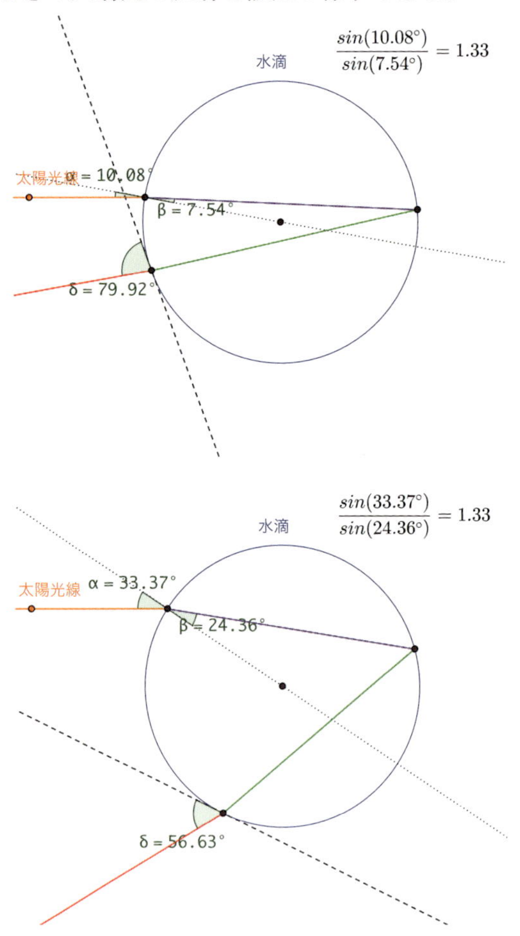

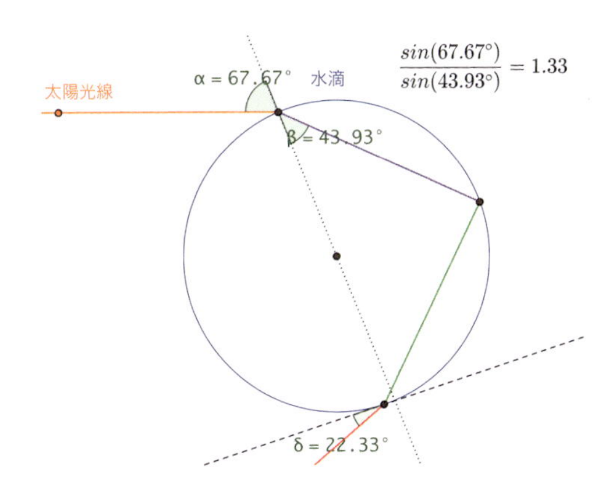

太陽光線が平行に、水滴の上半分に入射すると、光がどのように屈折し、反射するかをシミュレーションしたのが左図である。この図を見ると、入射光は水滴の下半分から外に出て、それらの光の向きは結構、大きく変化していることが分かる。入射光は、かなり広い範囲にばらまかれてしまうのである。この様子を、順を追って細かく見ると、下図のようになる。

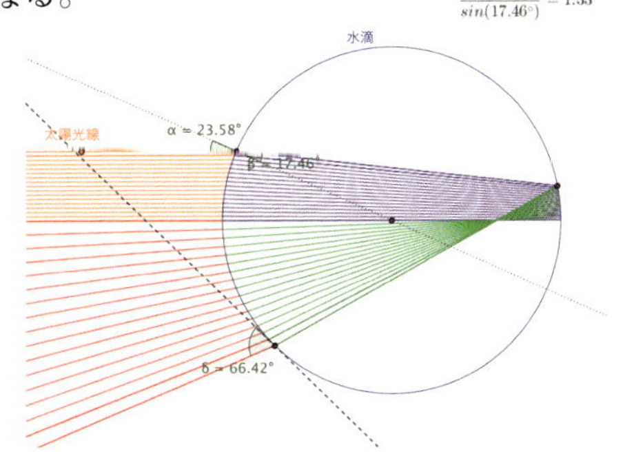

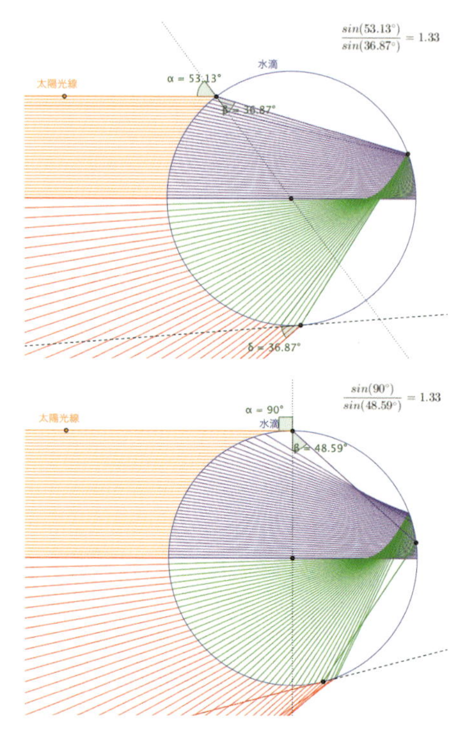

［問28］　上図のシミュレーションによる入射光の動きと、水滴から出てくる光の動きの変化について、特徴を述べよ。

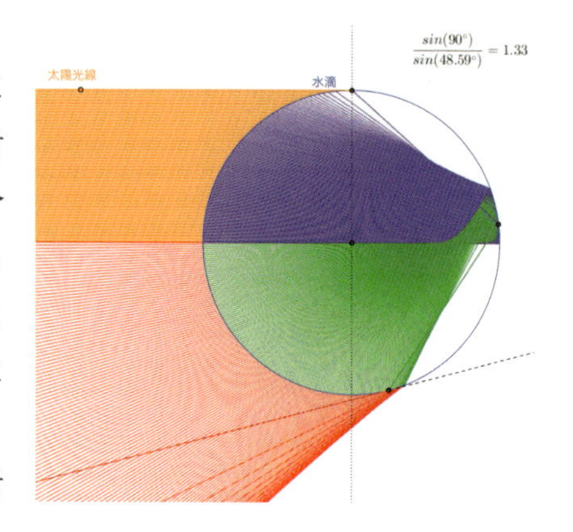

入射光が水滴の上半分を上に移動するにつれて、屈折・反射して出てくる光は水滴の下半分を広い範囲で下に移動していることが分かる。しかし、あるところで急に向きが変わって上に向かって移動しているようだ。それは、右図の下のところで射

出光が重なっていることから分かる。つまり、その部分の光はばらまかれずに、ギュッと詰まって密度が高く出てくるので、他の向きの光よりも断然目立つのである。先のシミュレーションより細かく動かしてみると、光の密度が高くなっていることがより分かるだろう。

［問29］　以上のことから、虹が現れる理由を説明せよ。

ニュートンが解明したように、太陽光の中の可視光線である赤・橙・黄・緑・青・藍・紫色の光は、ほんの少しずつ屈折度合いが違う。したがって、水滴から出てくる密度の高い光の向きは、色によってほんの少しずつずれる。このために、色が帯状に並んだ虹が現れるのである。

光の謎を追究して解明したニュートンは、著書『光学』の中で下図のようなスケッチを描いて、虹についても論じている。

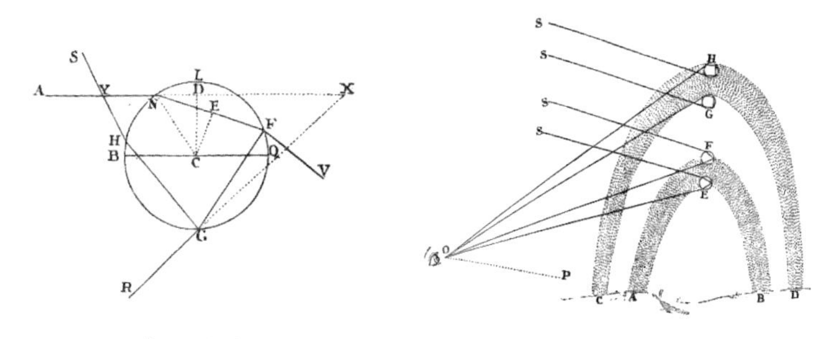

Fig. 14.　　**Fig. 15.**

（Sir Isaac Newton “Opticks / Or, A Treatise of the Reflections, Refractions, Inflections, and Colours of Light”）

虹には、いわゆる普通に見える虹である主虹と、主虹の外側に薄い色で見えることのある副虹がある。上のFig.15は、主虹と副虹が見える様子を表している。Fig.14は、太陽光線が水滴内を屈折・反射して虹ができる様子を表している。太陽光線が、

A→N→F→G→R

と通過すると、主虹を作る。

また、水滴内でもう1回反射してから外に出る光線、すなわち

A→N→F→G→H→S

と通過する光線が、副虹を作る。Fig.14では、副虹を作る光線は水滴の上側から入って上側に出ているが、実際は水滴の下半分のところから入射して下側に出て、地上の虹を見ている人に届く。この様子は、Fig.15を見るとわかる。

［問30］ **Fig.15と右図により、主虹と副虹の色の並び方を説明せよ。**

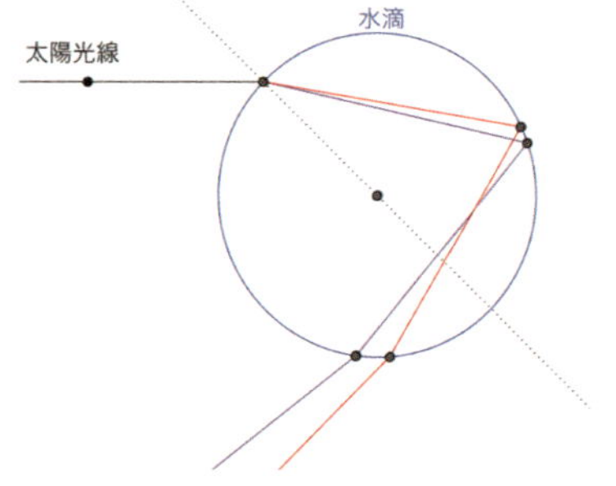

Fig.15において、弧ABが主虹、弧CDが副虹である。主虹において、屈折率のいちばん小さい赤の光線は、SFOと進み、逆に屈折率のいちばん大きい紫の光線は、SEOと進んで観察者の目に入る。その他の色の光線の屈折率は赤と紫の間なので、主虹は外側から赤・橙・黄・緑・青・藍・紫と色が並ぶのである。そして、副虹においては、水滴の下側から光線が入るので、色の順序は反対になるのである。

右の写真は、2016年12月27日に神戸市に出現した虹である。外側にうっすらと副虹も見える（神戸新聞NEXTより）。

12. ダイヤモンドの煌めきはどこから？

天空で七色の光を放って人間を魅了する虹は、自然の宝石のようである。そして、永遠の煌めきを放ち、宝石の王様と呼ばれるダイヤモンドは、女性の憧れである。ダイヤモンドは、天然で最も堅い物質であることから、「征服されざるもの、何よりも強い」を意味するギリシャ語の αδάμας（adamas）のaが取れて、英語のdiamondになったと言われている。また、和名は「金剛石」と呼ばれているが、これは仏典から来ていて「硬い」を意味している。

地球上では、約4000種類の鉱物が発見されていて、その中で宝石として流通しているのは50～60種類と言われている。その中でも、ダイヤモンドは図抜けたキラキラとした輝きで女性を魅了し続けている。

［問31］　**ダイヤモンドが、他の宝石よりも美しい輝きを放つ理由は何か？**

ダイヤモンドの輝きの美しさは、ダイヤモンドの硬度と屈折率という性質によるところが大きい。ダイヤモンドの名前の由来にもなっている硬さを表す硬度は10であり、これは鉱物の中で最も高い。

［問32］ **石が硬いと、輝きに関してどのようないい点があるか？**

宝石の硬度が低い、すなわち柔らかいとカットしたときの表面に凸凹ができやすい。これは、包丁で柔らかいものを切ったときの切断面を想像すればわかるだろう。それに対して宝石の硬度が高いと、宝石をカットしたときの表面がスムーズでシャープになる。すなわち、凸凹がない切断面が作れるのである。ダイヤモンドは硬度が高いのでシャープなカット面が作れるため、表面で反射する光が強く、鋭くなる。これが、「ダイヤモンド光沢」と呼ばれる強い輝きの現れる１つの理由である。

［問33］ ダイヤモンドを、喜平２面カットのようにカットすると、どのように輝くか？

※右の写真は、ゴールドの喜平２面カットのネックレスの一部。

ダイヤモンドを喜平２面カットすると、ガラスと同じように下まで透けて見えて、そんなに輝かないだろう（高価なダイヤモンドで、そんなカットをしたものを見たことがないので想像なのだが…）。

現在のダイヤモンドは普通、右図のような「ラウンド・ブリリアント・カット」と呼ばれるカットが施されている。数学的に言えば、52面体の立体になっているこのカットは先に挙げたダイヤモンドもう１つの性質である屈折率を、最大限に利用したものである。ダイヤモンドに当たる光は、反射するものと内部に入射するものに分かれる。ダイヤモンドに入った光は、内部で折れ曲がる、すなわち屈折する。屈折する理由は、空気中とダイヤモンド内部では密度が違うからである。この屈折する度合いを示す屈折率が、ダイヤモンドは2.417と大きいので、内部に入った光が鋭く折れ曲がるのである。この折れ曲がる角度を基に、数学的な考察を行ったのが、研磨技術の名門トルコウスキー家の４代目で、数学者でもあったマーセル・トルコウスキーである。

彼は右図のように、ダイヤモンド内部に入った光が何回も反射して、すべて上部から外に出ることで素晴らしい輝きが生まれるラウ

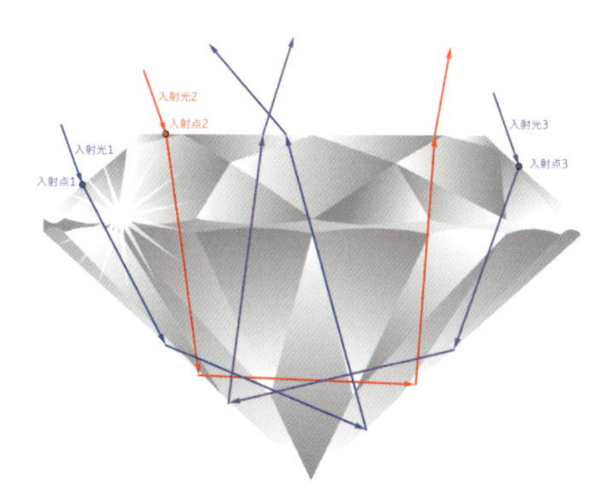

ンド・ブリリアント・カットを、1919年に発明したのである。この下の三角形の部分が深いと、内部反射した光が下の三角形の部分から外にもれてしまう。逆に、下の三角形の部分が浅いと、入射した光が内部で反射せずに下の三角形の部分から透過してしまう。いずれにしても、この場合にはダイヤモンドの明るさは低減するのである。より光り輝くダイヤモンドとなるべく、入射光のすべてを上部から抜け出るような反射が生じる角度を、数学を駆使して発見したのである（数学・物理的な簡単な説明は、後述する）。

以上のダイヤモンドの表面で反射した光と、内部に入って屈折して反射した光による輝きを、明るさ（Brightness）という。ダイヤモンドの輝きの要素としては、七色の光（Fire、Dispersion）もある。ダイヤモンドは、キラキラと虹色に輝くが、これがFireである。一般の用語では、分散（Dispersion）と呼ばれるものであり、先にニュートンの実験や虹の話で現れた、赤い光（屈折率が小）～青い光（屈折率が大）の可視光線の屈折率の違いから生じる。この七色の光が鮮やかに見えるためには赤色の屈折率と青色の屈折率に差がなければならない。ダイヤモンドの場合、この屈折率の差が0.044と他の鉱物に比べて高い値なので、より美

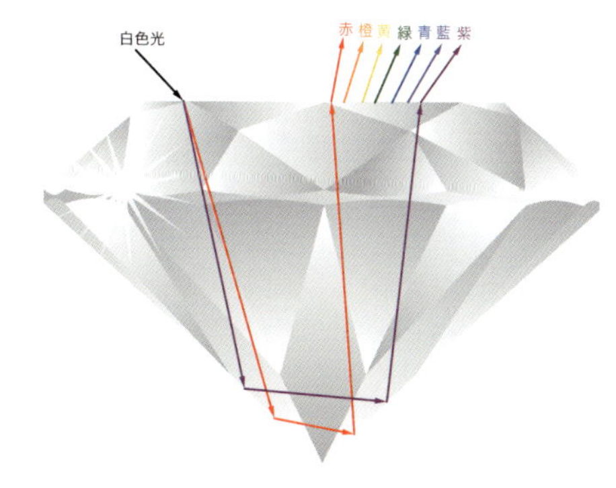

しい七色の虹が見えるのである（上図はデフォルメしてある）。また、分散は光の進行距離が長いほど大きくなる。屈折による進行方向のずれが、距離が長くなるほど大きくなるからである。ダイヤモンドの内部に入った光は、内部で反射することによって進行距離が長くなるので、より魅力的で鮮明な七色が見えるというわけだ。

【発展】

さて、トルコウスキーが素晴らしいカット方法を発見した基盤となる考え方を見ていこう。虹もダイヤモンドの輝きも、光の反射と屈折が関係していた。屈折の法則はオランダの物理学者スネル（1580〜1626）が1621年頃に発見した。

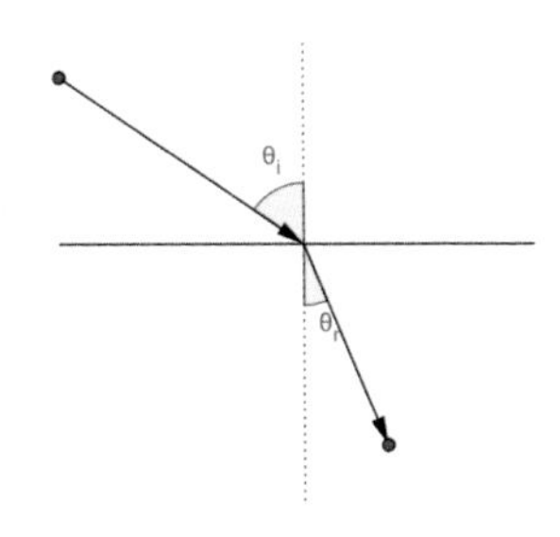

それは、右図のようにある媒質（例えば空気）から別の媒質（例えば水）に光が入るとき、

$$\frac{\sin\theta_i}{\sin\theta_r}=\mathrm{k}\quad(\mathrm{k}\text{は定数})\qquad\cdots①$$

が成立するというものである。①を**スネルの法則**または**屈折の法則**といい、θ_iを**入射角**、θ_rを**屈折角**という。いずれも、面に垂直な方向からの角度であることに注意しよう。スネルは、k>1であることには気づいていたが、この定数が何を意味するかは知らなかった。また、スネルは、この法則を発見したことを発表しなかった。

ここで、それぞれの媒質における光の速度をv_i、v_rとすると、スネルの法則①は、

$$\frac{\sin\theta_i}{\sin\theta_r}=\frac{v_i}{v_r}\qquad\cdots②$$

と書けることがわかっている。また、**屈折率**を

$$屈折率=\frac{真空中の光速度c}{媒質中の光速度v}$$

で定義すると、いくつかの物質の屈折率は右の表のようになる（屈折率は、媒質中の進みにくさを表す）。ダイヤモンドの屈折率の大きさがわかるだろう。

物質	屈折率
空気	1.000292
水	1.3334
光学ガラス	1.43～2.14
サファイア	1.762～1.770
ダイヤモンド	2.417

この屈折率を用いてスネルの法則を表すと、それぞれの媒質の屈折率をn_i、n_rとしたとき、スネルの法則②は、

$$\frac{\sin\theta_i}{\sin\theta_r}=\frac{n_r}{n_i} \qquad \cdots③$$

となる（右辺の分母・分子に注意しよう）。

ここで、ダイヤモンドから空中に光線が出る場合を考える。ダイヤモンドからの入射角をθ、屈折角をθ_0、ダイヤモンドの屈折率をn、空気の屈折率を$n_0=1$とすると、③より、

$$\frac{\sin\theta_0}{\sin\theta}=\frac{n}{n_0} \qquad \cdots④$$

が成立する。ここで、$\sin\theta_0\leqq1$であることと④より、

$$\sin\theta=\frac{n_0}{n}\sin\theta_0\leqq\frac{n_0}{n}=\frac{1}{2.417}\fallingdotseq0.414 \qquad \cdots⑤$$

となる。そして、三角関数表、またはコンピュータ等により、

$\sin24^\circ\fallingdotseq0.407$、$\sin25^\circ\fallingdotseq0.423$　　$\cdots⑥$

であることがわかる。

ゆえに、$\sin\theta$は$0^\circ<\theta<90^\circ$で単調に増加することと⑤、⑥より、次のことが分かる。

⑤が成立する、すなわち屈折の法則が成立するのは

$\theta\leqq24^\circ$のときであり

$\theta>24^\circ$であれば屈折の法則が成り立たず入射光は全反射する

全反射するこの角度24°を、ダイヤモンドの**臨界角**という。

つまり、たとえを使って簡単に言うと次のようになる。光が入るダイヤモンドのカット面に垂直に、頂角が24°×2＝48°の「とんがりコーン」を立てる。その「とんがりコーン」に入らない光は全反射を起こしてダイヤモンドの内部を進み（右図の点A、B）「とんがりコーン」に入る光は屈折を起こして外に出る（右図の点C）のである。

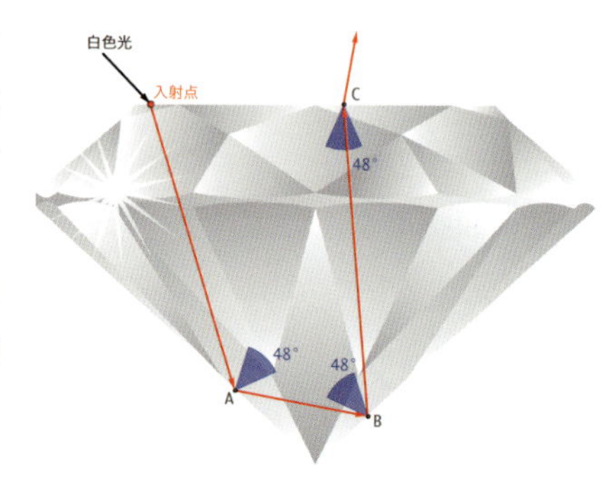

ダイヤモンドのカットをうまく行って、下の三角形の斜めのカット面（パビリオン）への入射角を24°より大きくすることができれば、すなわち、「とんがりコーン」に光が入らないようにすれば、入射光をすべて反射させて素晴らしい輝きを作ることができるのである。トルコウスキーは、このように数学的に考察することで、ラウンド・ブリリアント・カットを発明した。ちなみに、ダイヤモンドに次ぐ硬度9を持つ美しい宝石サファイアの場合、「とんがりコーン」がどうなるか調べてみよう。サファイアからの入射角をϕ、屈折角をϕ_0、サファイアの屈折率をm、空気の屈折率を$n_0=1$とすると、⑤は、

$$\sin\phi=\frac{n_0}{m}\sin\phi_0\leqq\frac{n_0}{m}=\frac{1}{1.762}\fallingdotseq0.568$$

となる。これと、

$\sin 34^\circ\fallingdotseq0.559$、$\sin 35^\circ\fallingdotseq0.574$

より、サファイアの臨界角は約34°であることがわかる。すなわち、サファイアの場合の「とんがりコーン」の頂角は68°もあることになり、ダイヤモンドより全反射する光が少なくなる。やはり、ダイヤモ

ンドは宝石の王様だ。

※⑥で言いたいことを、逆三角関数を用いて簡潔に数学的に表すと、

$$\sin^{-1}(0.414) = 24.46°$$

となる。

すなわち、⑤を満たす θ の最大値は24.46°である。同様に、サファイアについては、

$$\sin^{-1}(0.568) = 34.61°$$

となる。

13. 光の干渉を化粧品に利用する

化粧をするとき、仕上げにハイライトを使うと仕上がりがぐっとよくなる。そのハイライトや、口紅、アイシャドーなどに使われているのがパール材である。パール材は、真珠や虹のように様々な色を発する顔料であり、数十ミクロン程度の大きさである。一般に、マイカ（雲母）に酸化チタンを被覆した雲母チタンが利用される。

平板状のマイカに、屈折率の高い酸化チタンを被覆すると、光の干渉が生じるのである。シャボン玉に色がつき、その色が刻々と変化するのも、光の干渉のせいである。では、その仕組みを考えよう。

２つの波を重ね合わせることを考えると、例えば、次のような場合がある。

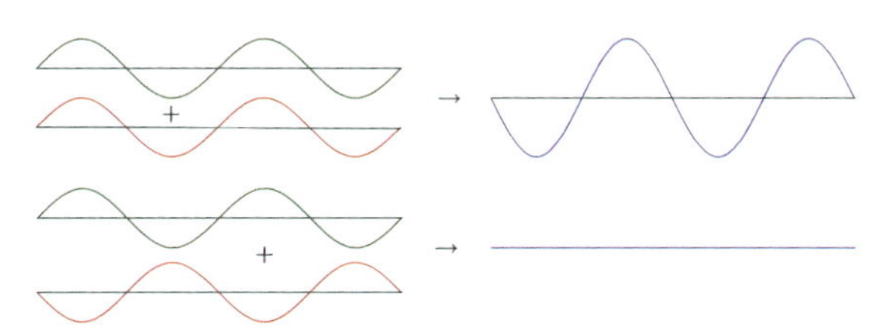

上図の場合は、２つの波の山と山、谷と谷が重なる（位相が合う）ので、重ね合わせると波が強くなる。それに対して下図の場合は、２つの波の山と谷が重なる（位相が逆になる）ので、重ね合わせると波が消えてしまう。このように、波が重なり合うことを波の干渉という。先の２つの例は位相の関係の極端な場合であるが、位相のずれ方によって波の干渉の仕方は様々に変化する。そして、光は波であることが知れられていて、光は干渉を起こすのである。

さて、パール材の干渉を考えよう。右図のように、空中の点Aから光成分１が酸化チタンの点Cで反射して、

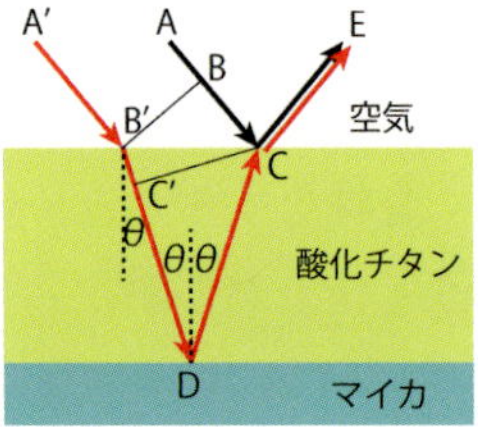

A→B→C→E

と進む。また、空中の点A'からの光成分２は酸化チタンの点B'で屈折し、マイカとの境界の点Dで反射し、酸化チタンの点Cで屈折して、

A'→B'→C'→D→C→E

と進む。

すなわち、光成分１と２は、点Cで重ね合わされて点Eで目に入るのである。このとき、光成分１と２は進んだ距離が違うことに注意しよう。光成分１と２の位相は最初にはそろっていたのだが、この距離の差のために点Cでの重ね合わせのときに位相がずれるのである。位相が合うと強めあい、位相が逆だと打ち消し合う干渉が起こり、その結果、条件に合った波長の光が強められて干渉色が生じるのである（境界面での反射や、干渉して強め合う、弱め合うための条件は、【発展】を参照）。

実際の化粧品では、酸化チタンの厚みを変えることにより、光の進む距離の差を変化させて、干渉の状況を変化させる。これにより、干渉で強められる色を赤や緑などいろいろに変化させるのである。

酸化チタンの屈折率はダイヤモンドより大きく、2.50〜2.72である。このように、屈折率の高い薄膜で光の干渉が起こることにより干渉色が見えるのであるが、この仕組みは化粧品だけではなくシャボン玉でも起こっている。

シャボン膜の屈折率は、水とほぼ同じだと考えると1.33、グリセリンだと考えると1.47であり、いずれも空気の1より大きい。したがって、雲母チタンにおける酸化チタンをシャボン玉の薄膜に読み替えると、同じ理屈で光の干渉が起こることが分かるだろう。シャボン膜の厚みは、場所によって微妙に異なるし、重力や吹き出す息の強さや風の影響などによって球のたわみ方も違う。そして、飛んでいくシャボン玉と観察者の位置関係も時々刻々と変化する。このことで、シャボン玉の色は時々刻々と美しく変幻自在に変化するのである

【発展】

■光の「経路長」（走行距離）と「光路長」（光学的距離）

屈折率nの一様な媒質中を、光が実際に距離dだけ進んだとき、

光路長（光学的距離）＝nd

と定義する。

屈折率nの媒質中の光の速度は、屈折率1の真空中の速度の$\frac{1}{n}$倍になる。例えば、水の屈折率はn≒1.33であるから、水中の光の速度は

$$\frac{1}{n} \fallingdotseq \frac{1}{1.33} \fallingdotseq \frac{3}{4}倍$$

になる。したがって、光が真空中をdだけ進む時間に対して、水中では同じ距離dを進むのにn≒1.33倍の時間がかかることになる。

次に、波長に注目すると、光の振動数は媒質の屈折率nには依存せ

ずに一定なので、

速度が$\frac{1}{n}$倍になる　⇔　波長が$\frac{1}{n}$倍になる

のである。例えば、空中から水中への進行においては、水中での波長は、

$$\frac{1}{n} \fallingdotseq \frac{1}{1.33} \fallingdotseq \frac{3}{4}倍$$

に短くなるのである。

下図においては、波長３つ分の光学的な距離としては、L1とL2は同じ長さである。

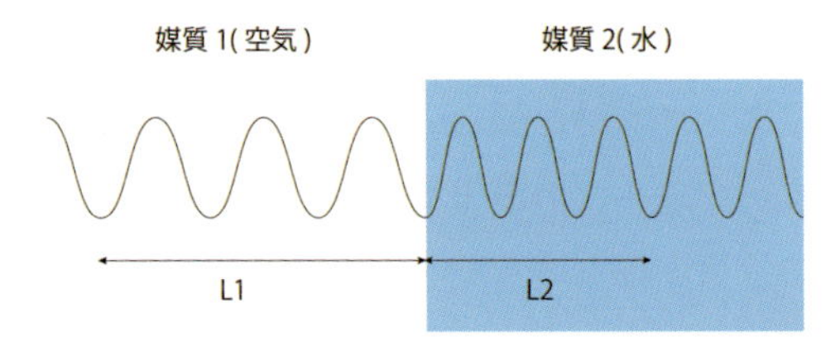

ここで、実際には波長は短くなるのだが、波長が変化しないとして固定して考えると、

媒質中では走行距離 d が屈折率 n の分だけ伸びてndになる

と見ることができる。これが、光路長の考え方である。光の干渉をとらえるとき、光路長を用いると波長を固定して考えることができるので便利だ。光が実際に走行した距離の差を経路差、光学的距離の差を光路差という。

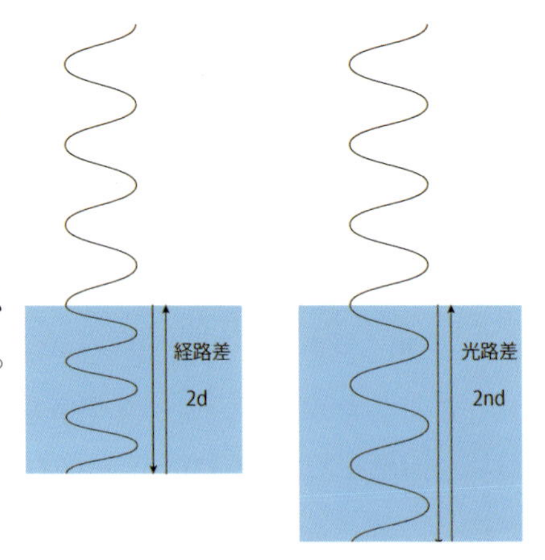

■屈折率の異なる媒質境界面での光の反射

光の反射と位相のずれは、次のようになる。

(i) 屈折率が小さい媒質から大きい媒質へ進むとき

固定端反射のように、反射した光の位相はπだけ、すなわち波長の$\frac{1}{2}$だけずれる。例えば、波の「山」が境界面に達したとき、反射した瞬間にそれは「谷」になるのである。

(ii) 屈折率が大きい媒質から小さい媒質へ進むとき

自由端反射のように、反射した光の位相はずれない。例えば、波の「山」が境界面に達したとき、反射した瞬間もそれは「山」のままである。

以上のことを基に、化粧品のマイカ材の干渉について考えよう。空気の屈折率は約１であり、酸化チタンの屈折率は約2.5であり、空気より大きい。したがって、

酸化チタンに侵入せずに反射した光１　　→位相がπずれる

酸化チタンに侵入して内部で反射した光２→位相はずれない

このことにより、目に入る光が干渉を起こすのである。

それでは、ハイライトなどで特定の色を出す条件を考えてみよう。上で述べたように、光１は位相がπだけずれ、光２は位相がずれない。この２つの光が化粧品（肌）から出る際に干渉し、そのとき位相が強め合うような波長の光が強く発せられることになる。

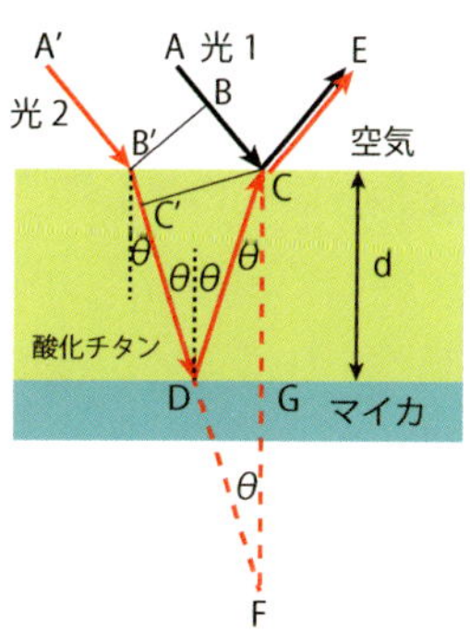

右図において、波長λの光が斜めから化粧品（肌）に当たるとする。光の２つの成分光１と光２は、最初は位相がそろっている。ここで、光２が早く酸化チタンの表面B'に到着して、屈折して酸化チタンの内部を進む。それに対して光１は、遅れて表面Cに到達し、

このとき光２はC'に到達しているとする。そして、光１はCで反射してEに進み、光２はマイカとの境界で反射して、

A'→B'→C'→D→C→E

と進む。

したがって、光１と光２の進んだ距離の差である経路差は、

経路差＝C'D＋DC　　・・・①

である。

ここで、酸化チタンとマイカの境界面に関してCと対称な点をFとすると、

DC＝DF

であり、

CC'⊥C'F、∠CFC'＝ θ　　・・・②

であるから、①、②より、

経路差＝C'D＋DF＝C'F＝CF・cos θ ＝2dcos θ

となる。

したがって、光路差は、酸化チタンの屈折率をnとすると、

光路差＝（経路差）×屈折率＝2nd・cos θ　　・・・③

であることが分かる。

さて、位相が強め合うためには、

光路差＝（波長）×（整数）

であればよいが、先に見たように光1は位相が π だけずれている、すなわち波長の半分の $\frac{1}{2}\lambda$ だけずれる。したがって、光１と光２がCで干渉して強め合う（明るくなる）ための条件は、位相がずれた分だけ補正すればよいから、③より、

$$2nd \cdot \cos\theta = k\lambda + \frac{1}{2}\lambda \quad (k=0,\ 1,\ 2,\ \cdots)$$

となることである。つまり、

$$2nd \cdot \cos\theta = \left(k+\frac{1}{2}\right)\lambda \quad (k=0,\ 1,\ 2,\ \cdots) \qquad \cdots ④$$

を満たす波長λの光が、明るくなるのである。ここで、膜の厚さdや光の角度θが変化すると、波長λが変化するので、いろいろな色が見えるのである。

同様に考えると、暗くなる条件は、③より、

$$2nd \cdot \cos\theta = k\lambda \quad (k=0,\ 1,\ 2,\ \cdots)$$

となる。

［問34］　**シャボン膜や地面にこぼれた薄いガソリンの膜では、干渉による非常に美しい光の模様が見られる。もし、ガソリンの膜が厚ければ、干渉による縞模様の色が見えるかどうか実験(考察)せよ。**

光が干渉によって明るくなる（強くなる）条件は④であるが、ここで簡単のために太陽光（白色光）が膜に垂直にあたるときを考える。このときは、$\theta=0°$であるから、$\cos\theta=\cos 0°=1$となる。よって、条件④は、

$$2nd = \left(k+\frac{1}{2}\right)\lambda$$

ゆえに、

$$\lambda = \frac{2nd}{k+\frac{1}{2}} \qquad \cdots ⑤$$

ここで、膜の厚さdと屈折率nを、

$$d = 1\,\mu m = 1.0\times 10^{-6} m,\ n = 1.5$$

とすると、⑤に代入して、

$$\lambda = \frac{3\times10^{-6}}{k+\frac{1}{2}}\,\mathrm{m} \qquad \cdots ⑥$$

また、可視光線の波長は、

$$3.8\times10^{-7}\sim7.8\times10^{-7} \qquad \cdots ⑦$$

であるから、このときに見える光の波長は、⑥、⑦より、

$$3.8\times10^{-7} \leqq \frac{3\times10^{-6}}{k+\frac{1}{2}} \leqq 7.8\times10^{-7}$$

よって、

$$\frac{30}{7.8} \leqq k+\frac{1}{2} \leqq \frac{30}{3.8}$$

$$3.85 \leqq k+\frac{1}{2} \leqq 7.89 \quad \Leftrightarrow \quad 3.35 \leqq k \leqq 7.39$$

ここで、kは0以上の整数より、

$k=4,\ 5,\ 6,\ 7$

となり、4種類の波長の光が見えることになる。

⑥から実際の波長を計算すると、

$k=4$：$\lambda=6.7\times10^{-7}\mathrm{m}$ → 赤

$k=5$：$\lambda=5.5\times10^{-7}\mathrm{m}$ → 緑

$k=6$：$\lambda=4.6\times10^{-7}\mathrm{m}$ → 青

$k=7$：$\lambda=4.0\times10^{-7}\mathrm{m}$ → 紫

となるので、これらの色を見ることが可能であることが分かる。

［問35］　条件⑤を利用して、ガソリンの膜の厚さが1000倍になった d＝1000μmのとき、見ることが可能な色(波長)は何種類かを求めよ。ただし、屈折率はn＝1.5とする。

d＝1000μm＝1.0×10－3m＝1.0mmのとき、先と同様に計算すると、

　　　3845.6≦k≦7894.2

kは整数より、

　　　k＝3846, 3847, ･･･, 7894

となり、このkの個数は、

　　　7894－3846＋1＝4049個

よって、波長λも4049種類存在することになる。これだけの種類の波長が届くと、観察者には白色に見えることになり、少し厚さを変えても干渉は生じないので縞模様の色は見えない。ただし、これは太陽光（白色）を当てた場合であって、レーザー光線のような単色光を当てると、干渉現象は確認できる。

以上より、干渉現象を確認するには、数μmの厚さの膜が適していることが分かった。

14. 自然は光の干渉を知っている

右の写真はモルフォチョウと呼ばれる、北アメリカ南部から南アメリカにかけて生息する大型のチョウの仲間の標本である。モルフォチョウの翅は、モルフォブルーと呼ばれる非常に鮮やかな青色をしている。この青色は、染料や色素で出る青色ではない。つまり鱗粉そのものには色素がなく、構造発色と呼ばれる仕組みで出る色なのである。

モルフォチョウの翅には、鱗片というμmオーダーの微細な粉のようなものがついている。その鱗片の断面を電子顕微鏡で拡大してみると、規則正しく微細なひだのような凹凸を形成し、タンパク質と空気が幾層にも重なった積層構造になっているのがわかる。その鱗片の複雑な構造において、凹凸の間隔が青色の光の波長のちょうど半分であり、反射光が強め合って美しい青色が発色されるのである。このように、光の干渉によって発色する仕組みを、構造発色という。自然界の蝶が、このように光の干渉を利用して眩いばかりの色を出していることは、よく考えると不思議で驚異的なことだと思われる。

このような自然界の動植物の構造を真似て、画期的な技術に結びつけることが産業界等で行われているが、モルフォチョウのような構造色を再現する技術もその1つである。構造色による発色は色素や顔料による発色とは違って、紫外線などによる脱色もなく、染料を利用したときの染色時の大量の水も必要なく、化学塗料における化学物質も使わないので、環境にとって素晴らしい発色方法である。

実際に、ある日本の繊維メーカーでは、屈折率の違うポリエステルとナイロンを交互に61層重ねることで、モルフォチョウのような積層構造を実現し、染料を使用することなく発色する繊維を作り出した。この繊維は、光の強度や見る角度によって色が違って見えるので、アパレル業界などの婦人服や自動車のシートに利用されている。また、繊維を細かくカットしてパウダー状にすることで、塗料や化粧品、伝統工芸品などにも利用されているようである。

15. 光は経路を知っている？

(1) 反射の法則

光の反射の法則「入射角と反射角は等しい」に初めて言及したのは、古代ギリシャの数学者ユークリッド（B.C.3世紀）である。ユークリッドは、ユークリッド幾何学で知られ、この幾何学を体系的に述べた著書の『原論』は、西洋の書物では聖書に次いで世界中で読まれてきた本と言われている。そして、『原論』の構成は、後世の学術的な本の構成の手本となった。

この反射の法則を、最短経路の原理から導いたのは、アレキサンドリアの数学者ヘロン（1世紀）である。

［問36］　**右図と、最短経路の原理「光は最短距離を通過する」を用いて、入射角と反射角が等しいことを、幾何学的に証明せよ。**

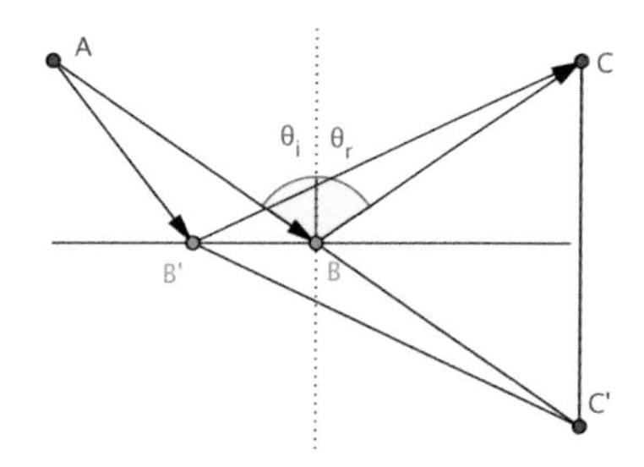

(2) スネルの法則

オランダの物理学者スネル（1580〜1626）は、光の屈折の法則を発見した。すなわち、右図のように空気から水に光が入るとき、

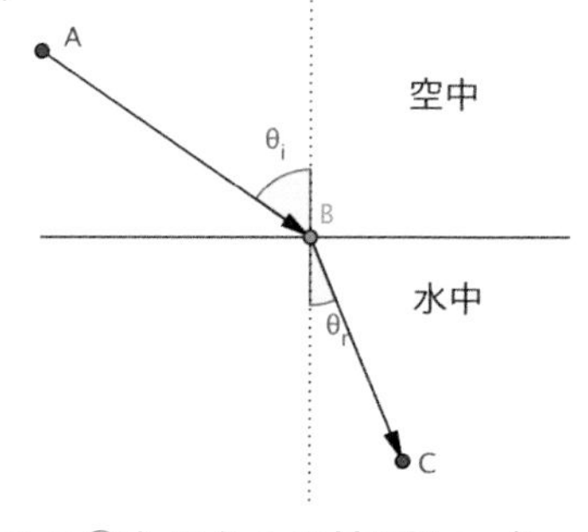

$$\frac{\sin\theta_i}{\sin\theta_r} = 定数 \qquad \cdots ①$$

が成立することを発見したのである。この①をスネルの法則という。

スネルは、①の関係における定数が1より大きいこと、すなわち、

$$\sin\theta_i > \sin\theta_r \quad \Leftrightarrow \quad \theta_i > \theta_r$$

であることには気づいていた。光線は、水中に入ると法線の方に傾くことは知っていたのである。しかし、この定数が何を意味するかは知らなかった。

また、スネルは1621年前後にこの法則を発見したが、発表しなかった。このことが、後のデカルトによる「発見」につながる。

(3) デカルトの屈折の法則

フランスの哲学者であり数学者の**デカルト**（1596～1650）は、「我思う、ゆえに我あり」(コギト・エルゴ・スム cogito ergo sum）という言葉で有名である。デカルトは、著書の『屈折光学』(1637年）で、以下のような屈折の法則を発表した。

デカルトは光を小さな粒子と見て、布でできたバリアにテニスボールを打ち込むという例えで分析を始めた。このとき彼は、テニスボールの速度は水平方向には変化しないと仮定したので、右図において、

$$v_1 \sin\theta_i = v_2 \sin\theta_r$$

が成り立つとした。

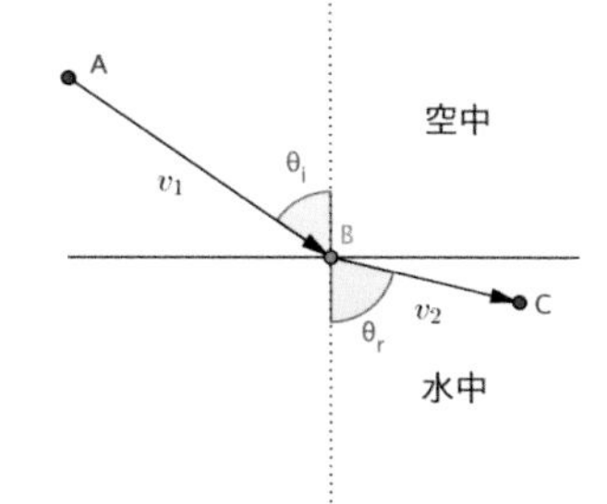

よって、

$$\frac{\sin\theta_i}{\sin\theta_r} = 定数 = \frac{v_2}{v_1} \quad \cdots ②$$

が成り立つと結論づけた。つまりデカルトは、スネルの法則における定数は速度の比の値だと示したのである。

ここで、テニスボールが布にあたると、

$$v_2 < v_1 \quad \cdots ③$$

となるから、$0 < \theta_i$、$\theta_r < 90°$ と②、③より、

$$\frac{\sin\theta_i}{\sin\theta_r} = \frac{v_2}{v_1} < 1 \quad \Leftrightarrow \quad \sin\theta_i < \sin\theta_r \quad \Leftrightarrow \quad \theta_i < \theta_r \quad \cdots ④$$

が導かれる。

不等式④は、光が水中に入ると法線から離れる側に屈折することを示しているが、これは実験結果と合わなかった。困ったデカルトは、実験結果に合わせるために、途中からテニスボールの例えを止めて、$v_2 > v_1$ とした。デカルトはこの「説明」のために、アリストテレス流の議論を持ち出していた。すなわち、「物理現象は、実験が示す

ようにではなく、私たちがそうあるべきと考えるようにある」と言ったのである。

デカルトの時代には、どんな媒体の中においても光速を測る装置はなかったので、v_2とv_1のどちらが速いかは、後世まで分からなかった。光は水中では空中より速いのではなく遅いことが実証されたのは、150年ほど後の1850年であり、ジャン・フーコーとアルマン・フィゾーによる地球規模での実験によってであった。

［問37］　**実は、あの偉大なニュートンも、**

光はガラスの中では空中よりも速くなる…(＊)

と考えていた。これは、ニュートンは光を粒子だと考えていたことと関係がある。ニュートンが(＊)と考えていた理由を考察せよ。

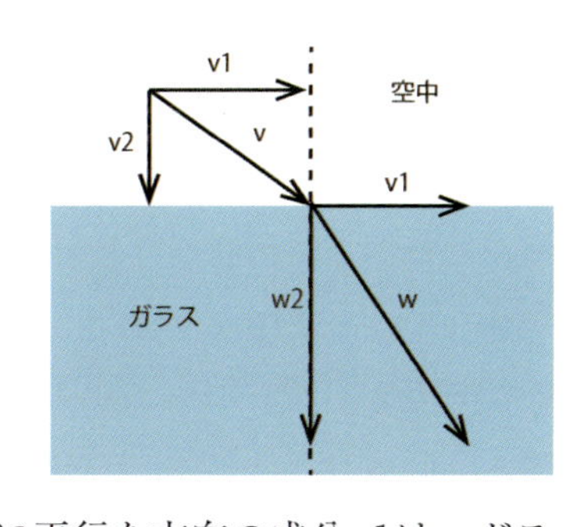

ニュートンは、光が直進するのは光粒子がニュートンの第１法則に従うからであり、反射と屈折は、媒質の境界面が光粒子に反発力や引力を及ぼすからだと考えたのだ。

特にガラスによる屈折については次のように考えた。光の粒子の空中の速度をvとすると、vのガラスの面に平行な方向の成分v1は、ガラス中に進んだときも変化しない。しかし、ガラス面に垂直な方向の成分は、空気より密なガラスに引かれて加速度を生じるので、ガラス中の速度wの垂直成分w2は、空中の速度vの垂直成分v2より大きい。したがって、空中からガラスに光線が入ると、法線に近づくように屈折する、と考えたのである。

もちろん、ガラス中では光の速度は空中より遅くなるのが正しい。

(4) フェルマーの最小原理

フランスの数学者・法律家のフェルマー（1601～1665）は、次のフェルマーの最終定理で有名である

　　n が 3 以上の自然数のとき、

　　$x^n+y^n=z^n$ を満たす自然数 x、y、z は存在しない

この定理は、当時フェルマーが読んでいた代数学の本の余白に、「この定理を発見したが、証明を書くには狭すぎる」と記していたので、「フェルマー予想」と呼ばれていた。予想そのものは小学生にも理解できるような内容なので、プロ・アマ問わず多くの数学者の挑戦を受けてきたが、それらをことごとく跳ね返す難攻不落の難問であった。その牙城を360年後に打ち破って証明に成功したのが、イギリスのアンドリュー・ワイルズであった。ワイルズは、フェルマー予想に惹かれて数学者になったが、数学者としてはフェルマー予想の証明の夢を封印していた。ところが、フェルマー予想につながるある有力な予想が証明されたことにより、フェルマー予想の解決は数学の本流の課題となったことから、誰にも秘密にしての約10年間の孤軍奮闘の末に、フェルマー予想を証明した。したがって、フェルマーの最終定理はフェルマー・ワイルズの定理とも呼ばれる。

閑話休題。フェルマーは、デカルトが光は水中の方が空中より速く進むと言っていることやスネルの法則を導いたことを知ったが、価値がないと判断して却下し、そのことを手紙にも書いた。その当時は、数学的なことをはじめ重要なことは手紙のやり取りで伝えあっていたのである。フェルマーの書いたこの批判的な内容をデカルトも知ったことにより、論争が始まった。

フェルマーは、光は空中の方が水中より速く進むと正しい考えを

持っていた。そして、最初に反射に言及したヘロンの原理「光は最短距離を進む」を、反射・屈折の両方において、

フェルマーの最小原理「正しい経路は最小時間の経路」

として一般化したのである。反射においては、(最短経路) = (最小時間経路) であるが、屈折においては、

(最短経路) ≠ (最小時間経路)

である。

これは、次のような例で考えるとよく分かる。

(例) 海難救助の問題

海水浴場の見張り櫓で監視しているM君が、海で溺れているXさんを発見した。M君は砂浜では速度Vで走ることができ、海では速度vで泳ぐことができる。ここで、V>vである。右図において、M君が溺れているXさんの救助に向かうのに最適なルートはどのようなものか？

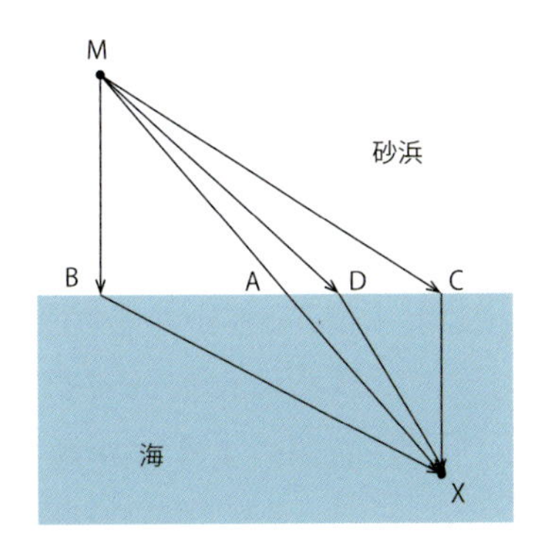

最短距離は、

M → A → X

と一直線にXさんに向かうルートである。しかし、救助であるから距離ではなくて時間を最短にしなければならない。そこで、この最短距離のルートが最短時間であるかどうか、他のルートも考えてみよう。

M → B → X

は、速度の遅い海で泳ぐ時間が長いので、最短距離より遅くなりそうだ。

M → C → X

は、速度の速い砂浜を長く走るが、最短距離のルートに比べるとトー

タルの距離が長いので、時間的には遅いかもしれない。

M → D → X

は、最短ルートより距離は長いが、速度の速い砂浜を長く走るので、時間は短くなると思われる。

以上の考察により、どうも点Dのあたりまで砂浜を走り、そこから海を泳いで救助に向かうのが最短時間のルートらしきことが分かる。この図、何かに似ているのが分かるだろうか？

フェルマーは、

光の屈折ルートは、最小時間のルートである

ことを、自身が発見した最大値·最小値の考え方、テクニックを利用して証明したうえに、スネルの法則の定数の意味も完全に説明した。

【発展】

［問38］ **空中と水中の光の速さをそれぞれ1、v(v＜1)とし、右図のように座標を入れる。A→B→Cと進むときにかかる時間を T(x)とするとき、T(x)を求めよ。**

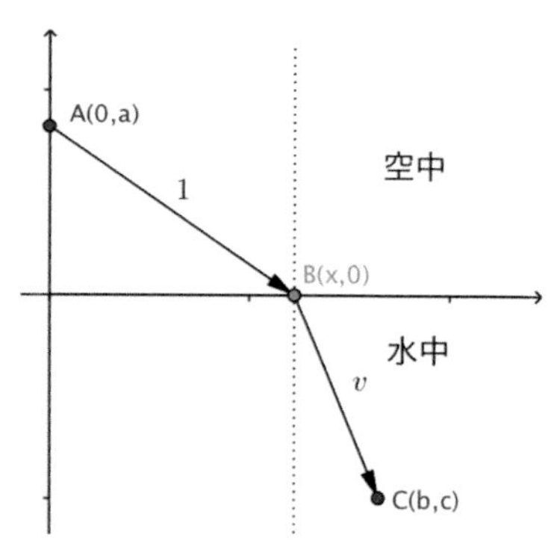

フェルマーが考えた条件と方法を簡単にしてやってみよう。上記の問のもとでは、

$$AB = \sqrt{x^2 + a^2}$$
$$BC = \sqrt{(b-x)^2 + c^2}$$

より、A→B→Cと進むときにかかる時間をT(x)とおくと、

$$T(x)=\frac{\sqrt{x^2+a^2}}{1}+\frac{\sqrt{(b-x)^2+c^2}}{v}=\frac{1}{v}\left(v\sqrt{x^2+a^2}+\sqrt{(b-x)^2+c^2}\right)$$

ここで、T(x)を極小にするxをx_0とし、Eを非常に小さな値とすると、極小になるところからEだけずれても、そのときのT(x)の値はほとんど変わらないので、

$$T(x_0+E)\approx T(x_0)\Leftrightarrow T(x_0+E)-T(x_0)\approx 0$$

（≈は，近似的に等しいという記号）

すなわち、

$$v\left(\sqrt{(x_0+E)^2+a^2}-\sqrt{x_0^2+a^2}\right)$$
$$-\left(\sqrt{\{b-(x_0+E)\}^2+c^2}-\sqrt{(b-x_0)^2+c^2}\right)\approx 0$$

分子を有理化すると、

$$v\cdot\frac{2x_0E+E^2}{\sqrt{(x_0+E)^2+a^2}+\sqrt{x_0^2+a^2}}$$
$$-\frac{2(b-x_0)E+E^2}{\sqrt{\{b-(x_0+E)\}^2+c^2}+\sqrt{(b-x_0)^2+c^2}}\approx 0$$

ここで、両辺をEで割ると、

$$v\cdot\frac{2x_0+E}{\sqrt{(x_0+E)^2+a^2}+\sqrt{x_0^2+a^2}}$$
$$-\frac{2(b-x_0)+E}{\sqrt{\{b-(x_0+E)\}^2+c^2}+\sqrt{(b-x_0)^2+c^2}}\approx 0$$

Eは十分に小さいので、E＝0とすると≈は＝となって、

$$v\cdot\frac{2x_0}{\sqrt{x_0^2+a^2}+\sqrt{x_0^2+a^2}}-\frac{2(b-x_0)}{\sqrt{(b-x_0)^2+c^2}+\sqrt{(b-x_0)^2+c^2}}=0$$

$$v\cdot\frac{x_0}{\sqrt{x_0^2+a^2}}=\frac{b-x_0}{\sqrt{(b-x_0)^2+c^2}}\quad\cdots\ (☆)$$

よって、

$$v\sin\theta = \sin\phi \Leftrightarrow \frac{\sin\theta}{\sin\phi} = \frac{1}{v}$$

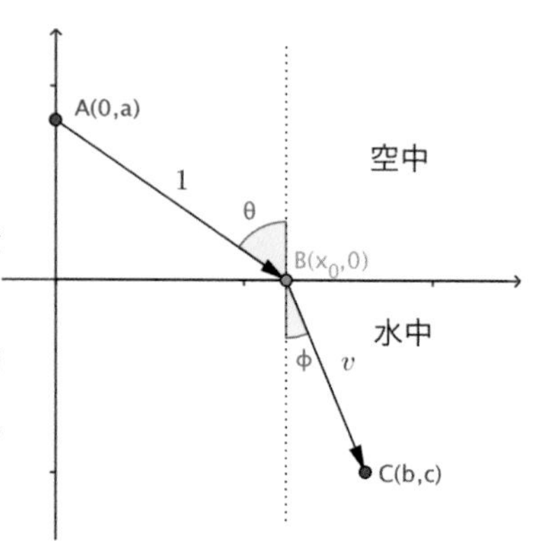

これはスネルの法則であり、デカルトの②とは違う正しいスネルの法則が導かれた。

スネルの法則は、経験的・帰納的法則であったが、フェルマーの最小原理によると、それが演繹的に導き出せるのである！

また、先の海難救助の例において、上記のAをM君の位置、CをXさんの位置、vを$\frac{v}{V}$とすれば、(☆)を満たすx_0で海に入ればよいことになる。

現代では、極値を求めるのに微分法を利用するが、フェルマーは微分法を知らなかったので、上記のような方法を考えて用いた。しかし、フェルマーの極小値を求める方法は、微積分学の一歩手前にまで迫るものであった。

そのフェルマーが微積分学の創始者として認められない理由は、多項式関数以外の複雑な関数にも適用できる規則を発見できなかったからである。そして、それらの規則を発見したニュートンとライプニッツが、微積分学の創始者とされている。

フェルマーは数学の問題（モデル）と物理現象（屈折）を結びつけたのであるが、普通の人にとっては、フェルマーの最小原理は数学の埒外、物理の埒外である。いわば、形而上学の世界にある。生徒や学生は、このフェルマーの最小原理を聞くと、

どのようにして光は最短時間の経路を分かるの？

と不思議に思うだろう。生徒たちだけではなく、当時のフランスの哲

学者でデカルトの友人であるクレルスリエは、

　　光が最短経路を知っているなんてあり得ない！

と言ったという。

　それに対してフェルマーは、次のように考えていた。

　光は最短時間の経路をあたかも知っているかのように振る舞うのだ。数学のモデルは、現実のもっと深いレベルを表していないかもしれないが、現象を予測するには十分であり、その予測は経験的事実と一致している。したがって、このモデルは道具としては十分であり、もっとよいものが現れるまでこれでよいではないか。なぜうまくいくか、何を意味しているかで頭を悩ませるのは、哲学者に任せておけばよい。

　現代物理学では、上記の生徒·学生の疑問（どのようにして光が最短時間を「分かる」のか）に対しては、量子電磁気学によって答えることができる。

3‒2　占星術と天文学

1. 星占いはお好き？

　現代日本において、テレビや週刊誌、タウン誌には必ずといっていいほど星占いのコーナーがある。あなたは星占いが好きだろうか？　信じているだろうか？　星占いすなわち占星術は、紀元前の大昔から伝えられてきた。占星術はアストロロジー（星の学問）と呼ばれ、紀元前6世紀から7世紀にかけて古代メソポタミアに新バビロニアを建国した、カルデア人が始めたものである。これから、占星術の歴史について見ていこう。

　現在のように夜でも煌々と光があふれることのなかった大昔、人類は日が昇って明るくなれば起きて活動し、日が暮れて暗くなれば休んで寝るという生活（まさに暮らし）を送ってきた。この夜と昼の繰り返しの１日のリズムは、地球の自転によって引き起こされるものである。

その１日より長い生活のリズムとして、月の満ち欠けを利用したひと月がある。月は夜空を見上げればすぐに分かるうえに、月の満ち欠けは約30日という適度な長さなので、多くの文明で暦を作るのに利用された。この太陰暦の基となった月の満ち欠けは、太陽と地球、月の位置関係によって引き起こされる。

人間の生活リズムとしてさらに長いものには、季節が巡る一年がある。太陽の日差しが強まり、昼が長く夜が短くなって夏至となり、そこを過ぎると日差しは弱まり、昼が短く夜が長くなって冬至となる。この季節が巡る一年のリズムは、地球が太陽の周りを回る公転によるものである。

さて、これらの3つの生活のリズムは、太陽、地球、月の３つの天体の関係で起こり、人間が容易に気づくものでもある。それ以外に、夜空をじっと見続けた人の中には、夜空の満天の星が天の1点（北極星のあたり）の周りを回っていることに気づいた人々がいた。集団で規則的な動きをするこれらの星たちは、現在では恒星と呼ばれている。

先に述べたカルデア人たちは、新バビロニアを建国する1000年ほども前から、位置関係が変わらない恒星をグループに分けて、星座として名前をつけていた。そして、それらの星座の間を不規則に動き回る星があることに気づいていた。つまり、カルデア人は今日で言う惑星の不思議な動きを知っていたのであり、高度な天文学の知識体系を身につけていた。その中の基本的な知識としては、次のようなものがある。

■太陽は１年をかけて一定の天の道を一回りする（この道を黄道という）。

■月も惑星も、常にその黄道の付近にある。

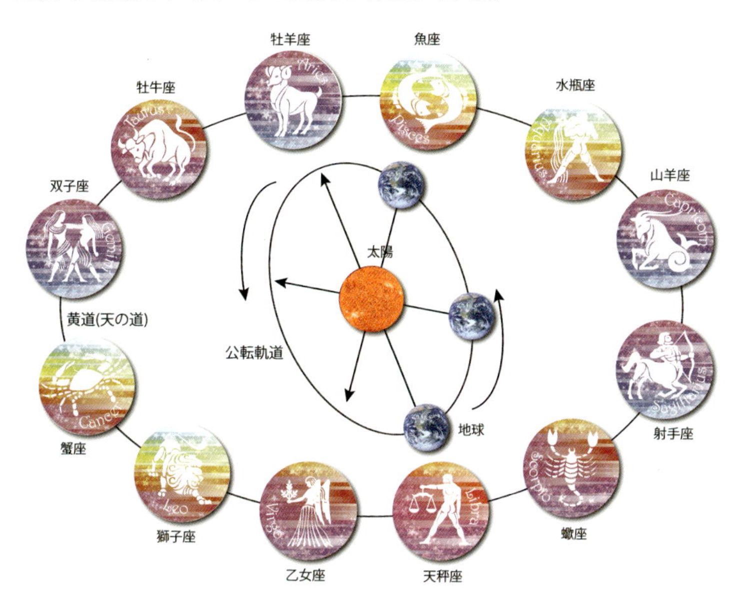

このことを、現在の地球の公転モデルと、黄道上にある12の星座（黄道十二宮）で示したのが、上の図である。地球が太陽の周りを公転するにしたがって、太陽は黄道上を牡羊座→牡牛座→双子座→蟹座→獅子座→乙女座→・・・と進んでいく。なお、黄道十二宮と言われるようになったのは、紀元前５世紀頃のことである。

2. 占星術は学問

天空上を一糸乱れずに規則正しい動きをする恒星とは違って、不規則で不思議な動きをする惑星の中に、カルデア人は神の意志を感じとったのである。その動きから神の意図を読み取ることができれば、未来を予知することができ、もし災難が襲ってくるようなら、それを避けることができると考えて、占星術を作り出したのである。占星術は、最初は国家や支配者・権力者の運命を占い、予知するための術であり、重要なものであった。惑星が星座の間である位置を占めるときに国や王様に災いがあったとすれば、次に同じ位置を占めるときには同様な災難が発生すると考えたのである。そこで、惑星を観測して運行データを蓄積し、それに基づいて災厄が発生すると予知できた場合は、お祓いなどを行って災厄を避けようとしたのである。

このようにカルデア人によって始められた占星術は、新バビロニアが滅んだ後もバビロニア地方で生き続け、西方のギリシャ、ローマに広がっていった。特にローマ時代の占星術は、カルデア・ギリシャから伝わった権威ある学問として、社会に浸透していった。

アレキサンドリアで活躍した学者プトレマイオス（83年頃～138年頃）は、それまでの占星術の知識を集大成して、『テトラビブロス』（Tetrabiblos 4つの書）という本にまとめ上げた。プトレマイオスはこの本の中で、カルデアから伝来した占星術に、古代ギリシャの大哲学者アリストテレス（B.C.384～B.C.322）の自然哲学を取り入れたのである。「万学の祖」とよばれるアリストテレスの自然学で語られる占星術は、より一層の権威を持った学問として広まった。この『テトラビブロス』は、今日でも西洋占星術の古典とされている。なお、プトレマイオスは天動説を唱え、天文学における古典『アルマゲスト』を著した。詳しくは、後ほどに。

［問1］天動説について、簡単に述べよ。

大学者プトレマイオスが研究したことからも分かるように、占星術は権威ある学問であった。プトレマイオスの死後ほどなくして、ローマ帝国は分裂し、衰退して滅亡した。これによってヨーロッパは「暗黒」の時代となり、占星術は数学などの他の学問とともにアラビアに引き継がれていくことになる。そして12世紀になると、アラビア語からギリシャ語やラテン語への翻訳運動が起き、占星術も他の学問とともにヨーロッパに持ち込まれ、ルネッサンスの時代には占星術は大流行した。カルデア人の頃は、国家や支配者の未来を予知するための占星術であったが、ルネッサンスの頃には、占星術の対象は一般の人の性格や健康、あるいは流行病がいつ収束するかなど、生活全般のことを対象とするようになっていた。人々は占星術が大好きだったのであり、それは現代の日本人が星占いを大好きであるのに似ている。

しかし、当時はアストロロジー（星の学問）と呼ばれていたように、占星術は権威ある学問であり、自分の未来を知りたいと願う人々の信頼を得ていたのである。それに対して、天文学はアストロノミー（星の運行規則）と呼ばれ、占星術を行うときや、暦を作るときの基礎技術としてとらえられていた。そして、占星術はプトレマイオスがまとめた形のまま、ほぼ変化なしで今日にまで引き継がれたのに対して、天文学は何度も考え方の変革や転回が行われ、現在も天文学の変容は進行中である。

3. 私たちはどこから来てどこへ行くのか？

私たち人間は、いったい何者なのか？　人間はどこから来て、どこへ行くのか？　人間が実在するとは、どういうことなのか？　等の疑問は、昔から考えられていた。古代ギリシャの哲学者プラトン（B.C.427～B.C.347）は、有名な洞窟の比喩で、実在について次のような意味のことを述べている。

> 人間は、手かせ・足かせをはめられて一生を洞窟で暮らす囚人である、とたとえられる。この囚人は、洞窟の奥の方で壁を向いたまま振り返ることができず、壁に映る後ろを通り過ぎる影だけを見

て暮らしている。そして、その影が実在するもののすべてだと信じ切っている。人間が現実であると信じているものも、このたとえのように現実の一部のみが影として表現されているのである。人間は、精神の手かせ、足かせをふりほどき、本当の実在を探究し、理解しなければならない。

宇宙とは何か？　宇宙はどのような構造をしているのか？　等について研究を進めた天文学の分野でも、このようなプラトンの哲学的思索が正しいことが分かってきた。私たちが正しいと思っていた宇宙像が次々と書き換えられて変革が続き、現代においても本当の姿は見えてこないのである。そして、広大な宇宙のことを知るためには、極小の世界を知らなければならないことも分かってきた。そのことを端的に示したのが、右図である。ウロボロスと呼ばれる、自分の尾をかんで環になった蛇をモチーフとして、無限の宇宙と極小の素粒子の世界がつながっていることを表している。

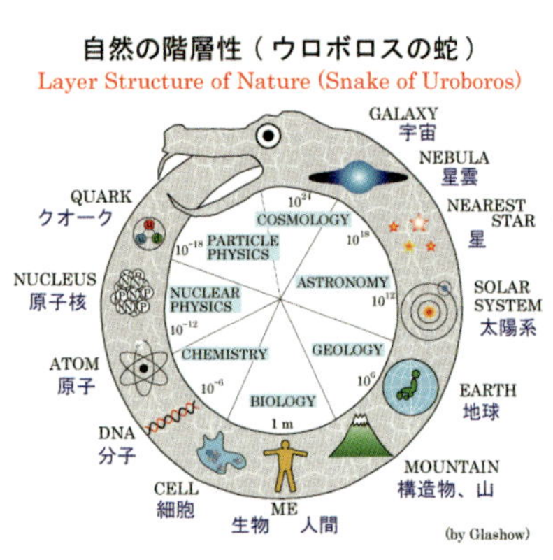

［問2］宇宙を表す英単語には、SPACE、UNIVERSE、COSMOSなどがある。これらの意味するところの違いを述べよ。

宇宙を表す３つの英単語の違いは、一般には次のように言われている。

■ SPACE（スペース）

地球からの視点で、空を見上げてある境界よりも先の方（大気圏外）の空間を表す。

■ UNIVERSE（ユニバース）

遠くからの視点で、地球や人間をはじめ、すべての天体を含む空間を表す。

■ COSMOS（コスモス）

138億年前にビッグバンで始まった宇宙が、混沌とした状態から星が生まれ、秩序ある体系となった空間を表す。

ところで、

アストロノミー（天文学）とアストロロジー（占星術）

が似ていたように、次の２つの言葉も似ている。

コスモロジー（宇宙論）とコスメトロジー（化粧品学）

［問3］なぜ、宇宙と化粧品の言葉が似ているのか考えよ。

太古には、音楽を演奏したり、踊ったり、お祈りをしたり、絵を描いたりして、宇宙（神々）と交信していたことだろう。それらと一緒で、男性も女性も化粧をして、宇宙とつながろうとしていたと思われる。このことから、コスモス（宇宙）とコスメティクス（化粧品）がつながったのだと言われている。

別の視点から、次のようにも考えられるという人がいる。化粧を「化けて粧う」ととらえるのではなく、日光や強風、乾燥から肌を守り、肌の秩序を保つものであると考えると、「身体のカオス（無秩序）な状態を、秩序ある状態（コスモス）にもっていく」のであるから、秩序ある状態を表すコスモスと、化粧品のコスメティクスはきれいにつながる。この意味から考えれば、化粧は女性だけではなく男性も必要なものかもしれない。

それでは、地球、月、太陽、惑星、恒星と範囲を拡げながら、宇宙について考えていこう。

4. 地球の大きさ

古代ギリシャ人は、月食のときに月に地球が丸い影を落とすことから、地球が球体をなしていることに気付いた。そして、古代ギリシャの科学者エラトステネス（B.C.275～B.C.194）は、次のようなうまい考え方で地球の半径を求めた。

エジプトのシェネでは、夏至の正午には太陽が頭の真上に来る。そのシェネから北に794kmの所にあるアレキサンドリアでは、同じ時刻に太陽は頭の真上から7.2°ずれた位置に来る（右図）。この事実と、地球が球体であること、太陽光線は平行であることを利用して、エラトステネスは地球の周囲の長さを求めたのである。

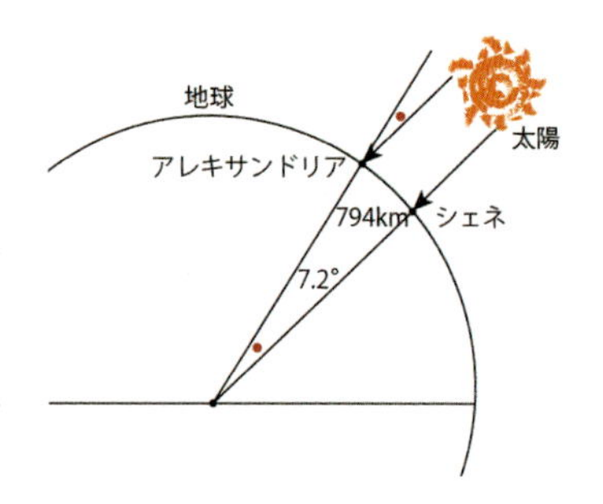

［問4］エラトステネスがどのように考えたか、説明せよ。

地球の周囲の長さをLとすると、

$$L : 794 = 360° : 7.2°$$

よって、

$$L = 794 \times \frac{360}{7.2} = 39700$$

エラトステネスは地球の周囲の長さを39700kmと求めたのであるが、これは現在、知られている値である40000kmに非常に近い値である。

いまから2000年以上も前に、エラトステネスは地球の大きさを正確に算出していたが、アメリカ大陸を発見した15世紀の探検家コロンブスは、エラトステネスより後の時代の不正確な計算結果を使ったので、スペインからインドまでの距離を3700kmと思っていた。当時、ヨーロッパからインドへは、アフリカ大陸の南を通る東回りの航路で行っていた。この航路を発見したのはポルトガル人のヴァスコ・ダ・ガマであり、この航路はポルトガルが押さえていた。そこで、西回りの航路でインドに行ければ一攫千金だと考えたコロンブスは、スペイン王の援助を受けて出発し、本人はインドと思い込んでいたアメリカ大陸に着いたのである。インドまでの正しい距離が19600kmであることを知っていれば、資金も集まらなく、アメリカ大陸がなかったらコロンブスは死んでしまっていただろう。

閑話休題。

航海が一般的になると、近づく船はマストから見え始め、逆に遠ざかる船は船体から見えなくなってマストが最後に消えることに気づくようになった。このことから、海の表面は湾曲していて、地球は球体であると知られていた。この事実を利用すると、右図のように海面からマストの先までの高さhとマストが見える最大の距離dを使って、地球の半径Rを求めることができる。

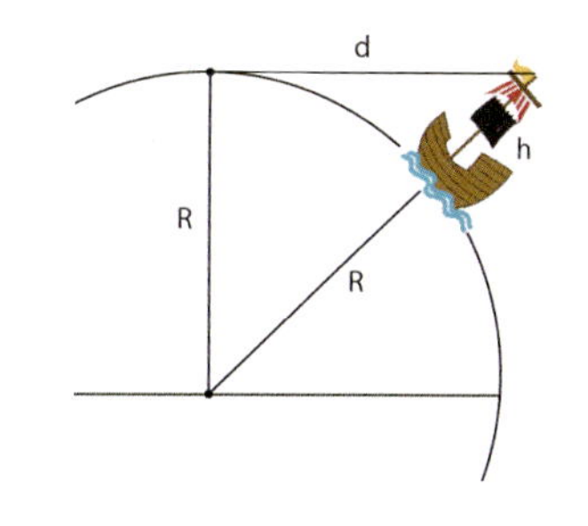

［問5］右図より、$R \fallingdotseq \dfrac{d^2}{2h}$ であることを示せ。

ピタゴラスの定理より、

$$(R+h)^2=R^2+d^2$$

展開すると、

$$R^2+2Rh+h^2=R^2+d^2$$

よって、

$$2Rh+h^2=d^2$$

ここで、hはRに比べて非常に小さいので、$h^2 \fallingdotseq 0$としてよいから、

$$2Rh \fallingdotseq d^2$$

よって、

$$R \fallingdotseq \frac{d^2}{2h} \cdots (*)$$

となる。

[問6]（＊）を利用して、地上からの目の高さは考えないで、富士山(3776m)の頂上が見える最大の距離を求めよ。ただし、障害物はないものとする。

富士山の高さは、h＝3776m、地球の半径は、R＝6331kmであるから、（＊）より、

$$d \fallingdotseq \sqrt{2hR} = \sqrt{2 \times 3776 \times 6371 \times 10^3} \fallingdotseq 220\text{km}$$

地図上で、富士山を中心として半径220kmの円を描くと、三重県、新潟県、福島県が含まれる。山や峠などの高い場所からなら、もっと遠い所からでも富士山は見える。和歌山県の色川富士見峠（標高約700m）が、富士山の見える最も遠い場所だといわれていて、富士山からの距離は約323kmである。

なお、エラトステネスは、合成数を消去していくことで素数を見つける方法であるエラトステネスの篩(ふるい)でも知られている。

5. 月までの距離

地球の大きさが分かったので、次は月までの距離を考える。古代ギリシャの天文学者であり数学者のサモスのアリスタルコス（B.C.310～B.C.230）は、月と太陽の間に地球が入ったときに起こる月食のときに、月にできた地球の丸い影が月より何倍か大きいことに気づいた。そして、この地球の影は地球自身よりもわずかに小さいことも考慮して、月の直径は地球の直径の約$\frac{1}{3}$であると結論づけた。このとき初め

て、人類の想像力は地球以外の天体についての事柄を明らかにしたのである。なお現在では、月の直径は地球の直径の約$\frac{1}{4}$であることが分かっている。

ここで、小指で距離を測る方法を考えよう。腕を伸ばして、腕と直角に小指を曲げると、小指は右図のように約1°の角度をなす（右図はデフォルメされている）。このことを利用すると大きさの分かっている対象物までの距離が計算できる。

［問7］目から小指までの距離をd、小指の半分の長さをLとするとき、d≒115Lであることを示せ。

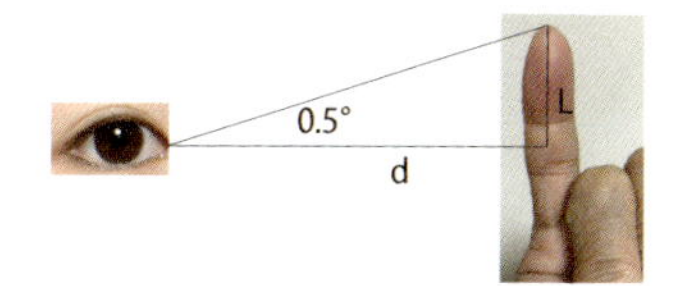

図より、

$$d \cdot \tan 0.5^\circ = L$$

よって、

$$d = \frac{1}{\tan 0.5^\circ} \cdot L \fallingdotseq \frac{1}{0.087} \cdot L$$

ゆえに、

$$d \fallingdotseq 115L \cdots (☆)$$

したがって、見た目の大きさ（角度）が0.5°の対象物の大きさLが分かっていれば、その対象物までの距離dは（☆）で計算できて、おおよそLの115倍となるのである。

これを、月に適用してみよう。腕を伸ばして小指で月を隠すと、月の大きさは小指の半分となる（実際に夜に月を見て確認しよう）。

［問8］アリスタルコスは、地球から月までの距離は地球の直径の何倍と計算したかを調べよ。

月の直径をr、地球の直径をR、地球と月の距離をdとすると、(☆) より、

$$d \fallingdotseq 115r$$

ここで、

$$r \fallingdotseq \frac{1}{3}R$$

であるから、

$$d \fallingdotseq 115 \times \frac{1}{3}R \fallingdotseq 38R$$

となり、アリスタルコスの計算では、地球から月までの距離は、地球の直径の38倍である。

現在の正しい関係 $r \fallingdotseq \frac{1}{4}R$を利用すると、

$$d \fallingdotseq 115 \times \frac{1}{4}R \fallingdotseq 30R$$

ここで、地球の直径を$R = 6400\text{km} \times 2 = 12800\text{km}$とすると、

$$d \fallingdotseq 30 \times 12800\text{km} \fallingdotseq 384000\text{km}$$

となる。

なお、アリスタルコスは、宇宙の中心は地球ではなく太陽であるという地動説を唱えたことでも有名である (後出)。しかし、彼のこの天文学の学説は広く受け入れらることはなく、地動説が発展するには、約2000年後のコペルニクスまで待たなければならなかった。

6. 太陽までの距離

地球にいちばん近い天体である月について、大きさも距離も分かっ

たので、次は太陽について考えよう。

目に気をつけて太陽を小指で遮ると、月と同じくほぼ小指の半分であることが分かる。つまり、太陽の見かけの大きさは月とほぼ同じである。

［問9］ 月と太陽は見かけの大きさは同じであるが、太陽の方が遠くにあることはアリスタルコスも知っていた。その理由は何か？

皆既日食のとき、月は地球と太陽の間に入って太陽をほとんど完全に遮るから、見かけの大きさが同じであれば太陽の方が遠くにある。では、どれくらい遠くにあるのだろう？　ここで簡単な幾何学から、もし太陽の大きさが月の大きさの5倍であれば、太陽までの距離も月までの距離の５倍であることが分かり、その逆も言える。

［問10］ 下図を用いて、太陽の大きさが月の大きさのn倍であれば、太陽までの距離も月までの距離のn倍になることを説明せよ。ただし、直線EP、EQは接線、SP、MQは半径とする。

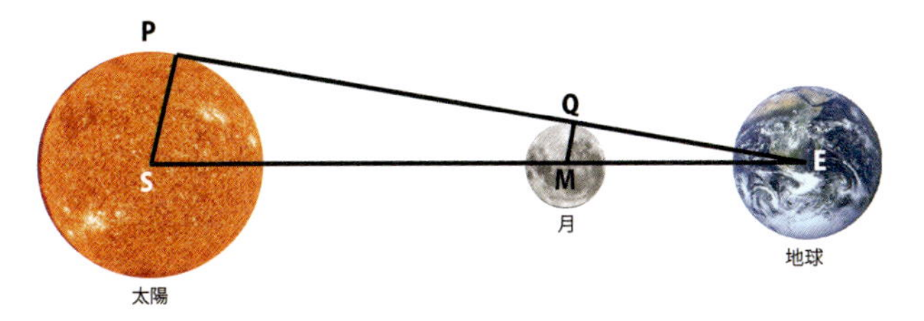

△ESPと△EMQにおいて、

∠EPS＝∠EQM＝90°、∠SEPと∠MEQは共通

より、２角相等となって

△ESP∽△EMQ

よって、

ES：EM＝SP：MQ

ゆえに、

$$ES : EM = n : 1 \quad \Rightarrow \quad SP : MQ = n : 1$$

逆に、

$$SP : MQ = n : 1 \quad \Rightarrow \quad ES : EM = n : 1$$

アリスタルコスは地球から太陽までの距離をうまい方法で求め、それと上記のことを利用して、太陽の大きさも求めたのである。アリスタルコスの考えを追っていこう。

アリスタルコスは、下図のように上弦の月と下弦の月に着目したのである。すると、そこには直角三角形が見え、地球と上弦の月（下弦の月）とを結ぶ線分が地球と太陽とを結ぶ線分のなす角を、約87°と推定した。すると、地球と月の距離も分かっていたので、地球と太陽の距離を求めることができた。

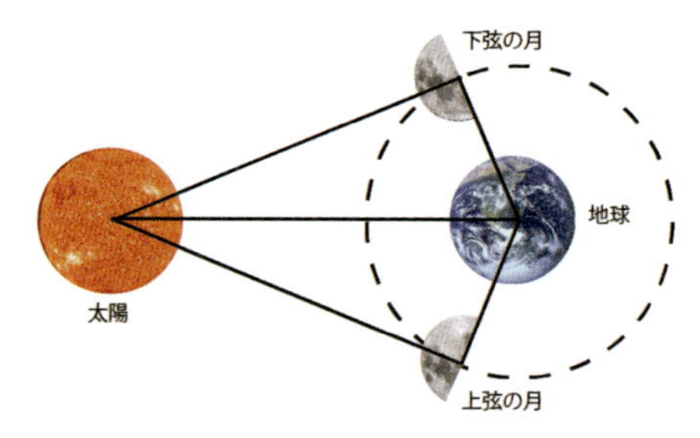

［問11］　アリスタルコスは、地球から太陽までの距離は、月までの距離の約20倍と求めた。その考え方を三角比で説明せよ。

地球から太陽までの距離をD、月までの距離をdとすると、

$$D \cdot \cos 87^\circ = d$$

よって、

$$D = \frac{1}{\cos 87^\circ} d \fallingdotseq \frac{1}{0.052} d \fallingdotseq 20d$$

つまり、アリスタルコスは地球から太陽までの距離は、月までの距離の20倍であると求めたのである。したがって、太陽の大きさも月の大きさの20倍としたのである。アリスタルコスは、地球の半径は月の半径の約３倍であると考えていたので、太陽の半径は地球の半径のおおよそ６倍となる。

このことから、太陽は巨大であることがわかり、その巨大な太陽が地球の周りを回るのは不自然だと考えて、地球が太陽の周りを回る地動説を唱えたのである。コペルニクスに先立つこと2000年！

実は、アリスタルコスが87°と考えた角度は、現在では89.85°であることが分かっている。ものすごく90°に近い角度なので、先の図の直角三角形は非常に細長い三角形になる。この角度で計算をし直すと、次のようになる。

$$D=\frac{1}{\cos 89.85^\circ}d \fallingdotseq \frac{1}{0.0026}d \fallingdotseq 385d$$

つまり、太陽の半径は月の半径の約400倍であり、アリスタルコスの思っていた大きさの20倍もあるのだ。現在わかっている地球の半径6378kmと月の半径1737kmを使うと、

$$\frac{1737}{6378}\times 400 \fallingdotseq 109$$

よって、太陽の半径は地球の半径の約109倍となる。

［問12］　**太陽の体積は、地球の体積のおおよそ何倍かを電卓やコンピュータを使わずに調べ、太陽の中に地球が何個入るのかを求めよ。**

太陽の半径は地球の半径の約100倍であり、体積は半径の3乗に比例するので、太陽の体積は地球の体積の

$$(10^2)^3=10^6=1000000=100\text{万倍}$$

となる。よって、太陽の中に地球は100万個も入る！

［問13］　**地球の直径を12800km、地球と月との距離を380000kmとする。いま、地球を直径1mの球に縮めたとすると、太陽までの距離と太陽の大きさはどれくらいになるか。**

太陽の直径は地球の直径の109倍であるから、地球を直径1mの球に縮めたとすると、太陽の直径は、

$$1 \times 109 = 109\text{m}$$

となる。また、太陽の直径は月の直径の400倍であるから、地球と太陽との距離は、地球と月との距離の400倍となる。よって、地球を直径1mの球に縮めたとすると、太陽までの距離は、

$$\frac{380000 \times 400}{12800 \times 1000} \fallingdotseq 12\text{km}$$

である。

つまり、地球を直径1mの球に縮めたとすると、太陽は東京ドームくらいの大きさで、12km先にあることになる。太陽の大きさが実感できただろうか？

7. 月下と天上は別世界

月、太陽と調べてきたので、次は夜空にきらめく星（恒星）について考えよう。月や太陽は天空で規則正しく興味深い動きをし、球形であることや大きさもわかるので、研究しやすい。それに対して、恒星は夜空で光っている明るい点にしか見えず、形や大きさはわからないうえに、規則正しく互いの位置関係を保ったまま一斉に集団で動く。したがって、研究するための手がかりがほとんどない状態であった。

例えば、古代ギリシャの哲学者で万学の祖アリストテレス（B.C.384～B.C.322）は、月下（月より下の世界）は４元素「土・水・空気・火」

からなるとした。そして、土・水は重いので地球の中心に帰る性質があり、そのために物は下に落ちるのだとした。また、空気・火は軽いので上昇するとした。これらは相互に移り変わるので、月下の世界は生成・変化・消滅するが、それに対して天上（月より上）の星の世界は生成や消滅は見られないと説いていた。そして宇宙は球形であり、中心に球形の地球が静止していて、その外側に月、水星金星、太陽、その他の惑星等がそれぞれに天球をなして、等速の円運動をしていると考えていた（同心天球説）。これらの天体は、月下の４元素とは異なる完全な元素である「エーテル」から構成されているとし、それゆえに天体は天球上を永遠不滅に円運動を行うとしていた。

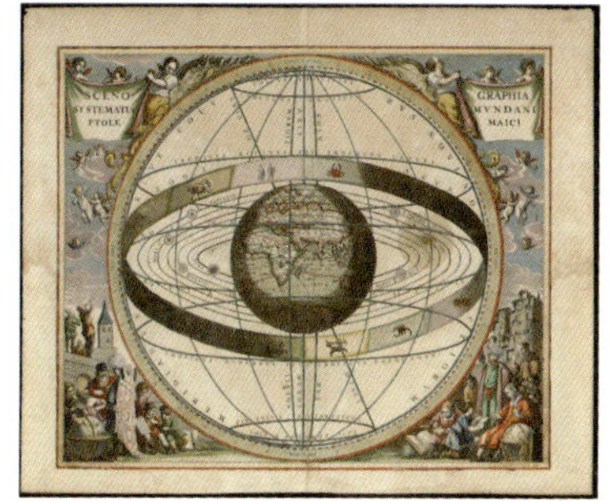

http://nla.gov.au/nla.map-nk10241

しかし、この等速の同心天球運動では、惑星の運動を説明することができなかった。紀元前４世紀の頃までには、火星や金星の明るさが変化することは知られていて、このことから惑星までの距離は変化すると考えられていた。しかし、同心天球では、どう頑張っても地球と惑星との距離を変化させることはできない。また、惑星はときには運動方向を逆転させることも知られていたが、これも同心天球説では説明できない。そのために、データを重視する天文学者の間では、この同心天球説は支持を失っていった。

そこで、地球を中心とする円運動で何とか惑星の動きを説明しようと、種々の工夫がなされた。そのようなモデルを体系化して完成させたのが、現代に伝わる占星術の古典『テトラビブロス』を著した、２

世紀の大学者プトレマイオスである。彼は占星術を研究していたが、今日では天文学の大学者として知られていて、天文学に関する著書は、後世では『アルマゲスト』(最も偉大な書) と呼ばれるほどである。

プトレマイオスは、2世紀にエジプトのアレクサンドリアで活躍して、それまでの天文学を数学的に体系付け、実用的な計算法を整理したのである。それゆえ、『アルマゲスト』は数理天文学の教科書であり、『数学集成』とも呼ばれる。彼は、火星などの惑星で見られた逆行や明るさの変化を、惑星が周転円という小さな円を描きながら、地球の周りを回転することによって説明した(右図)。その周転円の中心は導円と呼ばれる円の上を動くが、周転円の回転の中心(エカント点とも呼ばれる) は導円の中心からずれていることに注意しよう。そして導円の中心に関してエカント点と対称な点に、地球が存在している。

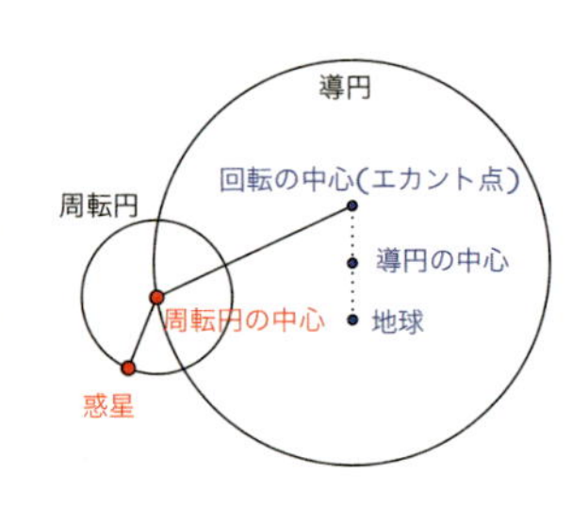

このような工夫を行うことにより、プトレマイオスのモデルはデータと高い一致性を示すことになった。この周転円を利用したモデルの動きを単純な形で見ると、下図のようになり、確かに惑星との距離が変化し、惑星の逆行も起こっていることがわかる。

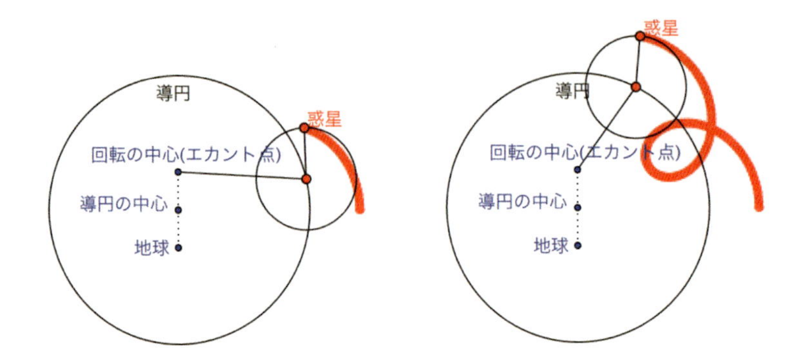

［問14］　プトレマイオスは、モデルをデータに合わせるためにものすごい工夫を行った。占星術師の彼が、このような努力を重ねた理由は何か？

プトレマイオスは、占星術師としても大成功していた。彼は、未来を予知するための「星の学問としての占星術」の基礎技術として、「星の運行規則としての天文学」を必要としていたのである。占星術の方が学問であり、そのための技術である天文学の工夫を重ねていたとは、現代の状況からは想像もつかないことだ。そして、彼はアリストテレスにしたがって、月下の4元素からなる世界と、月より上のエーテルからなる世界を峻別していた。天界については、できるだけ現象に合うモデルを作ることが大切であり、天界の事柄を本質的に理解することはできないと考えていたのである。

7. イスラム世界の天文学

アリストテレスとプトレマイオスは、月下の世界と天界を峻別していた点や、天動説を唱えて天体は等速で円運動をすると考えていた点では同じである。しかし、次の点では異なっている。

アリストテレス宇宙論は、自然学的かつ哲学的であり、天体の運動の原因を本性から因果的に論証した。すなわち、定性的な説明を行ったのである。例えば、運動には「上への運動」、中心に向かう「下への運動」、中心を回る「円運動」の３つがあるが、変化する世界である月下の世界は上、下への運動であり、永遠に不変な天界は、始まりも終わりもない円運動を行うのであるとした。アリストテレスの学問は、「かくあるべきである」「かくあるに違いない」という議論を中心とした言葉の学問であった。

これに対して、プトレマイオス天文学は、数学的かつ実用的であり、天体の運動の様子を観測に基づいて数学的に記述した。すなわち、定量的な予測を行ったのであるが、これは先に述べたように、天文学を占星術に利用するためであった。観測との一致を目指し、数学を駆使したことから、プトレマイオスの『アルマゲスト』は数学的天文学の基本形式を確立したのである。

プトレマイオスの時代からしばらくして、ローマ帝国が分裂して衰退し、5世紀には西ローマ帝国は滅亡した。この結果、占星術や天文学はその他の学問とともにイスラム社会に引き継がれた。プトレマイオスの著書も、イスラム社会で盛んに翻訳された。彼の天文学の著書は、ギリシャ語の意味では『数学集成』であったが、この頃にアラビア語に翻訳されたとき『最も偉大な書』と呼ばれるようになり、現在の呼び名である『アルマゲスト』は、このアラビア語に由来する。

イスラム社会は、様々なギリシャの学問を学び発展させたが、その1つに数学がある。9世紀に活躍した、数学者であり天文学者であったアル＝フワーリズミーは、『ヒサーブ・アル＝ジャブル・ワル＝ムカーバラ（算術）』を著し、偉大な足跡を残している。彼の名前は、現在「アルゴリズム」と呼ばれる問題を解くための手順·方法の語源であり、書名の中の「アル＝ジャブル」は、英語の「アルジェブラ（代数学）」の語源になっている。また、天文学でも太陽や月、星の運動を計算する多数の天文表を作成するなどの業績がある。

このように、8世紀～15世紀のイスラム世界では、天文学をはじめギリシャやインドの学問を継承し、大いに発展させた。特に、830年にアッバース朝の第7代カリフ・マームーンによってバグダードに設立された「知恵の館」では膨大なアラビア語への翻訳作業が行われ、知識の継承が急速に進んだのである。そして、西欧はイスラム社会経由で古代ギリシャの学問を再発見したのであり、それは12世紀ルネサンスと呼ばれる。

［問15］　イスラム世界で天文学が発達した理由は何か？

海や砂漠を旅することが多かったムスリム（イスラム教徒を意味するアラビア語）にとって、礼拝をするときのメッカの方角や時間を知るため、あるいは航海中に自分の位置や時間を知るためには、太陽、月、星などの観測が必要だったので、イスラム社会で天文学が発達したと言われている。天文学の観測のためには、アストロラーベと呼ばれる一種のアナログコンピュータが作製され、精密な観測も行われていた。フェルメールの有名な絵『天文学者』にも、アストロラーベが描かれている（少し見えにくいが絵の赤い○の部分）。

フェルメール『天文学者』

右の写真は、実際のアストロラーベの例であり、アストロラーベは占星術にも大いに利用された。

天文観測が盛んであったため、星の名前にもアラビア語由来のものがたくさんある。例えば、アルタイル（鷲座α星）はアル・ナスル・アル・タイ（飛ぶ鷲）であり、ベテルギウス（オリオン座α星）はイプト・アル・ジャウザ（白い帯をした羊のわきの下）などである。

また、イスラム天文学の星座絵で最も有名な、10世紀のアッ＝スーフィーが著した『星座の書』の中には、下の左側のようなアンドロメダ座の絵がある。この絵の赤い点は星を表していて、2匹見える魚のうち大きな魚の鼻の先を拡大すると、右側の絵が見えてくる。

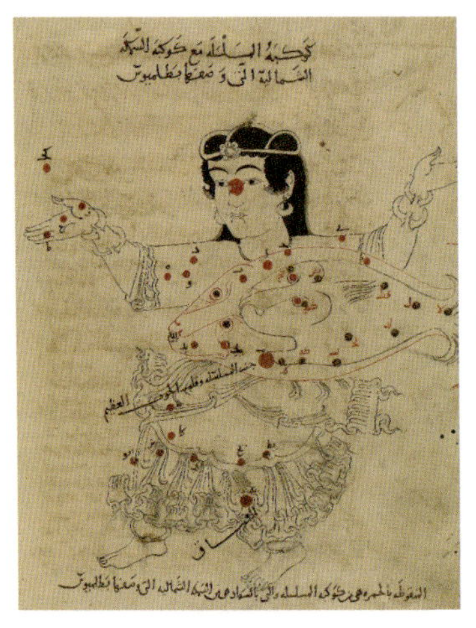

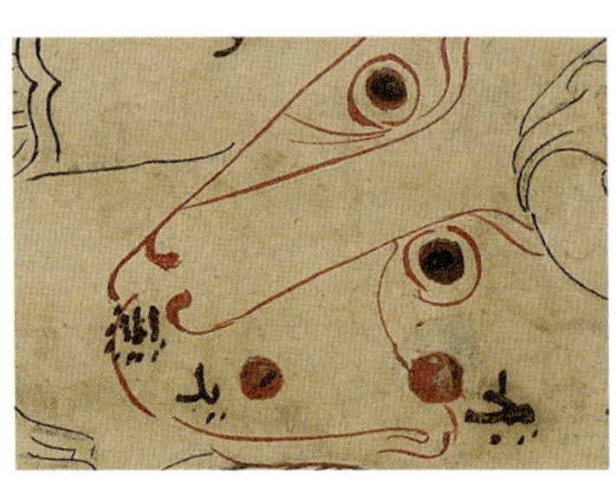

［問16］ 魚の鼻の先に黒い点々があるが、これは何だと思うか？

魚の鼻の先にあるのは、**アンドロメダ銀河**（M31）である。地球から約250万光年の距離にあるが、肉眼で見える最も遠い天体の1つであると言われる。およそ1兆個の恒星から成る渦を巻いている銀河で、直径22～26万光年もあり、我々の**天の川銀河**（直径8～10万光年）よりも大きい。

このように、いまから1000年も前に銀河を記録しているこの写本は、アンドロメダ銀河が描かれている世界最古の現存作品である。

8. 地動説

ポーランド人の天文学者**コペルニクス**（1473～1543）は、聖職者に

なるためにイタリアの大学で学んだが、学生時代から天文学に興味を持っていた。彼は、同心天球モデルは等速円運動を原理としているのはいいが、惑星との距離の変化を説明できないので否定的だった。また、プトレマイオスの導円－周転円モデルは、観測との一致は素晴らしいが、エカント点を導入している点が気に入らなかった。そこで彼は、導円－周転円モデルから研究を進め、離心円モデルにたどり着いた。離心円モデルは、古代ギリシャの偉大な数学者・天文学者のアポロニウス（B.C.262頃～B.C.190頃）が唱えたものである。アポロニウスは、自分でこの離心円モデルが導円－周転円モデルと数学的には同等であることを証明していた。

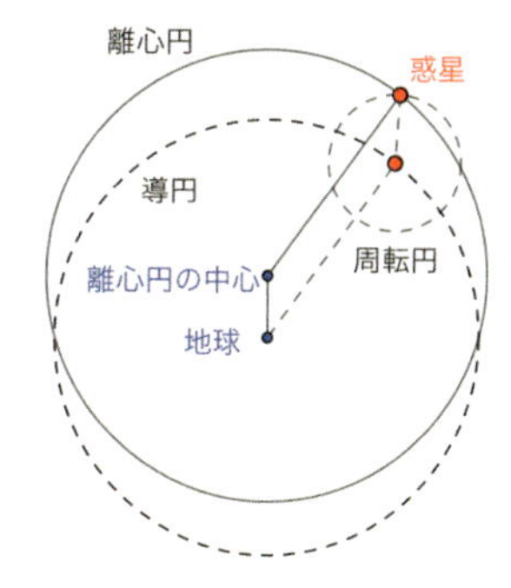

　コペルニクスは離心円モデルを改良して惑星ごとに決まる離心円の中心を平均した点に太陽を置いた。そして、その太陽の周りを地球以外の惑星が公転し、太陽は地球の周りを公転するというモデルを考えたのである（右図）。このときのそれぞれの公転は、透明な堅い物質でできた天球の上を円運動するものであると、コペルニクスは考えていた。

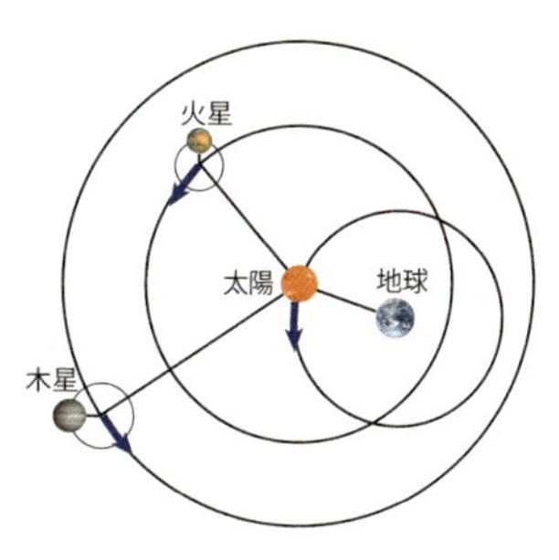

［問17］　このモデルで宇宙全体を考えようとしたコペルニクスは、困ってしまった。その理由は何か？

コペルニクスの先のモデルでは、太陽の天球と地球の天球が交差してしまうのである。コペルニクスは、天球は実際に存在して堅いものでできていると信じていたので、これは非常に困った事態であった。これに対して、プトレマイオスは、天界はエーテルでできているので、天球が交差してもかまわないと考えていたから気にしなかったのだ。困ったコペルニクスは、地球と太陽の役割を入れ替えるという大胆な発想を行った。これは、

　　静止している地球から動く太陽を見る･･･[1]

のと、

　　動く地球から静止している太陽を見る･･･[2]

のは、視線を逆にすれば数学的には同じので、実は理にかなった考え方なのである。

［問18］ 上記の[1]、[2]が同等であることを説明せよ。

[1]のときは、太陽の動きはそのままである。[2]のときは、地球が動くにつれて太陽が天球上（黄道）を動くように見える。現在、人類が見ている日常の動きである。

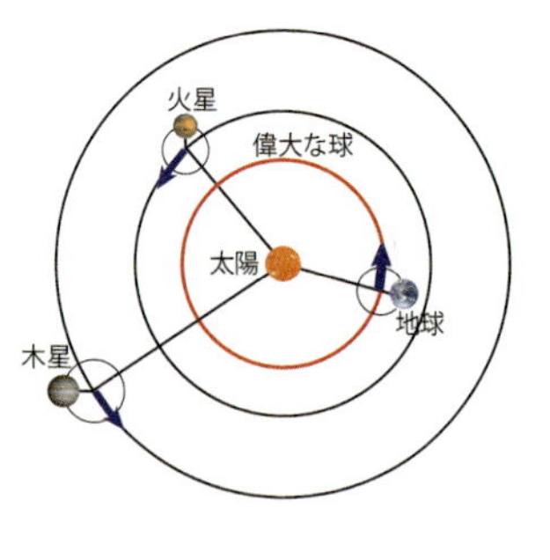

コペルニクスは、地球と太陽の役割を入れ替え、地球が動く天球を「偉大な球」と呼んで、その偉大な球の中心を宇宙の中心としたのである。そのため、太陽は宇宙の中心の近くにあり、静止していることになる（右図）。

以上のようにして、コペルニクスの地動説ができあがったのである。彼は、最初から太陽を宇宙の中心に置こうとは考えてはいなかった。等速円運動の復活を目標にして考えた結果、偉大な球の中心を宇宙の中心とし、それが太陽であったというわけだ。

コペルニクスの地動説は、1543年に著書『天体の回転について』(右図)で発表されたが、単に地球中心の宇宙の見方を太陽中心の宇宙の見方に変えたというものではない。それだけなら先にも見たように数学的に座標を変換しただけのことである。重要な点は、地球を他と同じく惑星の仲間に入れ、天体の1つとしたたことである。つまり、月下である地上世界は４元素である土・水・空気・火から成り立っている知ることのできる世界、天上世界はエーテルから構成されている決して知ることのできない世界であり、これらの2つは別世界であるという、それまでのアリストテレスの自然学と宇宙論を根底からひっくり返すものであった。つまり、知ることができる１つの宇宙という世界像を作り上げたことにより、数学的天文学が自然学的・哲学的な宇宙論の上位に立ったのである。

［問19］「コペルニクス的転回」という言葉の意味を述べよ。

コペルニクスの名前がついている「コペルニクス的転回」という言葉は、通常は「見方や考え方が正反対に変わることのたとえ」として使われる。天動説から地動説へと、天文学の大転換を行ったのがコペルニクスであることから作られたのだが、この言葉を作った人物を知っているだろうか？それは、ドイツの大哲学者カント(1724～1804)である。カントは、著書『純粋理性批判』(1781年)のキャッチフレーズとして、「コペルニクス的転回」を使用した。この中でカントは、これまでは人間の認識は対象に依拠すると考えられていたが、逆に対象の認識は人間の主観の構成によって初めて可能になると述べた。自然科学の発展の流れである「コペルニクスの地動説→ガリレ

オ →ケプラー→デカルト→ニュートン」の出発点のコペルニクスを使って、彼の説の「主客の逆転」をアピールしたのである。

このように、コペルニクスの業績は偉大であるが、「限界」もある。地動説を初めて唱えたのは、紀元前3世紀の古代ギリシャの アリスタルコスであり、コペルニクスが最初ではない。また、先にも見たように、コペルニクスの地動説は天動説の相似形であり、中心が地球と太陽の相違はあるが、惑星の運動は等速円運動のままである。天体の等速円運動は、それが持つ本性に従う自然運動であると見なしていたからであり、それゆえに、「なぜ惑星は動くのか」という問いは立てられなかったのである。この問いに関しては、次の時代17世紀の天才の登場が必要であった。

9. 宇宙の神秘

コペルニクスが死んだ28年後に、ドイツの天才天文学者ケプラー（1574～1630）が誕生したケプラーは、最初は聖職者を目指して大学で学んでいたが、天文学にも興味をもって片手間に天文学の勉強を続けていた。

彼はコペルニクスの地動説が聖書と矛盾しないと熱心に議論したりした結果からか、大学卒業後はグラーツという都市の州立学校の数学教師、兼数学官として就職した。当時の数学官とは要するに占星術師であり、占星術のための予言カレンダーの作成も業務であった。幸いにして、最初に作った予言カレンダーにおいて、ケプラーは寒波の襲来とウィーンへのトルコ人の侵入を予言して的中させたので、占星術師として高い評価を得た。コペルニクスの地動説は、太陽系全体をシステムとしてとらえていて、それまでの惑星を別々に扱う天文学とは違っていることもあって、ケプラーはコペルニクス理論にはまり込んでいき、最初の著書である『宇宙の神秘』(1597) を書き上げた。

この本の中でケプラーは、惑星軌道の数（惑星の数）、大きさ（惑星の軌道半径）、運動（惑星の公転周期）の３つが最も基本的な問題であると設定し、研究している。この問いに対してケプラーは、惑星の数が６個（この当時は水星、金星、地球、火星、木星、土星）であることは、プラトンの正多面体が５個しかないことと対応していると考えた。

［問20］　プラトンの正多面体の５個の名前を挙げよ。

プラトンの正多面体は、正4面体、正6面体、正8面体、正12面体、正20面体の５つであり、次のような立体である。

   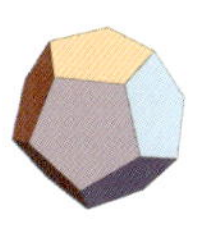 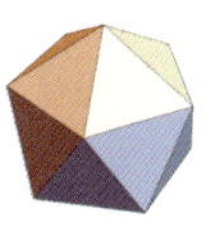

プラトンの正多面体は、すべての面が同一の正多角形で、各頂点において同じ角度で接する正多角形の数が等しい立体であり、それぞれの正多面体をなす正多角形、頂点の数、稜線の数、面の数は次のようになっている。

	正4面体	正6面体	正8面体	正12面体	正20面体
面の多角形	正3角形	正方形	正3角形	正5角形	正3角形
頂点の数	4	8	6	20	12
稜線の数	6	12	12	30	30
面の数	4	6	8	12	20

［問21］　５個のプラトンの正多面体の頂点の数をV、稜線の数をE、面の数をFとすると、

$$V-E+F=2\cdots(*)$$

となることを確認せよ。(*) をオイラー数という。

実は、上記の問のオイラー数は、すべての多面体で成立する美しい定理である。自分で種々の多面体を考えて、確認してみよう。証明は省略する。

また、プラトンは正多面体が以上の５種類しかないことを何らかの方法で知り、これらが万物を形作る原子であると考えた。

［問22］　**ケプラーは、５個のプラトンの正多面体を利用して、６個の惑星の軌道をどのように考えたかを想像せよ。**

ケプラーは、惑星が6個であることの宇宙の姿の解として下図を考えた。

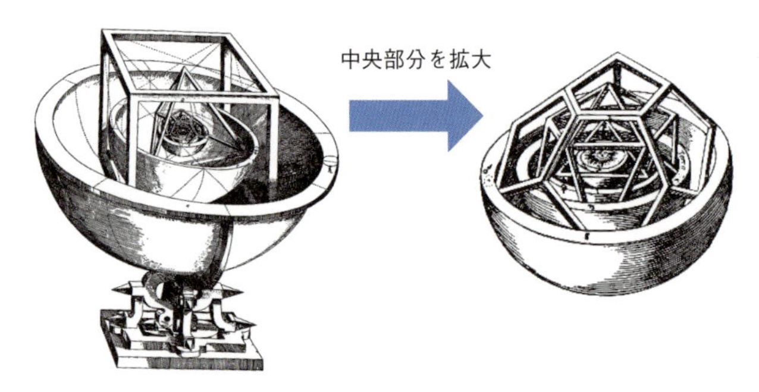

ケプラーは、正多面体に各惑星の軌道を含む球の殻が入れ子状に内外接していると考えたのである。つまり、外側から、

土星の球　→　正６面体　→　木星の球　→　正４面体
→　火星の球　→　正12面体　→　地球の球　→　正20面体
→　金星の球　→　正８面体　→　水星の球

とした。正多面体が５個しかないことは数学的に証明されているので、惑星は６個しかないとケプラーは結論づけた。

もちろん、当時は知られていなかったが、惑星は他にも天王星、海王星も存在するし、このモデルは現代から見ればとても空想的に思える。しかし、ケプラーは生涯この正多面体モデルに惹かれ続けた。それは、彼は惑星の個々の運動ではなく、太陽系全体のシステム、秩序を明らかにしたいと思っていたからであり、このモデルが神の計画した宇宙の姿を表していると考えたのである。そして、ケプラーの偉大なところは、このモデルが適しているかどうかを実際の観測データで検証しなければならないことを分かっていたことであり、実際の検証を試みている点なのである。

10. ケプラーの３法則

ケプラーは、自分の正多面体モデルと地動説が正しいことの検証には、デンマーク生まれの天文学者ティコ・ブラーエ（1546〜1601）の観測データが必要であると考えていた。ティコ・ブラーエは希代の観測家であり、非常に精密なデータを肉眼で観測して記録していた。

彼は惑星系のいろいろなモデルが正しいかどうかを調べるために、恒星の見かけの位置を長期間にわたって観測した。そのために四分儀と羅針儀を作り、望遠鏡なしで驚くほど精密な観測を行った。彼の作った星の位置を表すカタログは非常に正確であり、惑星の位置の観測も精密を極め、その後の20年にわたって、角度にして60分の4度＝４分より大きな誤差は現れなかった。この４分は、腕の長さの所にある針の頭を見る角度と同程度である！

デンマーク王の支援を受けてヴェン島に天文台を構えて観測をしていたティコ・ブラーエは、支援者の王が亡くなるとデンマークを追われ、プラハに移住してルドルフ2世に仕えて、宮廷数学者すなわち占星術師となった。

25年を超える観測による精密なデータの解析のための助手を求めていたティコ・ブラーエは、著書『宇宙の神秘』を送ってきていたケプラーの数学的才能を見抜いて、助手として採用した。ティコはケプラーにデータを簡単に扱わせなかったが、ついに火星の観測とデータをケプラーに任せることにした。

［問23］ **火星の運動は、これまでの円の組合せでは説明が難しかった。その理由は何か？**

古代より完全な図形と考えられていた円や、ケプラーが惑星の軌道として結論した図形である楕円は、円錐曲線（２次曲線）と呼ばれる曲線の仲間である。これらは、離心率と呼ばれるパラメータを持っていて、

離心率＝0　　：円
0＜離心率＜1：楕円
離心率＝1　　：放物線
離心率＞1　　：双曲線

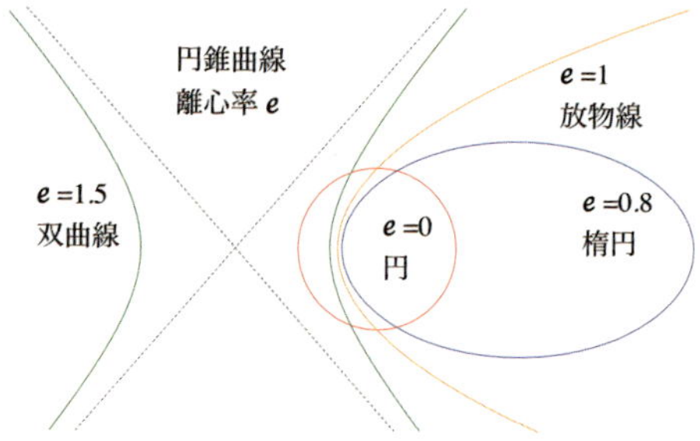

という関係になる。円を一定方向につぶしたのが楕円であり、離心率が０に近いほど円に近い楕円となる。なお、右図においては、４つの円錐曲線は焦点と呼ばれる点を共有している。また、双曲線が近づく２本の直線は、漸近線と呼ばれるものであり、双曲線の本体ではない。

さて、当時に知られていた惑星の離心率は、次のようになる。

惑星	水星	金星	地球	火星	木星	土星
離心率	0.206	0.0068	0.0167	0.0934	0.0485	0.0555

これより、離心率がいちばん大きいのは水星であり、次が火星であることがわかる。水星は太陽に近いので、観測データが豊富ではな

かった。データがたくさんある惑星の中では、火星の離心率がいちばん大きい、すなわち火星は円からいちばんつぶれた楕円軌道を描いていたのである。したがって、火星の軌道を円の組合せで表すのが、最も難しかったのである。

しかし、これがケプラーには幸いした。円にこだわっている限り軌道の確定は困難であったが、逆にこの困難がケプラーを楕円軌道の発見に導いたのである。

アリストテレス以来2000年にわたって、恒星や惑星は天球にのっていて、「何者か」が最初に恒星天球を回転させ、その回転が順に内側の天球に伝えられることで惑星の天球が回転する、と信じられてきた。しかし、ティコ・ブラーエは、宇宙から天球を廃止し、ケプラーもその考えと同じであった。すると、天球なしで何が惑星を動かしているのか、という問いが発生する。

ケプラーはその問い対して著書『新天文学』(1609) の序文の中で、「物体としての太陽が、すべての惑星をその周りに周回させている力の源である」と宣言している。つまり、天球による説明から、天体間に働く遠隔力による説明へと、パラダイムシフトが起こったのである。これは、ケプラーの天文学がいままでにない物理学的天文学であること、そしてこれによってコペルニクスの数学的天文学を超えて、新しい宇宙像を創り出したことを示している。

ケプラーは、ティコの観測データを数学的な形に翻訳して惑星の運動を記述する研究を進め、深化させた。観測データを数学で簡潔に表現できれば、観測データを再現することもできるし、将来の観測データを予言することもできるのである。大変な努力による研究の結果、彼は次の有名な３つの法則「ケプラーの法則」を発見した。

［第１法則］　惑星は、太陽を1つの焦点とする楕円軌道を描く。（1609年）

［第２法則］　惑星と太陽を結ぶ直線が単位時間に掃く面積は、一定である。（1609年）

［第３法則］　惑星の公転周期Tの２乗と、軌道楕円の半長軸Rの３乗の比は、すべての惑星について等しい。（1619年）つまり、$T^2=kR^3$（kは定数）。

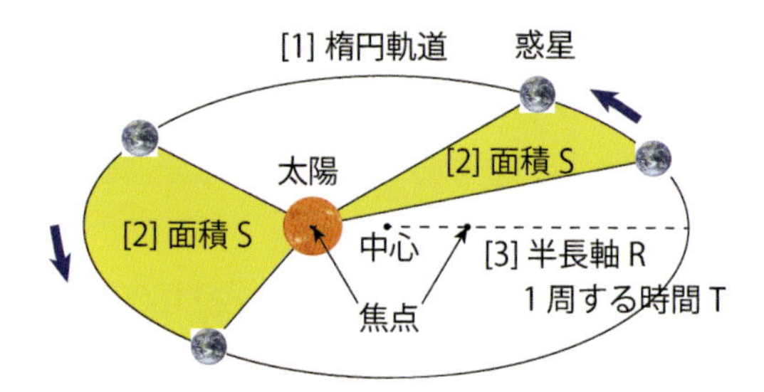

第１法則は、惑星の軌道に関するものである。楕円には、焦点と呼ばれる点が2個あり、それらをF、F'とすると、焦点からの距離の和が一定である点Pの描く曲線が楕円である。すなわち、

$$FP+F'P=一定$$

となる。太陽系では、２つの焦点のうちの１つに太陽が位置するのである。

第２法則は、惑星がどの位置にあっても、一定の時間内に動径（太陽と惑星を結ぶ線分）が掃く面積（図では黄色の部分S）がいつも同じであることを示す。言い換えれば、図から分かるように惑星は太陽に近いときは速い速度で、遠いときは遅い速度で動くということである。これにより、昔から観測されながら円では説明できなかった惑星の速度の変化が説明できたのである。太陽に近いと強い力で引かれるので

速くなり、遠いと力が弱まるので遅くなるというわけだ。

第３法則は、太陽系全体について述べたものであり、すべての惑星を関連づける法則である。したがって、第３法則はケプラーの目指してきた物理学的天文学を立証するものであった。

［問24］　ケプラーの３法則は、３つがそろって初めて惑星の動きを完全に説明できる。このことを説明せよ。

ケプラーの3法則は、いずれも惑星の動きを説明しているのであるが、第１法則だけでは、軌道は分かるがスピードは分からない。そのスピードを与えるのが第２法則である。ところが、これら２つは火星のデータから得られたものであり、他の惑星はどうなっているのか分からない。そこで、あらゆる惑星に共通な法則が成り立つとしたのが第３法則なのである。

［問25］　下の惑星の公転周期と平均距離のデータを利用して、ケプラーになったつもりで第３法則を検証せよ。

惑星	水星	金星	地球	火星	木星	土星
公転周期Ｔ年	0.241	0.615	1	1.88	11.9	29.5
半長軸の長さ(平均距離) Ｒ	0.387	0.723	1	1.52	5.2	9.55

※Rは地球と太陽の距離を1としている。

ケプラーは、ティコ・ブラーエの観測結果を整理してまとめ、20年間の非常な努力の末に第３法則を見つけた。私たちはコンピュータを利用できるが、ケプラーの時代にはそれもなく、紙と鉛筆で頑張ったのである。

さて、上の表を見て何らかの法則を自分で見つけなければならないとき、あなたならどんな方法を使うだろうか。

1つの基本的かつ重要な方法は、グラフを考えて視覚化することである。自分で平面上に先の表のデータを点としてプロットし、散布図を作ることである。ここでは、表計算ソフトを使ってプロットすると、下のようになる。

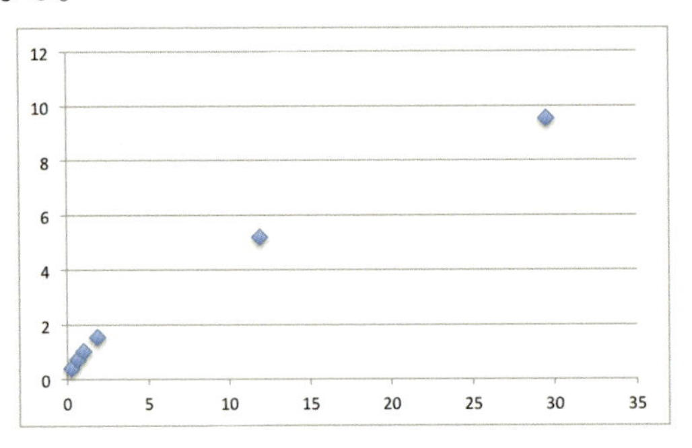

結構きれいに並んでいるので、何らかの規則がありそうだ。ただしデータの片方Tが急激に大きくなるので、値の小さい箇所が混雑していて見にくい。このようなときは、両方の軸を対数目盛にして散布図を書き換えると、下のようになる。このようなグラフを、両対数グラフという。

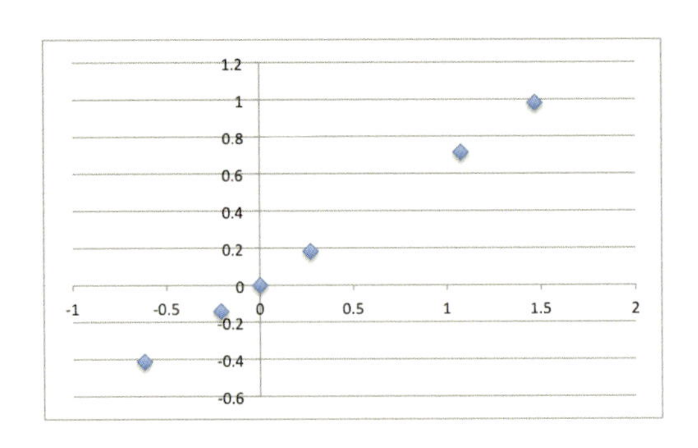

対数目盛は、値aの代わりに$\log_{10}a$の値を目盛りにとる。したがって、aの桁数が１桁上がっても目盛りが１増えるだけなので、データが急激に大きくなるときなどに便利である。

さて、両対数グラフではデータは直線に並んでいそうだ。そこで、これらのデータの近似曲線を表示させると、下の図のようになる。

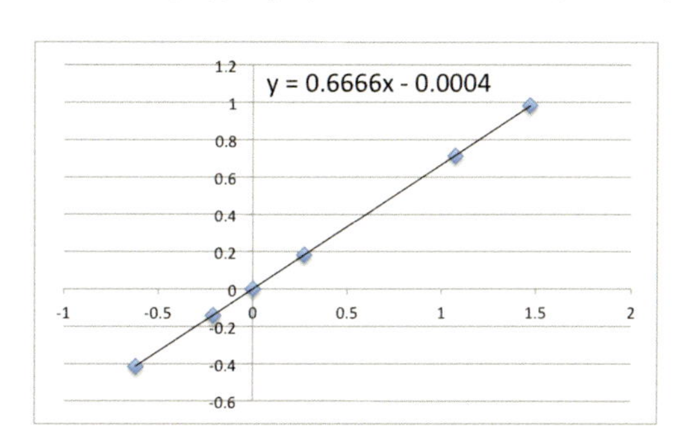

非常に素晴らしい結果だ。xをT、yをRと置き換えると、上の近似曲線（直線）の方程式は、両対数グラフより、

$$\log_{10}R = 0.6666\log_{10}T \cdots (\bigstar)$$

となる。

［問26］ 関係式（★）を変形し、TとRの関係式を求めよ。

関係式（★）より、

$$\log_{10}R = \log_{10}T^{0.6666}$$

よって、

$$R = T^{0.6666}$$

ここで、$0.6666 \fallingdotseq \frac{2}{3}$であることに注意すると、

$$R = T^{\frac{2}{3}} \quad \Leftrightarrow \quad R^3 = T^2 \quad \Leftrightarrow \quad R^{\frac{3}{2}} = T$$

となり、第３法則が得られた。

ケプラーは、第1法則と第2法則を『新天文学』(1609年) で発表した。ケプラーのこの著作は、画期的なものであった。それまでの2000年間、宇宙は球の上を球が回転するという天球の固定観念から離れられず、天文学はいわば「神学」であった。これに対してケプラーは、地球に似ていなくもない物質の塊が自由に空間に浮かんでいて、それに対する物理的な力で惑星が運動しているという視点、つまり天上世界と月下世界が同一の運動法則に支配されているという画期的な考えを、天文学に持ち込んだのだ。

[問27] 実際に第3法則を導き出すとき、ケプラーはどのように思考を巡らせたのかを想像せよ。

【発展】

ケプラーは、まずは太陽の光の惑星へのあたり方について考えた。太陽からの光は、大きい円でも小さい円でも同じだけの光があるとした。つまり、円軌道上で単位長さあたりの光の強さを距離の関数fとして考えると、

$$f(r)\times 2\pi r=f(R)\times 2\pi R$$

が成り立つので、

$$\frac{f(r)}{f(R)}=\frac{2\pi R}{2\pi r}=\frac{R}{r}$$

つまり、光の強さは太陽からの距離に反比例するとしたのである。そして、惑星が太陽から受ける力Fも光と同様に、太陽からの距離に反比例すると考えた。つまり、

$$\frac{F(r)}{F(R)}=\frac{R}{r} \qquad \cdots ①$$

ここでケプラーは、力の強さFは速度vに比例すると考えていた(現代から見ると間違っている) ので、(*)

$$\frac{v(r)}{v(R)}=\frac{F(r)}{F(R)} \qquad \cdots ②$$

と考えた。

［問28］　①、②を利用して、ケプラーが導いた(間違っていた)公転周期Ｔに関する法則を導け。

①、②より、

$$\frac{v(r)}{v(R)}=\frac{R}{r} \qquad \cdots ③$$

ゆえに、惑星の公転周期（１周するのに要する時間）Tは、

$$\frac{T(r)}{T(R)}=\frac{\dfrac{2\pi r}{v(r)}}{\dfrac{2\pi R}{v(R)}}=\frac{r}{R}\cdot\frac{v(R)}{v(r)}=\frac{r}{R}\cdot\frac{r}{R}=\frac{r^2}{R^2}$$

となると結論した。つまりケプラーは、公転周期は太陽からの距離の２乗に比例すると考えていたのである。現代では、質量をm、加速度をαとすると、力Fはmαに比例することがわかっている（ニュートンが発見）が、ケプラーはFがmvに比例するとしたことで間違った結論を導いたのである。

ケプラーは、この得られた結論をティコ・ブラーエの観測データで検証した結果、厳密には一致しなかったので、さらにデータを基に帰納的に研究を深めていくことで第3法則に到達したのだ。

最後に、ケプラーの業績ついてまとめておこう。

『新天文学』でケプラーは、自分の頭に浮かんだ順序で、間違いや遠回りも包み隠さずに書いていった。それまでのコペルニクスや、ケプラーと同時代のガリレオ、ケプラー以後のニュートンたち天才は、考えている過程・足跡（足場）を覆い隠して、完成した理論（建造物）だけを発表していた。それとは違ってケプラーは、例えば、火星の軌道

を最初は円軌道だとして研究を進めて失敗していることも、著書にはきちんと書いているのである。

ケプラーは、第３法則を若い頃からずっと追いかけてきた。

　　太陽が惑星を支配する力を持つとすれば
　　惑星の運動は何らかの規則で
　　太陽からの距離に関係しているはずだ

と考えていたのである。このような問いを持ったことが、ケプラーの天才たる所以である。20年間の努力の末に法則を発見したことも重要であるが、神学たる天文学から抜け出られなかった人たちが考えもしなかった視点・問いを持ったことが素晴らしいのである。

第１法則、第２法則を発見したケプラーは、10年間の悪戦苦闘の末、『世界の調和』(1619年) という著作で第３法則を発表した。太陽系全体のシステムとしての秩序と調和を、物理学的に説明することが目的であったケプラーは、この第３法則で太陽系の惑星全体に成立する関係をついに発見したのである。

このような科学者・天文学者であったケプラーは、信仰の厚いクリスチャンであり、神の存在を信じて疑わない人間でもあった。そして、惑星は非常に美しい音楽を奏でながら回っていると考え、下のような楽譜まで残している。

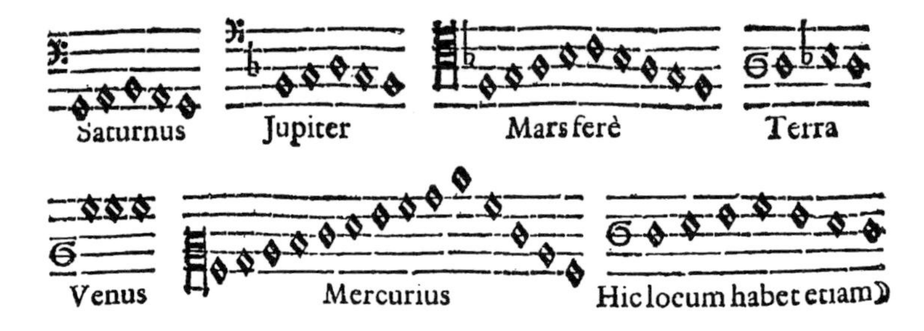

なおケプラーは、船倉にもっとも効率よく丸い砲弾を積み込む (充

填させる）方法は何か、という問題に対して、1611年に答を出したかに見えた。いわゆるケプラー予想として知られている問題だ。この予想の証明は、400年後の1998年にトマス・ヘールズによってなされた。

11. 科学の父ガリレオ

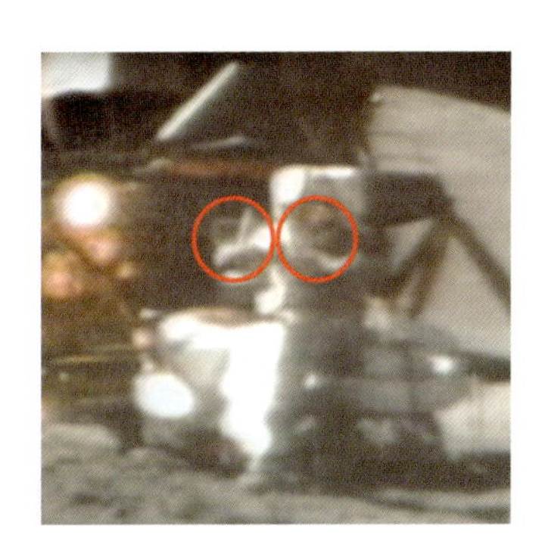

右の一連の写真は、アメリカ航空宇宙局（NASA）のビデオからクリップしたものである。

（https://apod.nasa.gov/apod/ap111101.html）

NASAによるアポロ計画（人類初の月への有人宇宙飛行計画：1961年～1972年）では、合計６回の有人月面着陸に成功した。月は、人類が初めてかつ唯一、有人宇宙船により到達した地球以外の天体である。これらの写真はアポロ計画で1971年に打ち上げられた月探索宇宙船アポロ15号（ファルコン号）のスコット隊員が、月面上においてある実験をしている様子を写し出している。

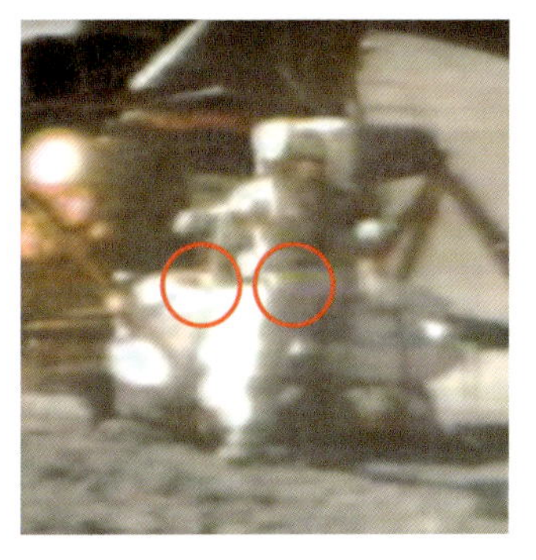

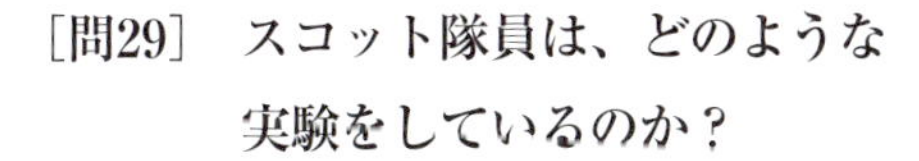

［問29］　スコット隊員は、どのような実験をしているのか？

スコットは、右手にハンマー、左手に鷹（ファルコン）の羽を持ち、同時に手を離して落下させてみた。

［問30］　スコット隊員の実験結果を述

べよ。また、この実験は誰の、どのような学説をデモンストレーションするものであったか？

スコット隊員の実験では、ハンマーと羽は同時に月面に落ちたのである（写真の○印）。これは、現在の人間なら誰でも知っている、真空中では重さの異なるものも同じ速度で落下することをデモンストレーションするものであった。このことを初めて落体の法則として明らかにしたのは、イタリアの天才天文学者・数学者のガリレオ（1564〜1642）であった。

ガリレオは、ケプラーの７年前に誕生し、ケプラーと同時代を生き、ガリレオが死んだ年にあの偉大な天才数学者･物理学者のニュートンが誕生している。

［問31］　ガリレオの発見まで、ものが落ちる運動について、一般的にはどのような説が有力であったか？

ガリレオが実験を通じて落体の法則を明らかにするまでは、またまた古代ギリシャの万学の祖アリストテレスの説が信じられていた。アリストテレスの学説は、重いものは軽いものより早く落ち、落下する「自然な運動」と重いものが上に向かっていく「強制された運動」とは違うものであり、天上世界の運動と月下世界の運動は違う、というものであった。そして、自由落下する物体の速度は、その時間内に落下した距離に比例して増加するという説が広く信じられていた。

それに対してガリレオは、落体の法則「物体が移動した距離は、加速を受けていた時間の２乗に比例する」を、斜面に掘った滑らかな溝で滑らかな球を転がす実験をして発見した。

［問32］　物理を好きでない人は、このような斜面の運動に何の意味が

あるの？と思ってしまいがちだが、ガリレオはある考えを持って斜面の実験を行った。その考えとは何か？

ガリレオは、落体の法則を研究する上で、ピサの斜塔の上からものを落として実験したと言われている（これには、現実には行われていないという説と行われたという説の両方がある）。しかし、ピサの斜塔から真っ直ぐ下にものを落とすと、スピードが速すぎて正確な落ち方はわからない。そこで、斜面に球を転がすことでスピードを遅くし、自由落下の運動も近似できると考えたのである。

［問33］　**ガリレオはどのような考えで、斜面を転がる球の運動から自由落下する物体の運動を知ることができるとしたのか？**

ガリレオは、斜面の角度に関わらずに、

　　斜面を転がる球の速度は、球が垂直方向に移動した距離のみに依存する

と考えていた。自由落下する球は、垂直な斜面を転がる球と考えることができるので、

　　斜面を転がる球の速度vが時間に比例していれば
　　自由落下する球の速度uも時間に比例している

ことが言える。すると、2つの速度vとuは比例関係にあるから、

　　球が斜面を転がった距離は
　　同じ時間に球が自由落下した距離と比例関係にある

とガリレオは考えたのである。以上のことにより、彼は斜面を転がる球で落体の法則の研究を行った。

ガリレオは、おおよそ長さ7m、厚さ4cm、幅30cmの角材を利用して下図のような斜面を作り、斜面に等間隔に目盛りをつけて実験を行ったという。

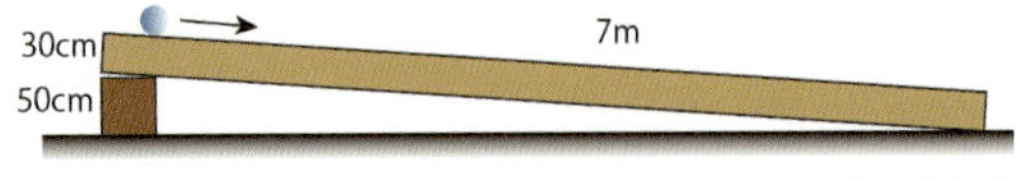

［問34］　**ガリレオが実験で使った斜面の傾斜は、約何度だと思うか予想し、実際の角度を三角比を利用して求めよ。**

ガリレオは斜面の角度を様々に変えて実験したようだが、いちばん傾斜が緩やかなのがこの角度だったそうだ。傾斜角をθとすると

$$\sin\theta = \frac{50}{700} = 0.0714,\quad \sin 4^\circ = 0.070$$

よって、傾斜角は約4°である。球の転がり方をよく観察するためには傾斜が緩やかな方がいいが、あまり平らにすると球が上手く転がらなくて誤差が起きやすくなるので、この角度くらいになったようだ。

［問35］　**ガリレオは、斜面で球を転がして、転がる距離と時間を計測する実験を行った。時計のない時代に、どのようにして時間を計測したのだろう？**

ガリレオは、水をためたタンクの穴から一定の間隔で水滴を落とし、それを入れ物にためて重さを測ることで、時間を測定した。1603年にパドヴァで行った実験では、球がその地点を通過すると音が鳴る仕掛けを斜面上に作った。つまり、１単位時間で球が転がる距離を１として、スタート地点からの距離が、

$1, 4 = 2^2,\quad 9 = 3^2,\quad 16 = 42, \cdots$

となる地点に音が鳴る仕掛けを作った。そして球を転がすと、見事に音の鳴る間隔が一定であることが確かめられたのである。

この実験によってガリレオは、落下距離は時間の２乗に比例するこ

とを発見したのである。

アリストテレス以来、落下運動については定性的・本性的な考察しか行われなかったうえ、空間を落下する距離のみに着目していたので、落下法則は発見されなかった。それに対してガリレオは、時間に着目したのであり、この点が革新的であった。

また、ガリレオは下図のような斜面の実験で、斜面の傾きがどうであっても、球は初めとほとんど同じ高さまで昇っていくことを知った。そこで彼は考えた。後ろの斜面の傾きをだんだん小さくしていき、最終的に傾きを０、すなわち水平な面にしたらどうなるか？　球は初めの高さまで昇ることはできないから…

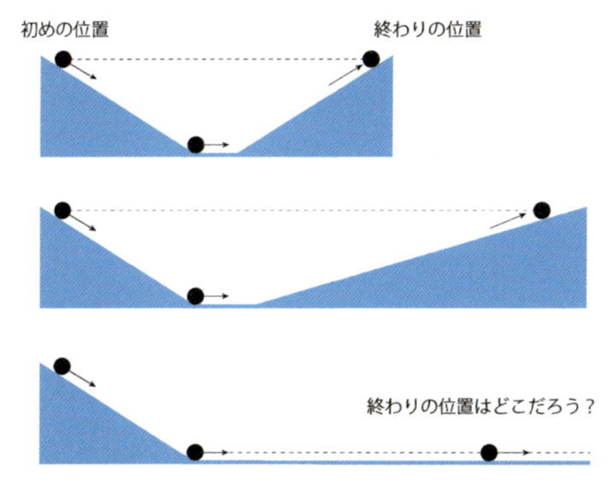

［問36］　以上のことからガリレオは、どのような法則を導いたか。

斜面の傾きを０にしても、摩擦と空気抵抗が働くので、実際には球はどこかで止まるだろう。しかし、理想的な状況で考えると、球が最初と同じ高さまで昇れないとしたらどこまでも転がっていくと考えられる。このような実験を思考実験という。ガリレオは実験と思考実験を組み合わせて、

力が働かなければ、物体は静止したままでいるか
または、一直線上を一定の速さで運動する

という慣性の法則を発見したのである。これは、それまで信じられていたアリストテレスの説である「物体を動かし続けるには力が必要であり、力が働かなければ物体はやがて止まってしまう」を、明確に否定したのである。

その他にも、水平な台の端から球を空中に飛び出させて、投射体の軌道が放物線になることを発見するなど、自然のものを観察するだけではなく、自然に適切な介入を行う実験という手段を初めて実践したことから、ガリレオは科学の父と称されるのである。複雑な要因からなる地上の自然現象から本質的な要因だけを抜き出すために、理想的な状況を頭で考え、隠れた法則を発見する方法として実験という思想を発明したのである。

12. 天文学者ガリレオ

ガリレオは、天文学でも大きな業績を残している。1600年代の初め頃に、オランダではすでに望遠鏡が製造されていた。1609年にその話を聞いたガリレオは、すぐにその改良版を制作し、倍率が3～4倍であったものを8～9倍にまであげた。そして８月に自作の望遠鏡をヴェネチアの総督に披露して、素晴らしい威力を持っていることをアピールし、望遠鏡をヴェネチア共和国に寄贈した。その結果、ガリレオは終身教授の身分を保障され、大学の給料も３倍に引き上げられた。

https://catalogue.museogalileo.it/index/IndexObjectsInAlphabeticalOrder.html#G

［問37］ ガリレオはどのような威力をアピールし、それが海洋国家ヴェネチア共和国にとってどのように有用であったのか。

ガリレオは自作の望遠鏡で、沖からやってくる船を肉眼で見るよりも2時間も早く見つけられることを実演して見せた。この船の早期発見は、海洋国家であるヴェネチアにとっては素晴らしく価値の高いものであったので、ガリレオの待遇がぐんとよくなったのである。そして1609年11月には、倍率を20倍にまで高めることができ、それを用いて天体観測を始め、望遠鏡を用いた新しい天文学の幕を開いたのである。したがって、天文学にとって1609年は記念すべき年であることから、400年後の2009年には世界中において「世界天文年」が盛大に執り行われた。

それでは、ガリレオの望遠鏡による数々の発見を見ていこう。

(1) 月の観察

1609年11月20日、ガリレオは望遠鏡を三日月に向け、月の表面が滑らかではなく凸凹であること、すなわち地球と同様に山や谷があることを発見した。

［問38］　**月に関するこの発見は、アリストテレス以来のどのような宇宙観を壊すことになったか考察せよ。**

アリストテレスの宇宙観は、宇宙は完璧で変化がなく、星は完全な球体であると考えられ、地球上とは全く違う世界であるとされていた。しかし、ガリレオの望遠鏡による観察により、月は滑らかで完璧な球体ではなく、むしろ地球にそっくりであることが判明したのである。

(2) 恒星の観察

ガリレオは、望遠鏡を利用して肉眼では見ることのできない6等星よりも暗い星を観察することができたので、スバルやオリオン座の中に数十、数百の星を見た。そして、天の川には膨大な数の星が存在することを発見した。

(3) 木星の観察

1610年１月７日、ガリレオは木星を観察していて、その近くに非常に明るい星があるのを発見した。そのときのスケッチは、下図のようであった。

Ori.　Occ.　：1月7日

ここで、大きな●は木星を、小さな・は現在でいう衛星を表し、Ori.は東側を、Occ.は西側を表している。最初ガリレオは、これまでは暗くて見えなかった新しい星を見つけたのだろうと考えていた。ところが次の日の８日に観測すると、下図のスケッチのように星が見えたのである。

つまり、今度は３個の星が全部、木星の西側に移動していたのである。続いて10日には、星は２個しか見えなくなり、13日にはこれらの星が４個見えることに気づいたのである。

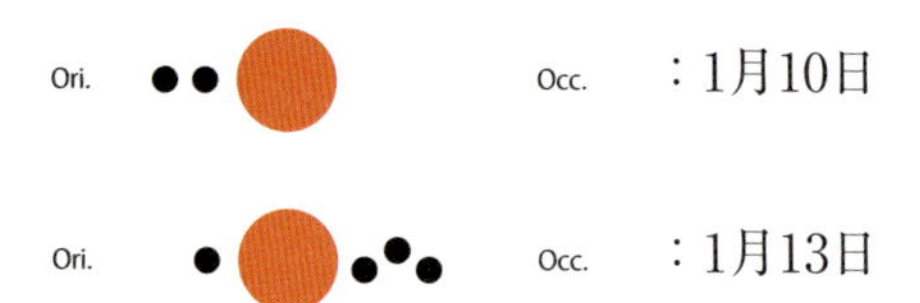

［問39］　ガリレオはこの観察結果から、どのような結論を導いたかを考察せよ。

ガリレオは、これら４個の星（今日ではガニメデ、イオ、カリスト、エウロパと呼ばれる衛星）が位置を変えること、ほぼ黄道に沿って並んでいることから、地球の月と同じように木星の公転軌道面状で公転していると結論した。この発見は、地球以外の天体の周りを他の天体が回っていることを明らかにし、太陽の周りを惑星が回っているコペルニクスのモデルのミニチュア版となり、ガリレオが信じていたコペルニクスの地動説の裏付けとなった。そして、地動説に対する反論の１つである、「地球が回っているというなら、なぜ月は取り残されないのか」への反撃ともなった。木星が動いていることは周知のことであったが、その木星の月は取り残されていないことが明らかになったからである。

以上のことは、1610年３月に発刊された著書『星界の報告』にまとめられた。これ以外でも、金星が月と同じく満ち欠けすることを発見したが、これまたコペルニクス説を支持するものであった。そしてガリレオは、望遠鏡を使って太陽像をスクリーンに投影して観察し、太陽の表面を黒点が横切っていくことを発見し、『黒点に関する書簡』において、黒点は太陽の回転に伴って太陽の表面を動いていると主張した。その上で彼は、コペルニクスの説への支持を明らかに表明したのである。

しかしこれは、太陽や星々が地球の周りを回っているという、当時のキリスト教の世界観（天動説）に反するものであったため、ガリレオに災厄を招くものでもあった。1633年４月、ガリレオは裁判にかけられて終身刑を宣告され、地動説を撤回することを宣誓させられた。その後、ガリレオは軟禁生活を送り、1642年に死去した。それから330

年以上たってようやく、カトリック教会は当時の教会の判断は間違っていたと認めたことにより、ガリレオの名誉は回復された。

余談であるが、下の写真は、2015年１月下旬にNASAのハッブル宇宙望遠鏡がとらえたものである。木星の前を３個の衛星エウロパ、カリスト、イオが同時に通過したことによって、木星の表面に3個の影ができる珍しい現象が写っている。もし、このときに木星にいたら、３カ所で日食が起こっているのを体験できたのだ！

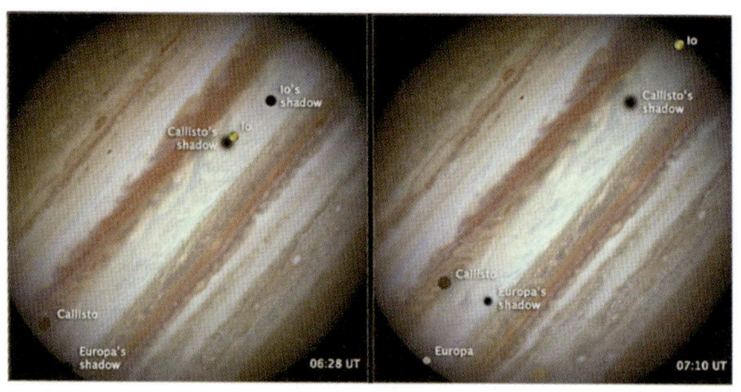

Image Credit: NASA, ESA, and the Hubble Heritage Team (STScI/AURA)

閑話休題。以上のようにガリレオは、望遠鏡を利用した観測によって地動説を裏付ける証拠を初めてもたらすという、偉大な業績をあげたのである。しかし、そんな彼にとっても過ちはあった。例えば、ケプラーの3法則が発表されても、天体は等速円運動をすると主張し続け、楕円運動などするわけがないと言ってケプラーを非難してもいた。この点では、アリストテレスの呪縛から逃れられていなかった。

これまで見てきたように、コペルニクス、ティコ・ブラーエ、ケプラー、ガリレオと続く天文学者の計算と観測により、太陽系の姿が明らかにされ、ケプラーの3法則として見事にまとめられた。しかし、惑星がなぜこのような法則に従って運動するのかという説明は、誰もなしえなかった。そのためには、ガリレオが死去した1642年に誕生した天才ニュートンを待たなければならなかったのである。

13. ニュートンによる天と地の統合

ニュートン（1642～1727）は、次の３大発見を行っている。

1. 微積分学の創造
2. 万有引力の発見
3. 光学の法則の発見

これらの１つを発見するだけでも歴史に名をとどめるぐらいの大発見を３つも行ったのが、天才中の天才ニュートンである。

ニュートンは、1661年～1665年までトリニティ・カレッジ（ケンブリッジ大学）で学んでいたが、ペストが大流行して大学が封鎖された２年間、リンカンシャーの実家に戻り、集中して研究活動を行った。この２年間を歴史家は「奇跡の年」と呼ぶ。それは、万有引力、惑星の運動、微積分学という、どれもが現代科学の基盤となっている偉大なアイデアの基礎を固めた時期だからである。

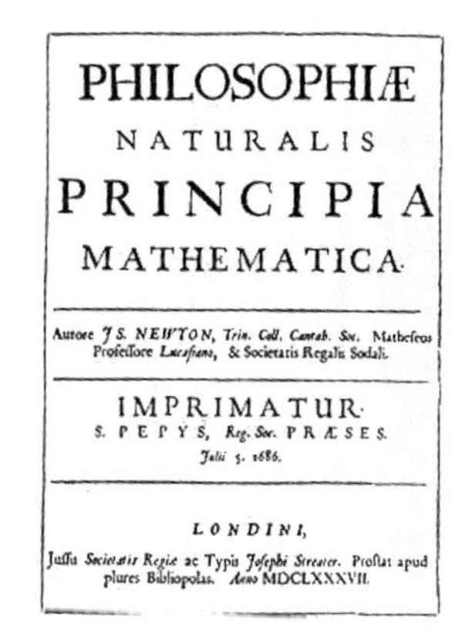
PHILOSOPHIÆ
NATURALIS
PRINCIPIA
MATHEMATICA.

Autore J S. NEWTON, Trin. Coll. Cantab. Soc. Matheseos Professore Lucasiano, & Societatis Regalis Sodali.

IMPRIMATUR.
S. PEPYS, Reg. Soc. PRÆSES.
Julii 5. 1686.

LONDINI,
Jussu Societatis Regiæ ac Typis Josephi Streater. Prostat apud plures Bibliopolas. Anno MDCLXXXVII.

ニュートンは、著書『プリンキピア』（正式名称は『自然哲学の数学的諸原理』）を1687年に発刊した。その中で、運動の法則を数学的に論じて、古典力学（ニュートン力学）、万有引力の法則（ニュートンの重力理論）を確立した。この本は、近代科学の歴史上で最も重要な書物である。

先に見たように、ケプラーは惑星の運動への太陽の影響に気づいてはいたが、理論的に説明できなかった。このケプラーによって残された宿題を解いたのが、ニュートンである。すなわち、ニュートン力学によって初めて、ケプラーの３法則が理論的に示されたのである。ケプラーは星の運動法則を発見し、ガリレオは地上の運動法則を確立したが、ニュートンはその２つの仕事を統合したのである。つまり、それまでは神が司るとされていた天体の運行が、彼の発見した物理法則（万有引力の法則）と、新しい数学（微積分学）によって解明され、地球上の運動も天体の運動も同じ法則に支配されることを証明し、天と地を統合したのである。

それでは、ニュートンの発見について見ていこう。

(1) 逆2乗法則の発見

ガリレオは、「物体に外力が働かなければ、等速運動を続ける」という慣性の法則を発見したが、ニュートンも同じことを考えていた。さらにニュートンは、「物体の運動を変えるには、力が必要である」という仮説を立てていた。この仮説の基で彼は、月の運動について次のように考えた。

> 月は地球の周りをぐるぐる回っている。すなわち、月の運動経路は明らかに曲がっているので、月には何らかの力が働いているはずである。ところが、月には目に見える力は働いていない。月が飛び去ろうとするのを引き留めて円運動をさせる力はいったい何なのか？

この難問に直面したニュートンは、故郷ウールスソープで考え込んだ。

［問40］ ニュートンは、ある出来事がきっかけでこの難問の答えを見いだしたと言われている。その出来事とは何か？

ニュートンは実家のリンゴの木の下で、月の運動について考えを巡らせていたが、芝生のうえにポトンと落ちたリンゴによって、突如ある考えが閃いたと言われている（リンゴが落ちたのを見てというのは、作り話であるという説もある）。

［問41］　ニュートンの頭に閃いたという考えは何か？

なぜリンゴはいつも鉛直方向に地面に落ちてくるのか？　なぜリンゴは横にも上にも行かずに、必ず地球の中心に向かうのか？　それは、地球が引っ張っているからに違いない！　リンゴも月も同じで、リンゴを引っ張る地球が月を引っ張っているのではないだろうか？　もしかすると、地球と月は非常に遠いために、引力はちょうどいい位に弱まっているので、月を軌道から飛び出さないように引き留めているのではないだろうか？

とニュートンは考えた。そして、さらに考えを深めていった。

もし引力が月を軌道に引き留めておくのにちょうどよい強さだとしたら、地球からの距離が増すにつれて地球の引力が小さくなっていくのは、どのような法則に従っているのだろう？

と考えたニュートンは、地球の引力が月にまで及んでいるとして計算を行ったのである。

まず、地上では物体はt秒間に$4.9t^2$（m）落下することを、ガリレオがすでに発見していた。そこで、地球上では引力によってリンゴは１秒間に、

$h=4.9\times1^2$（m）$=490$（cm）・・・①

落下することになる。

次に、地球と月との距離は、地球の半径の60倍であること、月が地球を１周する日数は27.3日であることが知られていた。

［問42］　地球と月との距離を$R=3.84\times10^{10}$(cm)として、月が地球を周回する速度v(cm/s) を求めよ。

ニュートンは、地球の赤道上の経度1′（1°の60分の１）の距離を間違っていたので、月の速度も実際の値とは違って計算してしまったが、

ここでは、現在の正しい上記の値を使って計算する。

$$v=\frac{2\pi R}{27.3\times24\times60\times60}=\frac{2\times3.14\times3.84\times10^{10}}{27.3\times24\times60\times60}$$

より、月の周回速度は、

$$v\fallingdotseq1.02\times10^{5}\ (\mathrm{cm/s})$$

となる。

これで、地球の引力によって、月が１秒間で何cm落下しているかが計算できる。

［問43］　**月が地球の引力によって１秒間で xcm落下するとする。月に何の力も働いていなければ、月は慣性の法則によって右図の直線方向にAからBまで１秒間にv(cm) だけ進む。しかし、月は実際には右図のB'に落下している。xを求めよ。**

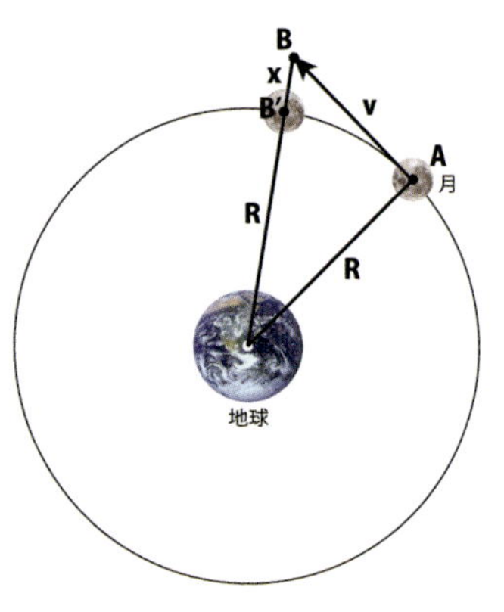

ピタゴラスの定理より、

$$(R+x)^2=R^2+v^2$$

展開して整理すると、

$$x^2+2Rx-v^2=0$$

解の公式を利用して、x>0より、

$$x=-R+\sqrt{R^2+v^2}=\frac{(\sqrt{R^2+v^2}-R)(\sqrt{R^2+v^2}+R)}{\sqrt{R^2+v^2}+R}$$

$$=\frac{v^2}{\sqrt{R^2+v^2}+R}$$

ここで、R^2に比べてv^2は無視してよいほど小さいので、

$$x \fallingdotseq \frac{v^2}{\sqrt{R^2}+R}=\frac{v^2}{2R}=\frac{1.02^2\times(10^5)^2}{2\times3.84\times10^{10}}\fallingdotseq0.135$$

よって、月は地球に引かれて、1秒間に

$x = 0.135$ (cm)　　・・・②

落下している。

［問44］　①、②を利用して、１秒間でのリンゴと月の落下距離の比 h: xを求めよ。

①、②より、

$h : x = 490 : 0.135 = 3630 : 1$　　・・・③

地球の引力の強さは、1秒間での落下距離で計れるので、③より、

月に対する地球の引力は、リンゴに対する引力の$\frac{1}{3630}$　・・・④

に弱まっていることがわかる。

［問45］　地球と月との距離は$R = 3.84\times10^5$(km) であり、地球の半径は$r = 6.37\times10^3$(km) である。r: Rを求めよ。

ニュートンの時代には、地球と月との距離は地球の半径の60倍であることが知られていたが、正確な値を計算すると、

$r : R = 6.37\times10^3 : 3.84\times10^5 = 6.37 : 3.84\times10^2$

より、電卓やコンピュータで計算すると、

$r : R = 1 : 60.3$・・・⑤

となる。ゆえに、⑤より、

地球から月までの距離は、リンゴまでの距離の60.3倍　・・・⑥

であることが分かった。

［問46］　③〜⑥より、ニュートンは地球の引力について、どのような法則が成り立つと考えたか。

ニュートンは、

$$60.3^2 = 3636$$

であることから、

$$h : x = 3630 : 1 = 60.3^2 : 1 = R^2 : r^2$$

$$\frac{x}{h} = \frac{1}{3630} \fallingdotseq \frac{1}{60.3^2} = \frac{r^2}{R^2}$$

となることに気づき、

地球の引力は、距離の２乗に反比例する

という「逆２乗の法則」を発見したのである。

(2) ホイヘンスとケプラーとニュートン

地球と月で確認した逆２乗の法則を、ニュートンはさらに深めていく。

> これで、地球と月の間の引力の法則は分かった。次は、太陽と惑星の関係だ。ケプラーの法則によれば、惑星も太陽の周りを楕円軌道でぐるぐる回っているのだから、惑星も太陽に引っ張られているはずだ。それは、地球と月とに働くのと同じ逆2乗法則の引力ではないだろうか。すると、このような引力は、いかなる2つの物体にも作用する、物質の普遍的な性質なのではないか…

ニュートンは、まずは逆２乗法則とケプラーの法則を関連づけることを考えた。その当時、振り子時計の発明で有名なオランダの数学者・物理学者・天文学者のホイヘンス（1629～1695）とニュートンは、物体に紐をつけて回す円運動の研究から、次のことを発見した。

円運動の中心に向かう引力は
半径に比例し、周期の２乗に反比例する

これは、次のようにして分かる。速度vで円運動している物体が、微少な時間の変化Δtの間にAからCまで円運動をするときを考える。このとき変化する微少な角度の変化を∠AOC＝Δ θ、微少な速度の変化をΔvとする（下左図）。そして、２つの速度ベクトル$\overline{AB}$と$\overline{CD}$を取り出して始点をあわせ、三角形を作る（下右図）。

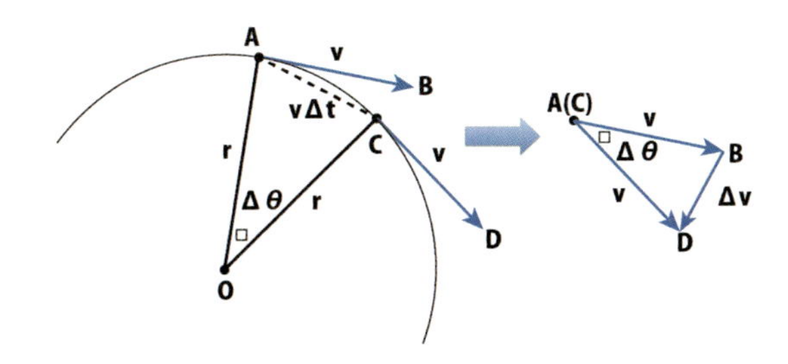

［問47］　速度ベクトルは、常に円の接線方向に向いていることに注意して、△OACと△ABDの関係を求めよ。

△OACと△ABDにおいて、

OA＝OC＝r，AB＝AD＝v

より、△OAC、△ABDはともに2等辺三角形である。

また、

∠OAB＝∠OCD＝90°

であるから、

∠AOC＝∠BAD＝Δ θ

よって、

△OAC∽△ABD

ここで、Δtは微少時間なので、

弧ACの長さ＝弦ACの長さ＝vΔt

と考えてよいから、対応する辺の比を考えて、

$$\frac{v\Delta t}{r}=\frac{\Delta v}{v}$$

よって、

$$\frac{\Delta v}{\Delta t}=\frac{v^2}{r} \qquad \cdots ①$$

これが、ホイヘンスの向心加速度の公式である。

［問48］ **この半径r、速度vの円運動の周期をTとすると、向心加速度は半径rに比例し、周期Tの２乗に反比例することを示せ。**

円周の長さは2πrであるから、

$$\mathrm{T}=\frac{2\pi r}{v} \Leftrightarrow \mathrm{v}=\frac{2\pi r}{T} \qquad \cdots ②$$

①、②より、

$$\frac{\Delta v}{\Delta t}=\frac{4\pi^2 r^2}{T^2}\cdot\frac{1}{r}=\frac{4\pi^2 r}{T^2}$$

これは、向心加速度が半径rに比例し、周期Tの２乗に反比例することを示す。ここで

力と加速度は比例すること

（ニュートンの第2運動法則：F＝mα）

から、円運動によって起こる遠心力に抵抗する力、すなわち中心に向かう

引力は半径rに比例し、周期Tの２乗に反比例する　･･･③

ことが分かった。

ニュートンは、この法則とケプラーの第３法則を結びつけると、

引力は半径（距離）の２乗に反比例する（逆２乗法則）

ことが導けることに気づいた。

［問49］ **③とケプラーの第３法則から、逆２乗法則が導けることを示せ。**

この運動の半径をr、周期をT、働く力をfとすると、③より、

$$f=\frac{k_1 r}{T^2} \quad \cdots ④ \quad (k_1\text{は定数})$$

とおける。また、ケプラーの第３法則より、

$$r^3=k_2T^2 \quad \cdots ⑤ \quad (k_2\text{は定数})$$

とおける。

ゆえに、④、⑤よりTを消去すると、

$$f=\frac{k_1 k_2}{r^2}$$

よって、逆２乗法則が成立する。

また、ニュートンはその逆も考えた。つまり、③と逆２乗法則を仮定すると、ケプラーの第３法則を導けることに気づいた。

［問50］　**③と逆２乗法則から、ケプラーの第３法則が導けることを示せ。**

先と同様に考えると④が成り立ち、逆２乗法則から、

$$f=\frac{k_2}{r^2} \cdots ⑥ \quad (k_2\text{は定数})$$

とおける。④、⑥よりfを消去すると、

$$\frac{k_1 r}{T^2}=\frac{k_2}{r^2} \quad \Leftrightarrow \quad \frac{r^3}{T^2}=\frac{k_2}{k_1}\text{：定数}$$

となり、これはケプラーの第３法則の成立を示している。

ニュートンは、以上のことを1666年頃に発見していたが、生来の公表嫌いと、地球の全質量が地球の中心に集まっているとしてよいことなどの証明ができていなかったので（数年後にはできたのだが）、公表はしなかった。

［問51］　上記のこと以外にも、ニュートンの理論には問題が残されていたが、それは何か。

残された問題の１つは、ニュートンは惑星と月がそれぞれ太陽と地球の周りを等速で円運動していると仮定して計算を行ったことである。しかし、ケプラーはすでに、惑星や月の軌道は楕円であること、太陽や地球は中心ではなく焦点の位置にあることを証明していた。

1666年以降、ニュートンはこれらの残された問題に取り組み、ハレー彗星の軌道計算などで有名なイギリスの天文学者ハレー（1656～1742）の支援も受けて、これまでに書かれた科学書の中の最高の名著といわれる『プリンキピア』(1687) を発刊した。その中で示された、ケプラーの第２法則「面積速度一定」の証明を見てみよう。

(3) ケプラーの第２法則の証明

『プリンキピア』は、現代の物理学の本、論文とは非常に違ったスタイルで書かれている。幾何学的な図はたくさんあるが、方程式はほとんど現れないのである。ニュートンは微積分学を創設したが、微積分法の計算・公式は登場しない。ただし、微積分学の基本的概念（無限小や無限大の概念）はさりげなく利用されている。

さて、ケプラーの第2法則「面積速度一定」の証明をのぞいてみよう。

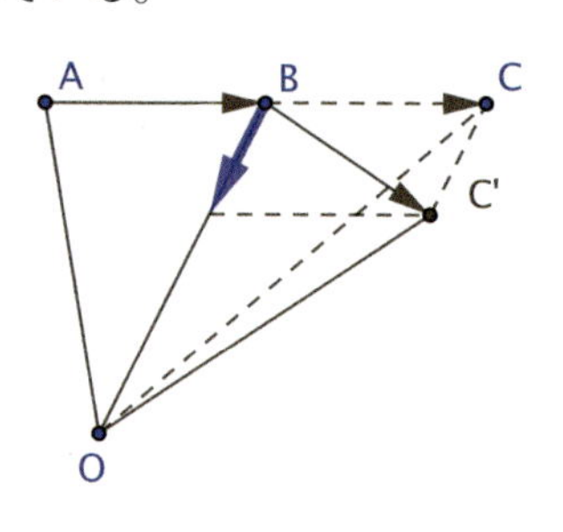

右図のように１つの物体が一定の速度vで時間Δtの間にAからBまで進んだ物体は次の時間Δtの間にBからCへ進むはずだったが、Oからの力が働いて、進む方向がC'へずれた。

［問52］　ずれる方向C'は、どのような方向か述べよ。

力の平行四辺形より、BC、CC'が平行四辺形の２辺となるようにC'が決まる。ここで、AB＝BCより、三角形の面積について、

△OAB＝△OBC　　・・・①

［問53］　△OBCと△OBC'の面積の関係を求めよ。

また、△OBCと△OBC'について考えると、底辺OBが共通であり、OBとCC'は平行だから高さが等しいので、

△OBC＝△OBC'　　・・・②

①、②より、

△OAB＝△OBC'　　・・・③

となる。

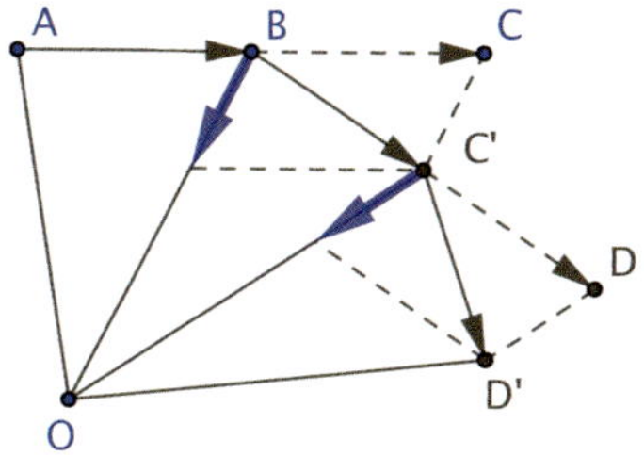

次に右図において、点C'からDに進むときにC'においてOから同じ力で引かれたとすると、物体はD'に進む。このときも上と同じ議論により、

△OAB＝△OBC'＝△OC'D'・・・③

となる。

これまでの議論では、中心力が働くのはいつも等しい時間の間隔Δtおきであると考えた。もし、このΔtを無視できるほど小さくとって、力が連続的に働いていると考えても、この議論は成立する。

上記のアンダーラインの部分は、微積分学の基本的概念を利用している。このようにしてニュートンは、中心力（太陽の引力）を受けている物体（惑星）は、ケプラーの面積速度一定の法則に従って運動していることを証明したのである。

以上のような議論を経て、ニュートンは『プリンキピア』の第３巻において、地球、木星、土星の月（衛星）がそれぞれの惑星に引きつけられる力、およびすべての惑星と彗星が太陽に引きつけられる力は

逆２乗法則に従う中心力である、と結論づけたのである。月を地球の周回軌道に引き留める力、地球を太陽の周回軌道に引き留める力、そしてリンゴを地面に落下させる力、これらはすべて重力という同じものであり、同じ法則に支配されていることを、ニュートンは証明したのである。このことにより、アリストテレス以来の天上と地球（月下）の区別は取り払われたのである。

14. 微積分法によるケプラーの３法則の証明【発展】

ニュートンは、先に見たように『プリンキピア』においては自身の作り上げた微積分法を正面から利用することなくケプラーの３法則を証明している。ここでは、微積分学を用いて現代流にケプラーの3法則を証明する。

まず、ケプラーの３法則とは次のものであった。

［第１法則］　惑星は,太陽を1つの焦点とする楕円軌道を描く。
［第２法則］　惑星と太陽を結ぶ直線が単位時間に掃く面積は、一定である。
［第３法則］　惑星の公転周期Tの２乗と、軌道楕円の半長軸Rの３乗の比は、すべての惑星について等しい。

ケプラーによって帰納されたこれらの経験則によって、惑星の運動が一応は明快に記述された。しかし、惑星の運動に対する最も根源的な原因は何であるかの解明は、ニュートンの万有引力の法則の発見を待たなければならなかった。

ニュートンの万有引力の法則は、次のように述べられる。

［万有引力の法則］
　２つの物体は、その相互距離の２乗に反比例し、かつ２つの物体の質量の積に比例する力（引力）で互いに引き合う。
　すなわち、2つの物体の質量をM、mとし、２物体間の距離をr、その間に働く力をFとすると、

$$F=G\frac{Mm}{r^2}$$ （Gは万有引力定数で、$6.6732\times10^{-11}m^3/kg\cdot s^2$）

　では、万有引力のもとで惑星が太陽の周りを運動する場合、その運動がケプラーの３法則に従うことを証明する。すなわち、ケプラーが経験則として打ち立てた３法則を、万有引力の仮説の基で演繹する。ニュートンは、この証明を実行することにより、万有引力の仮説が法則として認められるべきことを主張したのである。

⑴ 運動方程式

　地球のような惑星の運動を調べるときには、太陽と惑星をともにそれぞれ質量M、mの点と考える。例えば、軌道半径が最小の水星の場合でも、

水星の軌道半径　：5.79×10^7km
太陽の半径　　　：6.95×10^5km
水星の半径　　　：2.57×10^3km

より、これらの比は、

83：1：0.0037＝22500：270：1

であるから、点として考えることにする。
　また、太陽の質量Mは惑星の質量mに比べて非常に大きいから、太陽は静止していると考えてよい。例えば、いちばん質量の大きい木星

の場合でも、太陽との質量比は１：10^3である。

したがって、惑星は静止した太陽に向かう力

$$F = G\frac{Mm}{r^2}$$

（r：太陽を惑星との距離、$G = 6.6732 \times 10^{-11} m^3/kg \cdot s^2$）

の作用を受けて運動していると考える。そこで、太陽の位置を原点とし、太陽と惑星を結ぶ線分と、惑星の初速度$\vec{v_0}$の方向を含む平面上の運動として惑星の動きを考えればよい。

時刻tでの惑星の位置を（x(t), y(t)）、惑星に働く力を$\vec{F}$、惑星の加速度ベクトルを$\vec{\alpha}$とすると、ニュートンの運動法則より、

$$\vec{F} = m\vec{\alpha} \qquad \cdots ①$$

$$\vec{\alpha} = \left(\frac{d^2x}{dt^2}, \frac{d^2y}{dt^2}\right)$$

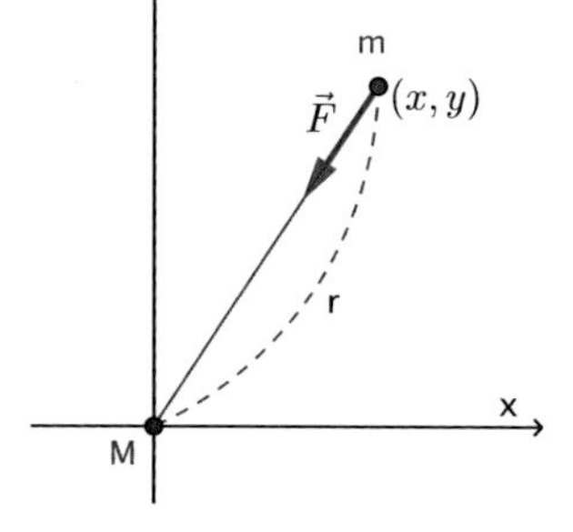

となる。ここで、$\vec{F}$の大きさは、万有引力だから、

$$|\vec{F}| = G\frac{Mm}{r^2} \quad (r = \sqrt{x^2 + y^2})$$

である。

mからMへ向かう単位ベクトルが

$$\vec{e} = \left(-\frac{x}{r}, -\frac{y}{r}\right)$$

であるから、

$$\vec{F} = G\frac{Mm}{r^2}\vec{e} = \left(-\frac{GMm}{r^3}x, -\frac{GMm}{r^3}y\right) \qquad \cdots ②$$

となる。ここで、①を成分表示すると、

$$\vec{F} = \left(m\frac{d^2x}{dt^2}, m\frac{d^2y}{dt^2}\right) \qquad \cdots ③$$

ゆえに、②、③より、

$$\frac{d^2x}{dt^2}=-\frac{GM}{r^3}x \quad \cdots④、\qquad \frac{d^2y}{dt^2}=-\frac{GM}{r^3}y \quad \cdots⑤$$

を得る。

これが惑星の位置（x, y）の満たす運動方程式（連立微分方程式）であり、④、⑤を解くことで惑星の位置が定まるのである。

(2) ケプラーの第２法則の証明

直交座標が（x, y）の点の極座標を（r, θ）とすると、

$$x=r\cos\theta,\quad y=r\sin\theta$$

であり、x、yがtの関数より、r、θもtの関数であることに注意しよう。

いま、時刻0、t、t＋Δtでの惑星の位置をそれぞれ、

$$P_0,\ P_t(r,\ \theta),\ P_{t+\Delta t}(r+\Delta r,\ \theta+\Delta\theta)$$

とし、時刻0〜t、t〜t＋Δtの間に、太陽と惑星を結ぶ線分が掃く面積をそれぞれS、ΔSとする（右図）。

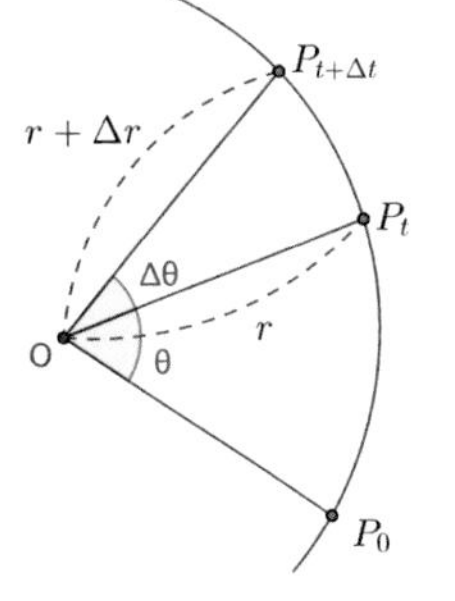

$$\Delta S=\frac{1}{2}r^2\Delta\theta$$

より、単位時間あたりに掃く面積は、

$$\frac{\Delta S}{\Delta t}\fallingdotseq\frac{1}{2}r^2\frac{\Delta\theta}{\Delta t}$$

ここで、Δt→0とすると、

$$\frac{dS}{dt}=\frac{1}{2}r^2\frac{d\theta}{dt} \qquad \cdots⑥$$

これが、極座標での面積速度である。

ここで、

$$x=r\cos\theta,\quad y=r\sin\theta$$

であったから、

$$\frac{dx}{dt}=\frac{dr}{dt}\cdot\cos\theta-r\sin\theta\cdot\frac{d\theta}{dt} \qquad \cdots ⑦$$

$$\frac{dy}{dt}=\frac{dr}{dt}\cdot\sin\theta+r\cos\theta\cdot\frac{d\theta}{dt} \qquad \cdots ⑧$$

⑦×（$-\sin\theta$）＋⑧×$\cos\theta$ より、

$$-\sin\theta\cdot\frac{dx}{dt}+\cos\theta\cdot\frac{dy}{dt}=r(\sin^2\theta+\cos^2\theta)\frac{d\theta}{dt}$$

よって、

$$r\frac{d\theta}{dt}=-\sin\theta\cdot\frac{dx}{dt}+\cos\theta\cdot\frac{dy}{dt}$$

両辺に$\frac{1}{2}$rをかけると、

$$\frac{1}{2}r^2\frac{d\theta}{dt}=-\frac{1}{2}r\sin\theta\cdot\frac{dx}{dt}+\frac{1}{2}r\cos\theta\cdot\frac{dy}{dt}$$

$$=\frac{1}{2}\left(x\frac{dy}{dt}-y\frac{dx}{dt}\right) \qquad \cdots ⑨$$

ゆえに、⑥、⑨より、

$$\frac{dS}{dt}=\frac{1}{2}\left(x\frac{dy}{dt}-y\frac{dx}{dt}\right) \qquad \cdots ⑩$$

これが、直交座標での面積速度である。面積速度が一定であることを示すには、面積速度の変化率を調べればよいから、⑩の両辺をtで微分すると、

$$\frac{d^2S}{dt^2}=\frac{1}{2}\frac{d}{dt}\left(x\frac{dy}{dt}-y\frac{dx}{dt}\right)$$

$$=\frac{1}{2}\left(\frac{dx}{dt}\frac{dy}{dt}+x\frac{d^2y}{dt^2}-\frac{dy}{dt}\frac{dx}{dt}-y\frac{d^2x}{dt^2}\right)$$

$$=\frac{1}{2}\left(x\frac{d^2y}{dt^2}-y\frac{d^2x}{dt^2}\right)$$

$$=\frac{1}{2}\left(-\frac{GM}{r^3}xy+\frac{GM}{r^3}xy\right)=0 \quad (\because ④、⑤より)$$

ゆえに、$\frac{dS}{dt}$は定数となり、面積速度が一定であることが示された。

(3) ケプラーの第１法則の証明

第１法則を証明するために、先に導いた面積速度が一定であることから、あとの証明の都合でhを定数として、

$$\frac{dS}{dt}=\frac{1}{2}\mathrm{r}^2\frac{d\theta}{dt}=\frac{h}{2}$$

とおいておく。すなわち、

$$\frac{d\theta}{dt}=\frac{h}{r^2} \quad \cdots ⑪$$

とする。

ここで、運動方程式④、⑤を極座標で表すことを考える。⑦、⑧、⑪より、

$$\frac{dx}{dt}=\frac{dr}{dt}\cdot\cos\theta-\frac{h}{r}\sin\theta,\quad \frac{dy}{dt}=\frac{dr}{dt}\cdot\sin\theta+\frac{h}{r}\cos\theta$$

これらをさらにtで微分すると、

$$\frac{d^2x}{dt^2}=\frac{d^2r}{dt^2}\cdot\cos\theta-\frac{dr}{dt}\sin\theta\cdot\frac{d\theta}{dt}+\frac{h}{r^2}\sin\theta\cdot\frac{dr}{dt}-\frac{h}{r}\cos\theta\cdot\frac{d\theta}{dt}$$

$$=\frac{d^2r}{dt^2}\cdot\cos\theta-\frac{dr}{dt}\sin\theta\cdot\frac{h}{r^2}+\frac{h}{r^2}\sin\theta\cdot\frac{dr}{dt}-\frac{h}{r}\cos\theta\cdot\frac{h}{r^2} \quad (\because ⑪)$$

$$=\left(\frac{d^2r}{dt^2}-\frac{h^2}{r^3}\right)\cos\theta \quad \cdots ⑫$$

同様にして、

$$\frac{d^2y}{dt^2}=\frac{d^2r}{dt^2}\cdot\sin\theta+\frac{dr}{dt}\cos\theta\cdot\frac{d\theta}{dt}-\frac{h}{r^2}\cos\theta\cdot\frac{dr}{dt}-\frac{h}{r}\sin\theta\cdot\frac{d\theta}{dt}$$

$$=\frac{d^2r}{dt^2}\cdot\sin\theta+\frac{dr}{dt}\cos\theta\cdot\frac{h}{r^2}-\frac{h}{r^2}\cos\theta\cdot\frac{dr}{dt}-\frac{h}{r}\sin\theta\cdot\frac{h}{r^2} \qquad (\because ⑪)$$

$$=\left(\frac{d^2r}{dt^2}-\frac{h^2}{r^3}\right)\sin\theta \qquad \cdots ⑬$$

ゆえに、④と⑫、⑤と⑬より、

$$\left(\frac{d^2r}{dt^2}-\frac{h^2}{r^3}\right)\cos\theta=-\frac{GM}{r^3}x,\quad \left(\frac{d^2r}{dt^2}-\frac{h^2}{r^3}\right)\sin\theta=-\frac{GM}{r^3}y$$

これらと、$x=r\cos\theta$、$y=r\sin\theta$より、

$$\frac{d^2r}{dt^2}-\frac{h^2}{r^3}=-\frac{GM}{r^2}$$

この微分方程式にはrしか含まれていないが、θは⑪から定まる。よって、極座標での運動方程式は、

$$\frac{d^2r}{dt^2}-\frac{h^2}{r^3}+\frac{GM}{r^2}=0 \quad \cdots ⑭、 \qquad r^2\frac{d\theta}{dt}=h \quad \cdots ⑮$$

となり、⑭、⑮を満たす（r, θ）をtの関数として求めればよい。

ここで、

$$\frac{d}{dt}\left\{\left(\frac{dr}{dt}\right)^2+\left(\frac{h}{r}-\frac{GM}{h}\right)^2\right\}$$

$$=2\frac{dr}{dt}\frac{d^2r}{dt^2}+2\left(\frac{h}{r}-\frac{GM}{h}\right)\left(-\frac{h}{r^2}\right)\frac{dr}{dt}$$

$$=2\left(\frac{d^2r}{dt^2}-\frac{h^2}{r^3}+\frac{GM}{r^2}\right)\frac{dr}{dt}=0 \qquad (\because ⑭より)$$

よって、Aを正の定数として、

$$\left(\frac{dr}{dt}\right)^2+\left(\frac{h}{r}-\frac{GM}{h}\right)^2=A^2$$

とおけるが、さらに、

$$\frac{h}{r}-\frac{GM}{h}=A\cos\phi \quad \cdots ⑯、 \qquad \frac{dr}{dt}=A\sin\phi \quad \cdots ⑰$$

とおくことができ、ϕのtに対する挙動が決まれば、r、$\frac{dr}{dt}$は完全に決まる。

そこで、$\frac{d\phi}{dt}$を求めるために⑯の両辺をtで微分すると、

$$-\frac{h}{r^2}\frac{dr}{dt}=-A\sin\phi\frac{d\phi}{dt}$$

ゆえに、⑰を代入して整理すると、

$$\frac{d\phi}{dt}=\frac{h}{r^2}$$

これと⑪より、

$$\frac{d\phi}{dt}-\frac{d\theta}{dt}=0$$

よって、

$$\frac{d}{dt}(\phi-\theta)=0$$

ゆえに、θ_0を定数として、

$$\phi=\theta-\theta_0$$

となる。これと⑯より、

$$\frac{h}{r}-\frac{GM}{h}=A\cos(\theta-\theta_0)$$

よって、

$$\frac{h}{r}=\frac{GM}{h}+A\cos(\theta-\theta_0)$$

ゆえに、rの満たす方程式は、

$$r=\frac{h}{\frac{GM}{h}+A\cos(\theta-\theta_0)}$$

右辺の分子・分母を$\frac{GM}{h}$で割って、

$$\frac{Ah}{GM}=e,\quad \frac{h^2}{GM}=c$$

とおくと、

$$r=\frac{c}{1+e\cos(\theta-\theta_0)} \qquad \cdots⑱$$

となり、これは原点（太陽）を焦点とする円錐曲線の極座標での方程式（極方程式）である。

ここで、⑪より、

$$h=r^2\frac{d\theta}{dt},\quad e=\frac{Ah}{GM}$$

であり、太陽と惑星の距離rは無限に大きくなることはないから

$0<e<1$

でなければならないので、⑱は楕円を表す（右図）。

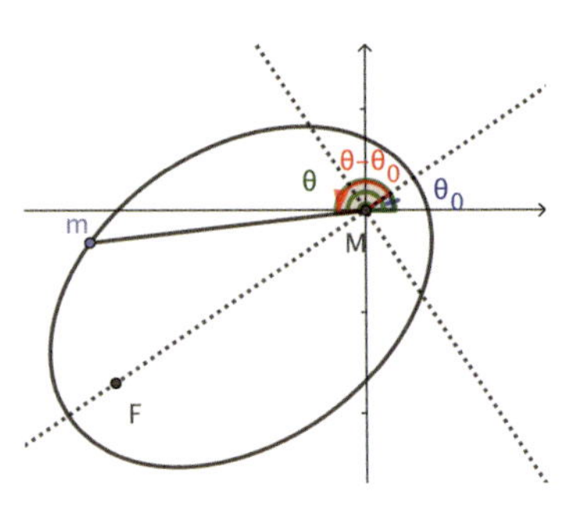

rをtで表すことはできなかったがrとθの関係からrの軌道が楕円になることはわかった。すなわち、ケプラーの第１法則が証明された。

⑷ ケプラーの第３法則の証明

次に、簡単のために先の⑱のxy座標系を原点のまわりにθ_0だけ回転した座標系を改めてxy座標系にとると、⑱は、

$$r=\frac{c}{1+e\cos\theta}\qquad\cdots⑲$$

を満たすことになる。

ここで、右図のように、この軌道楕円の長軸をAA'、短軸をBB'、中心をOとおくと、

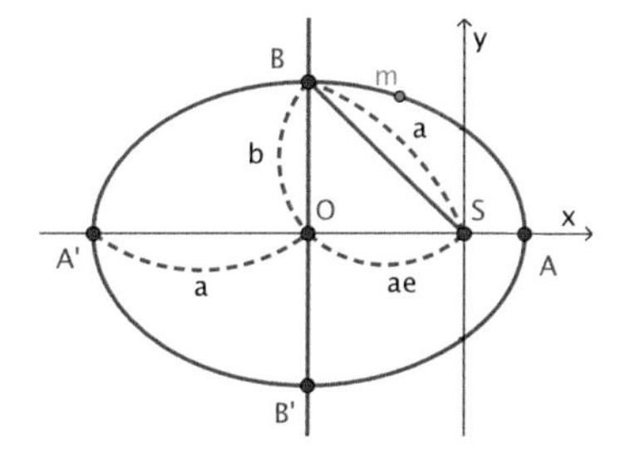

$$AA'=2a,\quad BB'=2b$$

$$BS=a,\qquad OS=ae$$

である。

⑲より、

$$SA=\frac{c}{1+e}\ (\theta=0のとき)$$

$$SA'=\frac{c}{1-e}\ (\theta=\pi のとき)$$

であるから、

$$a=\frac{SA+SA'}{2}=\frac{c}{2}\left(\frac{1}{1+e}+\frac{1}{1-e}\right)=\frac{c}{1-e^2}$$

よって、

$$1-e^2=\frac{c}{a}$$

ゆえに、

$$b=\sqrt{a^2-(ae)^2}=a\sqrt{1-e^2}=\sqrt{ac}$$

惑星の運動の周期Tは、楕円の面積πabを、面積速度

$$\frac{dS}{dt}=\frac{1}{2}r^2\frac{d\theta}{dt}=\frac{h}{2}$$

で割ったものであるから、

$$T=\frac{\pi ab}{\frac{h}{2}}=\frac{2\pi a\sqrt{ac}}{h}=\frac{2\pi a\sqrt{a}\sqrt{\frac{h^2}{GM}}}{h}=\frac{2\pi}{\sqrt{GM}}a^{\frac{3}{2}}$$

よって、

$$T^2=\frac{4\pi^2}{GM}a^3$$

これは、ケプラーの第３法則の成立を示している。

ケプラーは以上の３法則を、観測データにあうようにするには、どんな法則を仮定すればよいか？　という立場に立って、経験的に導き出した。したがって、

なぜ楕円軌道なのか？

なぜ面積速度一定なのか？

なぜ周期の２乗は長半径の３乗に比例するのか？

といった疑問に対してケプラーは、

それは観測データに聞いてくれ

としか答えることができなかった。

これに対してニュートンは、万有引力の仮説、ニュートン力学、微分積分学の創設によって、ケプラーの３法則を演繹的に導き出し、上記の疑問に明確に答えたのである。このような経緯を経て、「万有引力の仮説」は「万有引力の法則」として認められていったのである。

15. ニュートンと神と重力と重力波

ニュートンの理論が発表された当時には、いろいろと反対意見もあったが、ニュートン物理学の正しさを証明する事柄が次々と明らかになっていったので、次第に世の中に受け入れられていった。

例えば、ニュートンの『プリンキピア』を発行する際に尽力したハレーは、1531年、1607年、1682年に観測された彗星が、放物線に近い同一の楕円軌道になることをニュートンの理論で証明した。そして、この彗星が次は1757年に再び出現することをハレーが予言し、実際に1758年に彗星は出現した。時期が少しずれたのは、木星と土星の影響で彗星の軌道が少し変化したためであり（摂動という）、この遅れも他の学者がニュートンの理論によって計算をして指摘していた。ハレーは1742年に亡くなっていたため、再出現を見ることはできなかったが、この功績によって今日ではこの彗星はハレー彗星と呼ばれている。最近では、1986年に観測され、次の登場は2061年の夏と予想されている。

［問54］　**ニュートン力学において、重力については様々な反対意見があり、論争が巻き起こった。どのような点に異議申し立てがあったかを考えよ。**

フランスのデカルトの信奉者や、ドイツのライプニッツからは、数百万kmの何もない空間を越えて引きつけ合う力が働くという理論はオカルトではないか、重力の原因については何も説明していないではないか、というような批判が寄せられていた。これに対して、神は宇宙に実体として遍く存在すると明言していたニュートンは、「私の重力の法則が、天体や地上のあらゆる運動を記述するのに役立つなら、ひとまずはそれで十分だろう」と言い、重力がなぜ働くのかという根本的な原因を棚上げし、神に託したのである。この重力の原因の探求はニュートン以後もずっと続けられたが、その中で、相対性理論で有名な天才アインシュタインが、次のように重要な一歩を刻んだのである。

19世紀の後半に物理学者マクスウェルが、電磁場の方程式を解くと電磁場が波動となって、真空中を光速で伝わることを理論的に示し、それを受けて、1888年にヘルツが電磁波を検出した。そこで、重力場の方程式を得たアインシュタインは、電磁気学とのアナロジーから真空中を光速で伝わる重力波の存在を予言した。しかし、予言から程なくして発見された電磁波とは違って、重力波はアインシュタインの予言から100年経っても検出されなかった。その原因は、重力と電磁気力を比較すると、重力があまりにも弱いからである。例えば、2個の電子を置いたとき、両者には質量からくる重力と、同じ電荷を持っていることによる電気的な反発力の2つが働くが、圧倒的に電気力の方が強いのである。重力は電磁気力の10^{-43}倍の強さであり、これは実質的には0である。磁気の力についても同様で、磁石をパチンコ玉に近づけるとくっつくが、パチンコ玉を磁石の下に持ってきても玉は離れない。玉には巨大な質量を持つ地球からの重力が働いているはずであるが、小さな磁石の力の方が圧倒的に強いのである。このように微弱な重力波の検出は、アインシュタインの最後の宿題と呼ばれて、世界中の宇宙物理学者が取り組んでいた。

ところがついに、2016年2月11日にアメリカのカリフォルニア工科大とマサチューセッツ工科大などの研究チームが、「2015年9月14日にアメリカにあるLIGO重力波観測所で重力波を検出した」と発表した。この重力波の波形を解析すると、太陽の重さの36倍と29倍というブラックホールが互いに衝突して合体するという、宇宙の一大イベントで生じたものであることが分かった。そして、この重力波の検出の功績によって、2017年10月3日にレイナー・ワイス（マサチューセッツ工科大学名誉教授)、バリー・バリッシュ（カリフォルニア工科大学名誉教授)、キップ・ソーン（カリフォルニア工科大学名誉教授）の３人が、ノーベル物理学賞を受賞した。観測成功の発表からわずか２年足らずでのスピード受賞であるが、関係者はそれが当然のことであると思うぐらい、重力波の検出はすごい成果なのである。

重力波を検出したLIGO（Laser Interferometer Gravitational-Wave Observatory：レーザー干渉計重力波観測所）の仕組みは「簡潔」で、長さ４kmの２本のパイプがＬ字形で設置されている（右図)。その２本のパイプのそれぞれで、位相を逆（波の山と谷が重なる関係）にしたレーザー光を同時に発射する。パイプの両端に設置した反射鏡でレーザー光を何往復もさせて距離をかせぎ、最後に直交するパイプの交差点に戻ってきたレーザー光を重ね合わせるというものだ。何もないと、当然レーザー光は同時に跳ね返っているので位相は逆のままであり、２つの光は互いに打ち消し合って干渉パターンは暗くなる。

画像 ©2017 Google、地図データ ©2017 Google

［問55］　重力波が来ると、何もないときに比べてどこが変化するか。

重力波によって時空（時間・空間）がゆがめられると、一方のパイプの長さが伸び、他方は縮むために、２方向の光の位相は完全に逆にはならず、わずかにずれる。この微妙なずれが、レーザー光の干渉パターンに変化を引き起こす。この変化によって、重力波が来たのかどうか、来たとすればどんな重力波だったのかを検出するのである。

こんな「簡潔」な装置で重力波を検出するのに、LIGOには日本を含む世界15ヶ国から1000人を超える研究者が集まり、国際プロジェクトとして研究が進められてきた。研究は1992年から始まり、各研究機関が参集して共同研究が進められてきたが、重力波をなかなか検出できなかった。

［問56］ 重力波を検出するのが困難である理由は何か。

重力波が地球に届くと時空が歪み、ある方向の長さがごくわずかだけ伸縮する。地球で観測できる重力波は普通、宇宙で巨大な質量をもつ星の爆発やブラックホールの衝突などによって引き起こされることが多く、その発生源は何億光年も離れている。そのために、地球に来たときにゆがめる空間の大きさはごくごく小さいのである。その微少さは、1mの空間が約10^{-21}mだけ変化する程度である。これがどれだけ微少かというと、水素原子の大きさは約10^{-10}mなので、その大きさのさらに10^{-11}倍（1000億分の1）である。こんな大きさの粒子は素粒子の世界でも見つからないくらい、とんでもなく極微な変動である。このために、重力波を予言したアインシュタイン自身が観測は不可能ではないかと言ったほどであり、予言から観測まで100年も要したのである。

16. 人間は星屑の子

宇宙はビッグバンから始まり、インフレーションという指数関数的な膨張を経て、138億年をかけていまの大きさまで膨張してきたことが分かっている。ビッグバンによって宇宙が誕生した瞬間には、原子自体が存在していなかった。ものすごく熱い宇宙では、運動エネルギーが高くて基本的な粒子（陽子、中性子、電子）がバラバラに飛びかっている状態であった。そこから、宇宙が膨張するに連れて温度が下がり、粒子の動きが遅くなったので、陽子と中性子がくっついて原子核ができ、その周りを電子が回るようになった。ただし、最初にできたのは軽い元素だけであった。現在の加速器の実験では、宇宙誕生から１分後には水素、ヘリウム、リチウム（原子番号１～３）ができていたことがわかっている。しかし、軽い元素はできても、初期の段階では、人間が生きるために必要な酸素や炭素はできていなかった。では、いつ出来上がったのか？

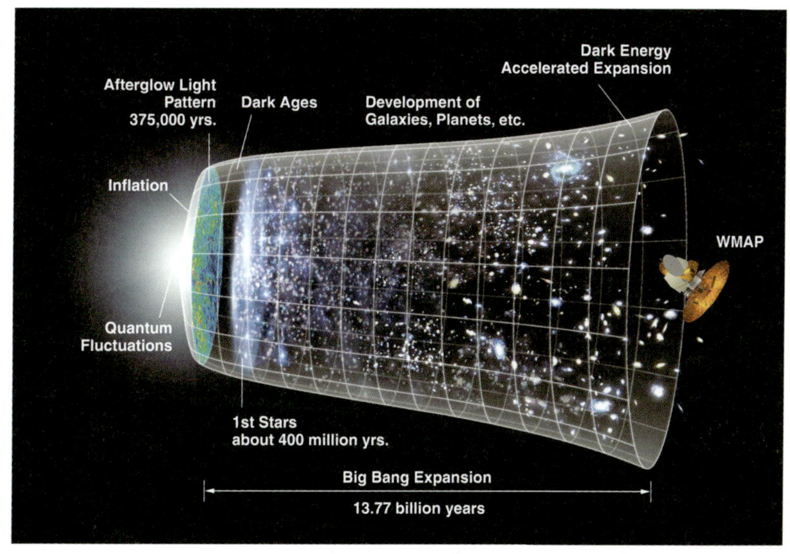

https://map.gsfc.nasa.gov/media/060915/index.html

宇宙でガスが集積して星ができると、その内部では核融合反応が起きる。我々の太陽系の太陽も同じであるが、水素が核融合反応を起こしてヘリウムに変換され、膨大なエネルギーを出しているのである。しかし、水素は有限なので、水素を使い果たすと今度はヘリウムを燃やし始める。このヘリウムの核融合反応によって、炭素や酸素などの原子がつくられる。このようにして、鉄（原子番号26）ぐらいまでの重い元素が作られたが、このままでは星の内部にしか存在しない。しかし、星の寿命がつきて星が爆発する超新星爆発によって、これらの重い元素が宇宙にばらまかれたのである。そして、それらを基にしてまた次の星が生まれ、超新星爆発が起こり、…と繰り返されたことにより、炭素をはじめとする鉄までの重い元素が作られたので、私たちの身体も出来上がったのである。つまり、人間は星屑からできているのだ！

では、鉄より重い銅、銀、金、鉛などの元素は、どうしてできたのだろう？　これらの元素は、星の内部の反応ではできないことが分かっているので、超新星爆発によらない方法でできたはずである。ところで、星がその一生を終えた後にできる死んだ星の1つに、中性子星がある。中性子星は「小さく」て超高密度の星であり、例えとして、山手線の内側に太陽を押し込めたぐらいの密度と言われる。その中性子星と重力波をつなぐ発見が、つい最近なされたのである。

2017年８月17日に、中性子星が合体してできたと思われる重力波を検出したとの緊急メールが、世界の天文学者の間を駆け巡った。このような中性子星の合体は、重力波で観測できると予想されてきたので、世界中の研究者は色めき立ち、世界中の天文台や衛星が一斉に観測に乗り出したのだ。日本の誇るハワイのすばる望遠鏡をはじめ、70の施設が観測に参加し、100基あまりの機器を用いて観測を行った。過去4回のLIGOのブラックホールの合体による重力波の観測では、このようなことはなかった。それは、ブラックホールは光を出さないので、普通の方法では観測できないのである。一方で、中性子星の合体は可視光線をはじめ、γ線、X線、赤外線、電波などの光（電磁波）を伴うので、従来の望遠鏡でも観測可能なのである。電磁波の観測により、中性子星の位置の特定と合体の様子を追跡することに成功したのである。そして、アメリカの観測チームの代表は、観測成功の会見において、ポケットから曽祖父の金時計を取り出した。

［問57］ アメリカチームの代表が、金時計というシンボルで言いたかったのは何か。

先に述べたように、超新星爆発では金や銀、白金などの重い元素は作られず、それらは中性子星の合体によってできたという仮説が有力であった。2017年8月の日本の観測によって、その仮説のもととなった理論と観測結果がよい精度で一致していることが確認されたのである。そのことのシンボルとして、アメリカの代表は曾祖父の金時計を見せたのである。この中性子星の合体は、1億3000万光年の遥か彼方の宇宙で起きたものであり、1億3000万年前に発生した重力波が、はるばる旅をして地球に届いたことになる。なんとも壮大な話である。中性子星の合体の想像図を見て、宇宙の神秘を感じよう。

ILLUSTRATION BY ROBIN DIENEL; COURTESY THE CARNEGIE INSTITUTION FOR SCIENCE

3-3　君は$E=mc^2$を観たか

1. 2人の天才ニュートンとマクスウェル

19世紀末から20世紀の初頭にかけて、物理学者は2つの偉大な科学の体系の間に存在する矛盾に悩んでいた。その2つの科学体系とは、ニュートン力学とマクスウェルの電磁気学であった。

ニュートン力学は、イングランドの天才数学者・物理学者ニュートン（1642〜1727）が創始した力学であり、その時代まで200年にわたって使われ続け、あらゆる事柄を完璧に説明していた。ニュートン力学は、絶対時間と絶対空間を前提としていて、特別優遇された時間も空間も存在しないとし、「運動の相対性原理」

物理法則は運動の方向、運動の速さ、遅さには関係なく、
一定の速度で運動しているものには同じである

を含んでいた。例えば、走る電車の中でジャンプをしても、動いていないときと同じ地点に着地できる。また、100km/hで飛ぶ鳥を地上からみれば100km/hに、60km/hで同じ方向に走る車から見れば40km/hに、同じ方向に100km/hで走る車から見れば止まって見える。このように、相対性原理はニュートン力学の中心にあった。

一方で、スコットランドの物理学者マクスウェル（1831〜1879）が考えだした新しい概念の電磁場は、次の4つのマクスウェルの方程式で完璧に記述されていた。

$\nabla \cdot \mathbf{E} = 4\pi\rho$　←　電場がどのように生み出されるかを表す

$\nabla \times \mathbf{B} - \frac{1}{c}\frac{\partial \mathbf{E}}{\partial t} = \frac{4\pi}{c}\mathbf{J}$　←　電流と変化する電場がどのように磁場を生じるかを表す

$\nabla \times \mathbf{E} + \frac{1}{c}\frac{\partial \mathbf{B}}{\partial t} = 0$　← 変化する磁場がどのように電場を生み出すかを表す

$\nabla \cdot \mathbf{B} = 0$　← 磁気単極子は存在しないことを表す

これらの方程式から生まれた電磁気現象に関する研究から、ラジオ、テレビ、電子レンジ、レーダー、無線通信、電子機器などが誕生したのである。

このマクスウェルの電磁気理論の中心には、「光速一定の原理」があった。音の速度は、音源の速度に関わらず一定である（例えば、15℃では340m/s）。これは、音波を伝える空気などの媒体の性質による。マクスウェルの方程式によれば、光もまた光源の速度に関わらず一定の速度30万km/sで伝わる。当時の物理学者たちは、これは光がエーテルという媒体の中を運動しているからだと考え、エーテルの性質が光の速度を決定していると推測した。

もし光の速度が一定なら、絶対時間と絶対空間、相対性原理のニュートン力学の中に、特別な存在の座標系（慣性系）が存在することになる。さて、ニュートンとマクスウェルの理論の、どちらが正しいのだろう。それを確かめるべくある実験が行われ、その結果を基に新たな考えが生まれてきた。

2. マイケルソンとモーリーの実験

まず、次のような例を考える。

幅がs、流れの速さがvの川がある。その川岸の地点Aから上流にsだけ進んだ地点をB、Aの岸に垂直な対岸の地点をCとする（右図）。

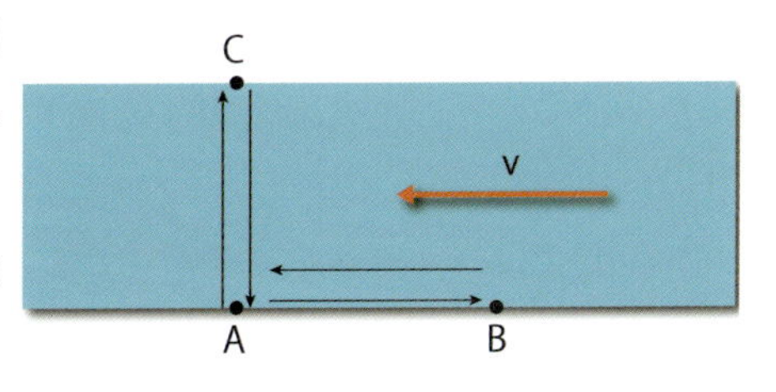

この川を速さcで泳ぐ人が、AからBまで往復する時間をt、AからCまで往復する時間をt'として、これらの時間を求める。

A→B→Aと往復する時間は、

$$t=\frac{s}{c-v}+\frac{s}{c+v}=\frac{2cs}{c^2-v^2} \qquad \cdots [2-1]$$

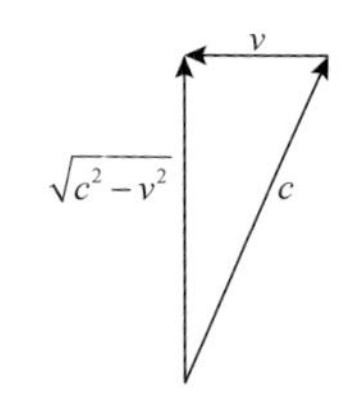

A→C→Aと往復する時間を考える。AからCに到着するためには、右図のようにAから上流側に泳がなくてはならず、そのときの速度は、

$$\sqrt{c^2-v^2}$$

である。CからAに戻るときも同様なので、往復する時間は、

$$t'=\frac{s}{\sqrt{c^2-v^2}}+\frac{s}{\sqrt{c^2-v^2}}=\frac{2s\sqrt{c^2-v^2}}{c^2-v^2} \qquad \cdots [2-2]$$

ここで、$c > \sqrt{c^2-v^2}$ であるから、[2−1]、[2−2] より、

$t > t'$

となる。つまり、

同じ距離を往復する場合

流れに沿って往復する方が垂直方向より時間がかかる

ことが分かる。

上の例と同じく、エーテルはその中を伝わる光を動かすので、光がエーテルの運動方向に沿って伝わるときと、運動方向に垂直に伝わるときとでは速度が違ってくるはずだ、と当時の物理学者たちは考えた。この考えを、1881年と1887年に精密な実験装置で実際に実験したのが、アメリカの２人の物理学者マイケルソン（1852〜1931）とモーリー（1838〜1923）であった。地球の自転方向と、それに対して垂直な方向の２つの光の速度を測定し、光速の違いを見つけようとしたのである。下の図で、コヒーレントな光がハーフミラーで別れてから、

ミラー１、２で反射して再びハーフミラーまで戻ってくる距離は同じである。もし、光速に違いが出るなら、計算で0.2波長のずれ（位相差）が生じて干渉が起こり、光は暗くなるはずであったが、実験結果の位相差は0.2波長よりもずっと小さいものであった。つまり、

エーテルの風の影響は検出できず、

光速はどちらの方向も30万km/sで一定である

というものであった！

■マイケルソン・モーリーの実験

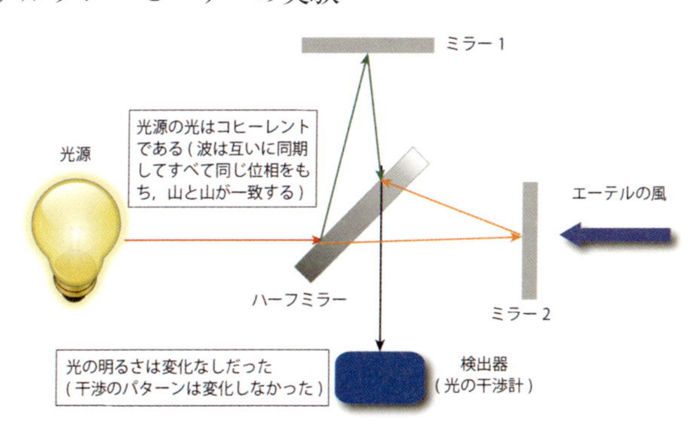

運動の方向にかかわらず光速は一定であるという実験結果に、物理学者たちは困惑した。ニュートン力学かマクスウェルの電磁気学のどちらかに、何らかの間違いがあるということになったからだ。

3. ローレンツ変換

オランダの物理学者ローレンツ（1853～1928）は、マイケルソン・モーリーの実験結果を説明してニュートン力学とマクスウェルの電磁気学を合致させるために、次のように考えた。

宇宙空間には、光の媒体となるエーテルという仮想

物質が満ちている。エーテルに逆らって進む物体は、エーテルの圧力を受けて縮む。また、光速は常に一定であり、運動している観測者にも、静止している観測者にも同じ速度で見えるためには、運動している観測者の時間は遅くなる。

そしてローレンツは、エーテルの中を進む光の速度は一定であるとして、静止している慣性系と運動している慣性系の間の長さと時間の違いを説明できる、次のような変換式を作り上げた。

■ローレンツ変換

XY平面が静止しているエーテルに対して固定され、別のX'Y'平面が地球に張り付いて速度vで地球とともに動いている。X'はXに沿って、Y'はYと平行に動くとき、座標と時間の組について、次の変換式が成り立つ。

$$x' = \frac{1}{\sqrt{1-\frac{v^2}{c^2}}}(x-vt),\quad y'=y,\quad z'=z,\quad t'=\frac{1}{\sqrt{1-\frac{v^2}{c^2}}}\left(t-\frac{v}{c^2}x\right)$$

ローレンツ変換は、確かに実験結果を正しく表していたが、物理的な意味はなく、単なる経験式でしかなかった。この式に、物理的な意味を与えたのが、天才アインシュタインであった。

4. 天才アインシュタイン登場

ドイツの天才物理学者アインシュタイン（1879～1955）は、16歳の頃に次のような子どもらしい思考実験を行った。

光速で移動している自分が、自分と平行に移動している光線の方を見ると、どんなことが起こるだろう？

［問1］アインシュタインと同じ思考実験を行い、考えをまとめよ。

この一見、単純な質問に対する答えは、当時の物理学では得られなかった。そこでアインシュタインは、思索を積み重ねて次の考えに達したのである。

・エーテルという仮想物質を考える必要はなく、エーテルは存在しない
・光速cはどこで測っても不変である
・光速cを不変に保つように、時間の流れが変わるのである

つまり、アインシュタインは、エーテルの存在も否定し、

光速度不変の原理	：光速cは観測者の速度によらずに一定である
相対性原理	：等速度で動くものの中では物理法則は全く同じである

という２つの原理のみから出発して、次の「特殊相対性理論」を創りあげた。

1. 速く動く物体ほど、その時間はゆっくり進んで見える
2. 物体の長さは、動く方向に向かって縮んで見える
3. 物体は速く動くほど、質量が増えて見える
4. 静止した物体は、エネルギー$E=mc^2$をもつ
（c：光速度、m：物体の質量）

アインシュタインは、高速度では空間と時間は収縮し、絶対空間・絶対時間は存在せず、光速度が速度の上限であることを示したのである。これから、順を追ってこのことを学んでいこう。その際、数学が非常に重要な武器となる。しかも、最後の方を除いて、利用する数学は中学数学程度ですむのである。数学が、自然科学の言語として強力

であることの一例となっている。

5. 時間が遅れる

アインシュタインは、次のような思考実験を行った。

高さhのトラックの荷台に積まれた光源から光が発せられて、天井で反射して光源に戻る様子を観察する。トラックの外の地面にはAがいて、トラックの荷台にはBが乗っている。トラックはAの前を速度vで通過した。このとき、Aがt秒間で見た光の経路と、Bがt'秒間で見た光の経路はそれぞれ下の図のようになる。

ここで、光速cが一定であるとすると、

$2d = ct,\quad 2h = ct'$

$d > h$であるから、$ct > ct'$

よって、$t > t'$

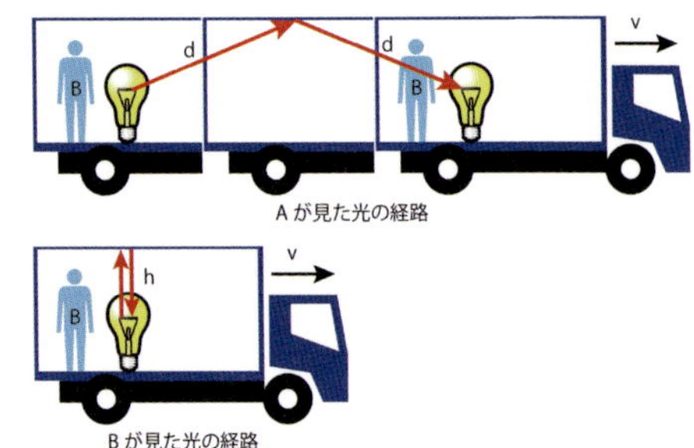

A が見た光の経路

B が見た光の経路

すなわち、静止しているAから見た方が時間が長くかかる。言い換えると、静止しているAにとっては動いているBよりも時間が速く過ぎ、動いているBにとっては静止しているAよりも時間が遅く過ぎることになる。

そこで、時間の遅れを実際に計算する。まず、Aに関しては、

$$d = \sqrt{h^2 + \left(\frac{1}{2}vt\right)^2}$$

より、

$$c = \frac{2d}{t} = \frac{2\sqrt{h^2 + \left(\frac{1}{2}vt\right)^2}}{t} \qquad \cdots [4-1]$$

次に、Bに関しては、

$$c=\frac{2h}{t'} \qquad \cdots [4-2]$$

[4－1]、[4－2] より、

$$\frac{2\sqrt{h^2+\left(\frac{1}{2}vt\right)^2}}{t}=\frac{2h}{t'}$$

２乗すると、

$$\frac{4\left(h^2+\frac{1}{4}v^2t^2\right)}{t^2}=\frac{4h^2}{t'^2}$$

(4－2) より、2h＝ct'であるから、

$$\frac{c^2t'^2+v^2t^2}{t^2}=\frac{c^2t'^2}{t'^2}$$

よって、

$$c^2\left(\frac{t'}{t}\right)^2=c^2-v^2$$

$$\left(\frac{t'}{t}\right)^2=1-\left(\frac{v}{c}\right)^2$$

t＞0、t'＞0、c＞vであるから、

$$\frac{t'}{t}=\sqrt{1-\frac{v^2}{c^2}}$$

よって、

$$t=\frac{1}{\sqrt{1-\frac{v^2}{c^2}}}t' \qquad \cdots [4-3]$$

通常は、トラックの速度vは光速cと比べて非常に小さい (v<<c) ので、この場合は、

$$\frac{v^2}{c^2}=0 \quad \text{より,} \quad \sqrt{1-\frac{v^2}{c^2}}=1$$

と見てよく、このとき［4－3］は$t=t'$となり、日常感覚と同じである。

ところが、トラックの速度vが光速の98％だったとすると、［4－3］において、

$$v=0.98c$$

より、

$$\sqrt{1-\frac{v^2}{c^2}}=\sqrt{1-\frac{(0.98c)^2}{c^2}}=\sqrt{1-0.9604}\fallingdotseq\sqrt{0.04}=0.2$$

よって、

$$t=\frac{1}{0.2}t'=5t'$$

つまり、0.98cで運動するBが１秒過ぎるたびに、Aは５秒過ぎることになる！

6. ローレンツ変換を導く

アインシュタインが設定した２つの原理である光速度不変の原理、相対性原理から、ローレンツ変換を導く。ローレンツは、マイケルソン・モーリーの実験結果を説明するために経験式としてローレンツ変換を導いたが、アインシュタインはそれに物理的な意味を与えたのである。

以下、２つの慣性系（一定速度で動く観測者）K、K'があり、X'軸はX軸に沿って、Y'軸はY軸と平行に相対速度vで動いているとする（空間はx座標の変化だけを考える）。

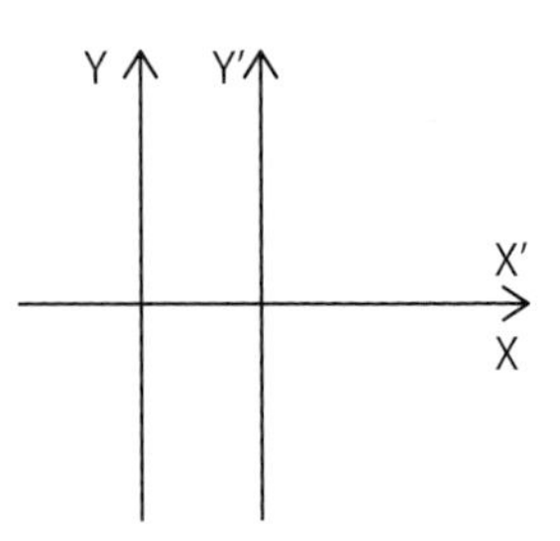

光が発せられた瞬間、KとK'は同じ場所にいたとすると、光速度は一定なので、その後

のt秒後のK、t'秒後のK'の位置はそれぞれ、

$x = ct \Leftrightarrow x - ct = 0$　　･･･［6－1］

$x' = ct' \Leftrightarrow x' - ct' = 0$　　･･･［6－2］

と表される。

［問2］［6－1］、［6－2］を用いて、ガリレイ変換：t'＝t、x'＝x－vt を、光速度不変を満たすように改変したい。このとき、x'、t'への変換式をx、tの１次式としてよい理由は何か。

もし、$x' = x^n$（n≧2）なら、$x = x'^{\frac{1}{n}}$ となって相対性原理を満たさないので、１次式でなければならない。

［6－1］、［6－2］より、λを定数として、

$x' - ct' = \lambda(x - ct)$　　･･･［6－3］

とおくことができ、同時に反対方向を考えると、μを定数として、

$x' + ct' = \mu(x + ct)$　　･･･［6－4］

とおくことができる。

［6－3］＋［6－4］より、

$$x' = \frac{\lambda+\mu}{2}x - \frac{\lambda-\mu}{2}ct$$

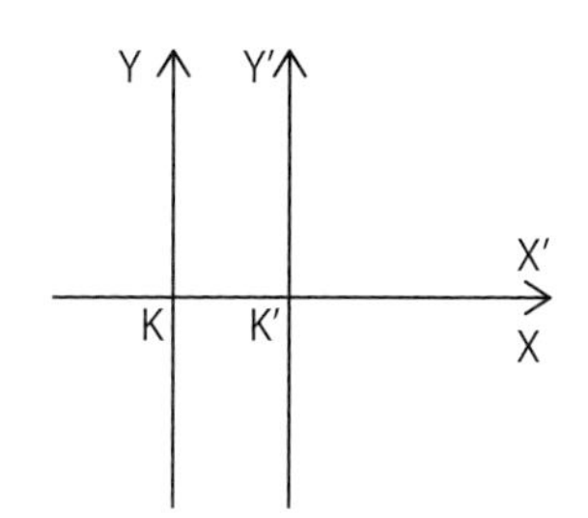

［6－4）－［6－3］より、

$$ct' = \frac{\lambda+\mu}{2}ct - \frac{\lambda-\mu}{2}x$$

となるので、

$$\frac{\lambda+\mu}{2} = a,\quad \frac{\lambda-\mu}{2} = b$$

とおくと、

$x' = ax - bct$　　･･･［6－5］

$ct' = act - bx$　　･･･［6－6］

［6－5］より、x'＝0であれば、

$$x=\frac{bct}{a} \quad \cdots [6-7]$$

x'＝0のとき、Kについては、

x＝vt

であるから、［6－7］より、

$$vt=\frac{bct}{a} \quad \Leftrightarrow \quad v=\frac{bc}{a} \quad \cdots [6-8]$$

次に、Kの視点からは、t＝0のとき、(6－5］より、

$$x'=ax \quad \Leftrightarrow \quad x=\frac{x'}{a} \quad \cdots [6-9]$$

K'の視点からは、t'＝0のとき、［6－6］より、

$$bx=act \quad \cdots [6-10]$$

［6－5］より、

$$t=\frac{ax-x'}{bc}$$

ゆえに、［6－10］に代入して、

$$bx=\frac{ac(ax-x')}{bc} \quad \Leftrightarrow \quad b^2x=a^2x-ax'$$

よって、

$$x'=a\left(1-\frac{b^2}{a^2}\right)x \quad \cdots [6-11]$$

［6－8）より、$\frac{b}{a}=\frac{v}{c}$であるから、［6－11］は、

$$x'=a\left(1-\frac{v^2}{c^2}\right)x \quad \cdots [6-12]$$

となる。

［6－9］は、Kの立場からは、

　K'が「真の」値xを求めるにはx'に$\frac{1}{a}$をかけなければならない

とK'に言うことを示し、逆に［6－12］は、K'の立場からは、

　Kが「真の」値x'を求めるには

　x に$a\left(1-\frac{v^2}{c^2}\right)$をかけなければならない

とKに言うことを示している。

このように、２人の観測者K、K'はそれぞれ自分の測定値が「真の」値だと考えて、相手に補正をするように言う。このときの補正の式は違っているが、その違いは２人が相対運動をしている結果として出てくるものなので、補正の絶対値は等しい。ゆえに、［6－9］、［6－12］より、

$$\frac{1}{a}=a\left(1-\frac{v^2}{c^2}\right) \quad \Leftrightarrow \quad a^2=\frac{1}{1-\frac{v^2}{c^2}}$$

よって、

$$a=\frac{1}{\sqrt{1-\frac{v^2}{c^2}}}$$

これと、［6－8］からのbc＝avを［6－5］に代入して、

$$x'=\frac{1}{\sqrt{1-\frac{v^2}{c^2}}}(x-vt) \qquad \cdots［6－13］$$

（$1>\frac{v^2}{c^2}$より、v＜c、すなわち、vは光速を超えない。）

次に、［6－13］とx＝ct、x'＝ct'より、

$$ct' = \frac{1}{\sqrt{1-\frac{v^2}{c^2}}}(ct-vt)$$

よって、 $t' = \frac{1}{\sqrt{1-\frac{v^2}{c^2}}}\left(t-\frac{vt}{c}\right)$

ここで、$t=\frac{x}{c}$より、

$$t' = \frac{1}{\sqrt{1-\frac{v^2}{c^2}}}\left(t-\frac{v}{c^2}x\right) \quad \cdots [6-14]$$

これで、光速度不変の原理、相対性原理からローレンツ変換が導かれた。

式を簡単にするために、

$$\beta = \frac{x}{c}、\ \gamma = \frac{1}{\sqrt{1-\frac{v^2}{c^2}}} = \frac{1}{\sqrt{1-\beta^2}}$$

とおくと、ローレンツ変換は次のように表される。

$$x' = \gamma(x - c\beta t) \quad \cdots [L1]、\quad t' = \gamma\left(t - \frac{\beta}{c}x\right) \quad \cdots [L2]$$

ローレンツ変換 [L1]、[L2] を、(x', t') から (x, t) に変換する式に書き換える。Kから見てK'が速度vで動くことは、K'から見てKが－vで動くことになるので、[L1]、[L2] において、vを－vに置き換えればよい。

すなわち、次のようになる。

$$x = \gamma (x' + c\beta t') \quad \cdots [R1]、\quad t = \gamma \left(t' + \frac{\beta}{c} x'\right) \quad \cdots [R2]$$

［問3］［L1］、［L2］を実際にx、tについて解くことで、［R1］、［R2］が正しいことを確認せよ。

7. 空間と時間が収縮する

ローレンツ変換により、２つの慣性系（一定速度で動く観測者）の空間と時間の変換が行われることがわかった。ニュートン力学で考えられていた絶対空間・絶対時間は存在せず、慣性系ごとに測定値や時間は違ってくるのである。ここでは、どれだけの違いが現れるのかを考える。

(1) 棒の長さについて

地上で観測する人をA、速度vで飛ぶ飛行機の中の人をBとし、長さl_0の棒を2本用意して1本ずつ地上と飛行機の中において測定する。

■飛行機の中の棒を、地上のAが観測する

Bの棒の左端の座標をx_1'、右端の座標をx_2'とすると、Bが飛行機の中で測った棒の長さは、

$$l_0 = x_2' - x_1'$$

である。

次に、地上のAが飛行機の中の棒を観測する。棒の左端が座標x_1に来たときの時刻をt_1、その同時刻（$t_2 = t_1$）に棒の右端の座標を観測するとx_2であったとすると、Aが観測する棒の長さは、

$$l = x_2 - x_1$$

である。

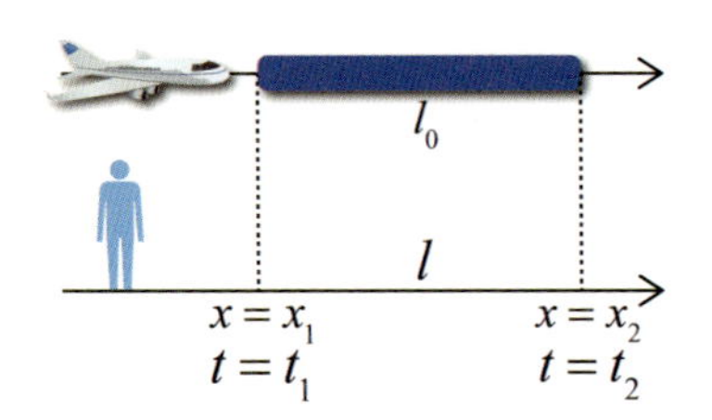

ここで、［L1］より、

$$x_1' = \gamma(x_1 - c\beta t_1) \quad \cdots ①$$

$$x_2' = \gamma(x_2 - c\beta t_2) \quad \cdots ②$$

②－①より、

$$x_2' - x_1' = \gamma\{(x_2 - x_1) - c\beta(t_2 - t_1)\}$$

$t_2 = t_1$、 $l_0 = x_2' - x_1'$、 $l = x_2 - x_1$より、

$$l_0 = \gamma l$$

$\gamma > l$より、

$$l_0 > l$$

よって、速度vで飛ぶ飛行機の中の長さl_0の棒は、地上では縮んで見える！

■地上の棒を、飛行機の中のBが観測する

Aの棒の左端の座標をx_1、右端の座標をx_2とすると、Aが地上で測った棒の長さは、

$$l_0 = x_2 - x_1$$

である。

ここで、飛行機の中のBが地上の棒を観測する。棒の左端が座標x_1'に来たときの時刻をt_1'、その同時刻（$t_2' = t_1'$）に棒の右端の座標を観測するとx_2'であったとすると、Bが観測する棒の長さは、

$$l' = x_2' - x_1'$$

である。

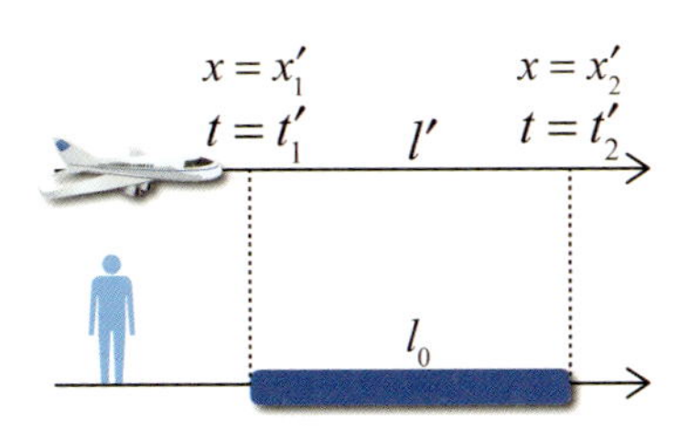

ここで、飛行機の中のBからは、地上のAは速度－vで運動しているように見えるので、[R1] より、

$$x_1 = \gamma (x_1' + c\beta t_1') \qquad \cdots ③$$

$$x_2 = \gamma (x_2' + c\beta t_2') \qquad \cdots ④$$

④－③より、

$$x_2 - x_1 = \gamma \{(x_2' - x_1') + c\beta (t_2' - t_1')\}$$

$t_2' = t_1'$、 $l_0 = x_2 - x_1$、 $l' = x_2' - x_1'$より、

$$l_0 = \gamma l'$$

$\gamma > l$より、

$$l_0 > l'$$

よって、地上の長さl_0の棒は、速度vで飛ぶ飛行機の中では縮んで見える！

ここで、飛行機から見れば地上は速度－vで動いていることになる。以上より、

動く物体は縮んで見える！

(2) 時間について

２つの慣性系K、K'があり、Kに対して相対速度vでK'が動いているとする。Kで時間がt_1からt_2に進んだとき、K'の座標x'における時間がt_1'からt_2'に進んだとすると、[R2] より、

$$t_1 = \gamma \left(t_1' + \frac{\beta}{c} x'\right) \qquad \cdots ⑤$$

$$t_2 = \gamma (t_2' + \frac{\beta}{c} x') \quad \cdots ⑥$$

⑥－⑤より、

$$t_2 - t_1 = \gamma (t_2' - t_1')$$

v≠0のときは、$\gamma > 1$より、

$$t_2 - t_1 > t_2' - t_1'$$

よって、Kの時間経過は、相対速度vで動くK'の時間経過より長い！

つまり、

動いている慣性系では、時間は遅れる！

［問4］ $\beta = \frac{v}{c} = 0.5$のとき、Kで10年が経過したときには、K'では何年が経過するか。

逆に、K'を基準にして考える。Kの座標xにおける時間がt_1からt_2に進んだとき、K'の時間がt_1'からt_2'に進んだとすると、［L2］より、

$$t_1' = \gamma (t_1 - \frac{\beta}{c} x) \quad \cdots ⑦$$

$$t_2' = \gamma (t_2 - \frac{\beta}{c} x) \quad \cdots ⑧$$

⑧－⑦より、

$$t_2' - t_1' = \gamma (t_2 - t_1)$$

v≠0のときは、$\gamma > 1$より、

$$t_2' - t_1' > t_2 - t_1$$

よって、K'の時間経過は、相対速度－vで動くKの時間経過より長い！

つまり、

動いている慣性系では、時間は遅れる！

［問5］ 以上から、慣性系KからK'を見るとK'の時間が遅れ、K'からKを見ると Kの時間が遅れることになる。これは矛盾しているのではないか？一体、どちらの時間が遅れるのか？

［問6］ ＊双子がいて、兄が光速に近い超高速の宇宙船で宇宙に飛び立ち、弟は地球に残ったとする。相対的に若くなるのは、兄か弟か？

［問7］ ＊兄が宇宙に飛び立ったままでは、どちらが若くなるかはわからないので、兄はあるときに方向転換して地球に戻ってきた。相対的に若くなるのは、兄か弟か？

＊は、ミンコフスキー空間の知識が必要で難しい。

⑶ 時間の遅れの証拠

ローレンツ変換から、「動いている慣性系では時間が遅れる」ことを導いた。物理学では、その理論が正しいかどうかは、実験結果を明確に説明できるかどうかで判断する。その説明は、言葉による定性的な説明ではなく、実験による測定データと理論による計算結果がピタリと一致する定量的な説明でなければならない。［問5］～［問7］をぱっと見ると、時間の遅れは矛盾を含んでいて、この理論は本当に正しいのかと疑ってしまう。

その疑いを晴らしたのが、宇宙線の観測結果である。宇宙線は、太陽の表面の爆発などで発生した高速度の粒子であり、次の２種類がある。

１次宇宙線：約90％が陽子、10％弱がアルファ粒子（ヘリウムの原子核）

２次宇宙線：１次宇宙線が地球の大気圏の原子と衝突し発生する、中間子やミュー粒子

この中のミュー粒子は、1cm^{2}当たり１分間に１個の割合で地表ま

で到達する。観測結果によると、ミュー粒子は2.2 μs（マイクロ秒＝10^{-6}s）で崩壊して、別の粒子に変わることがわかった。したがって、光速の99.5％の速度（0.995c km/s）で地上6kmから降り注ぐミュー粒子は、単純には、

30万km/s × 0.995 × 2.2 μs ＝ 0.6567km・・・（*）

しか進むことができない。これでは、地上6kmから地表まで到達できない！

［問8］（*）の計算は、古典力学における計算である。**特殊相対性理論による時間の遅れを考慮した計算を行い、ミュー粒子が地表に到達できることを示せ。**

8. 4次元時空【発展】

ローレンツ変換

$$x' = \gamma (x - c\beta t) \quad \cdots [L1]$$

$$t' = \gamma (t - \frac{\beta}{c} x) \quad \cdots [L2]$$

を見ると、x'、t'ともにxとtの両方に依存していることがわかる。つまり、空間と時間は独立したものではなく、この２つの間には密接な結び付きが存在するのである。

そこで、1908年にドイツの数学者ミンコフスキー（1864～1909）は、空間と時間を統一的に扱うこと、すなわち、３次元の空間と１次元の時間を一体化した４次元時空で相対性理論を考えることを提唱した。すべての事象は場所と時間で指定されるので、x、y、z、tの４変数が必要なのである。私たちは、４次元世界（４次元空間ではない！）に住んでいるのだ。

ここで、[L1]、[L2] の逆変換

$$x = \gamma (x' + c\beta t') \quad \cdots [R1]$$

$$t = \gamma (t' - \frac{\beta}{c} x') \quad \cdots [R2]$$

を見ると、ある式に似ていることに気づく。

直交するX軸、Y軸で定まる座標平面を、原点を中心にθだけ回転した座標平面の軸をX'軸、Y'軸とする。ある点のXY座標を（x, y）、X'Y'座標を（x', y'）とすると、

$$\begin{cases} x = x'\cos\theta - y'\sin\theta \\ y = x'\sin\theta + y'\cos\theta \end{cases} \quad \cdots [8-1]$$

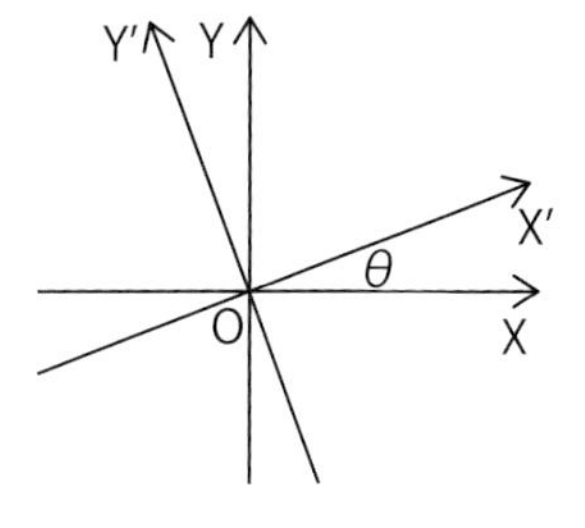

となる。

[問9] [8－1] を証明せよ。

[R1]、[R2] より、

$$\begin{cases} x = \gamma x' + c\beta\gamma t' \\ t = \dfrac{\beta\gamma}{c} x' + \gamma t' \end{cases} \quad \cdots [8-2]$$

ここで、ミンコフスキーは、

$$t = \frac{i}{c}\tau,\ t' = \frac{i}{c}\tau' \quad (i = \sqrt{-1}) \quad \cdots (☆)$$

と置き換えた。すると [8－2] は、

$$\begin{cases} x = \gamma x' - (-i\beta\gamma)\tau' \\ \tau = (-i\beta\gamma)x' + \gamma\tau' \end{cases} \quad \cdots [8-3]$$

となる。 $\gamma = \frac{1}{\sqrt{1-\beta^2}}$ であるから

$$\gamma^2 + (-i\beta\gamma)^2 = \gamma^2(1-\beta^2) = 1$$

より、

$$\gamma = \cos\theta、-i\beta\gamma = \sin\theta \qquad \cdots [8-4]$$

とおける。ただし、$\gamma > 1$より、θは虚数の角度である。

よって、[8−3] は、

$$\begin{cases} x = x'\cos\theta - \tau'\sin\theta \\ \tau = x'\sin\theta + \tau'\cos\theta \end{cases} \qquad \cdots [8-5]$$

となる。

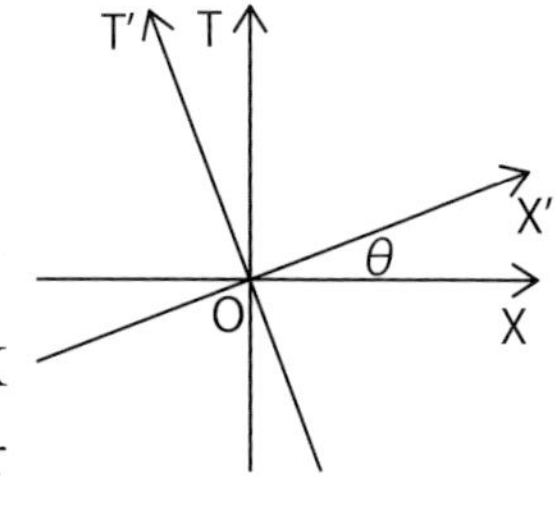

したがって、

慣性系K：(x, y, z, τ)

慣性系K'：(x', y', z', τ')

とすると、KをK'に座標変換することは、Kの座標系XTを原点を動かさずにθ回転させた座標系X'T'を考えることになる。つまり、

ローレンツ変換は回転変換である！

このとき、[8−4] より、

$$\tan\theta = -i\beta = -i\cdot\frac{v}{c} \qquad \cdots [8-6]$$

よって、回転角θは相対速度vに依存して決まる。

［研究］ 虚数の角度を持つ [8−5] を、違う方法で導く。

[8−3] において、

$$\gamma^2 - (-\beta\gamma)^2 = \gamma^2(1-\beta^2) = 1$$

より、次のように定義される双曲線関数

$$\cosh\phi = \frac{e^{\phi} + e^{-\phi}}{2} \quad (ハイパボリックコサイン)$$

$$\sinh\phi = \frac{e^{\phi} - e^{-\phi}}{2} \quad (ハイパボリックサイン)$$

（eは自然対数の底で、e＝2.71828･･･）

を用いて、

$\gamma=\cosh\phi$、$-\beta\gamma=\sinh\phi$　　　･･･［8－7］

とおける。

［問10］ $\cosh^2\phi-\sinh^2\phi=1$を証明せよ。

ここで、関数f(x)を冪関数x^n（n＝0, 1, 2, 3, ･･･）で表すことを考える。

$$f(x)=a_0+a_1x+a_2x^2+a_3x^3+a_4x^4+a_5x^5+\cdots+a_nx^n+\cdots$$

･･･［8－8］

とおく。a_n（n＝0, 1, 2, 3, ･･･）を求めればよいので、(*) は無限個の和だけれど気にしないで微分する。

$$\frac{d}{dx}x^n=nx^{n-1}$$

であるから、

$$f'(x)=1\cdot a_1+2a_2x^1+3a_3x^2+4a_4x^3+5a_5x^4+\cdots+na_nx^{n-1}+\cdots$$

$$f''(x)=2\cdot1\cdot a_2+3\cdot2a_3x^1+4\cdot3a_4x^2+5\cdot4a_5x^3+\cdots+n(n-1)a_nx^{n-2}+\cdots$$

$$f'''(x)=3\cdot2\cdot1\cdot a_3+4\cdot3\cdot2a_4x^1+5\cdot4\cdot3a_5x^2+\cdots+n(n-1)(n-2)a_nx^{n-3}+\cdots\cdots$$

$$f^{(4)}(x)=4\cdot3\cdot2\cdot1\cdot a_4+5\cdot4\cdot3\cdot2a_5x^1+\cdots+n(n-1)(n-2)(n-3)a_nx^{n-4}+\cdots\cdots$$

$$f^{(5)}(x)=5\cdot4\cdot3\cdot2\cdot1\cdot a_5+\cdots+n(n-1)(n-2)(n-3)(n-4)a_nx^{n-3}+\cdots$$

･････････

これらの式に、x＝0を代入すると、

$f(0)=a_0$　　$f'(0)=1\cdot a_1$　　$f''(0)=2\cdot1\cdot a_2$

$f'''(0)=3\cdot2\cdot1\cdot a_3$　　$f^{(4)}(0)=4\cdot3\cdot2\cdot1\cdot a_4$　　$f^{(5)}(0)=5\cdot4\cdot3\cdot2\cdot1\cdot a_5$

･････････

よって、

$$a_0 = f(0) \qquad a_1 = \frac{f'(0)}{1!} \qquad a_2 = \frac{f''(0)}{2!}$$

$$a_3 = \frac{f'''(0)}{3!} \qquad a_4 = \frac{f^{(4)}(0)}{4!} \qquad a_5 = \frac{f^{(5)}(0)}{5!}$$

………

ゆえに、一般に、

$$a_k = \frac{f^{(k)}(0)}{k!} \quad (k = 0, 1, 2, 3, \cdots)$$

よって、[8−8] は

$$f(x) = f(0) + \frac{f'(0)}{1!}x + \frac{f''(0)}{2!}x^2 + \frac{f'''(0)}{3!}x^3 + \frac{f^{(4)}(0)}{4!}x^4 + \frac{f^{(5)}(0)}{5!}x^5 + \cdots + \frac{f^{(n)}(0)}{n!}x^n + \cdots \quad (M)$$

となる。この展開式を、f(x)のマクローリン展開という。

種々の関数のマクローリン展開は、次のようになる。ただし、( ) 内は収束範囲を表す。

$$\sin x = x - \frac{x^3}{3!} + \frac{x^5}{5!} - \frac{x^7}{7!} + \frac{x^9}{9!} - \cdots\cdots \quad (-\infty < x < \infty)$$

$$\cos x = 1 - \frac{x^2}{2!} + \frac{x^4}{4!} - \frac{x^6}{6!} + \frac{x^8}{8!} - \cdots\cdots \quad (-\infty < x < \infty)$$

$$e^x = 1 + \frac{x}{1!} + \frac{x^2}{2!} + \frac{x^3}{3!} + \frac{x^4}{4!} + \frac{x^5}{5!} + \frac{x^6}{6!} + \frac{x^7}{7!} + \frac{x^8}{8!} + \cdots\cdots \quad (-\infty < x < \infty)$$

$$\log(1+x) = x - \frac{x^2}{2} + \frac{x^3}{3} - \frac{x^4}{4} + \frac{x^5}{5} - \frac{x^6}{6} + \cdots\cdots \quad (-1 < x < 1)$$

これらのマクローリン展開のグラフを描くと、次の図のようになる。

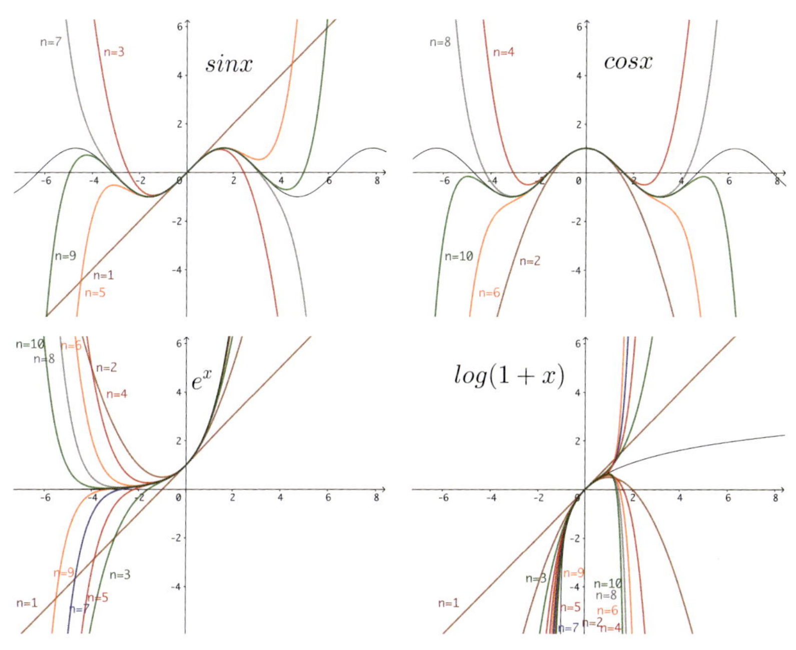

このように、三角関数や指数関数、対数関数が冪級数で表せるのだ！

さて、スイスの天才数学者**オイラー**（1707～1783）は計算が大好きであり、いろいろな素晴らしい結果を得ている。

例えば、e^xのマクローリン展開

$$e^x = 1 + \frac{x}{1!} + \frac{x^2}{2!} + \frac{x^3}{3!} + \frac{x^4}{4!} + \frac{x^5}{5!} + \frac{x^6}{6!} + \frac{x^7}{7!} + \frac{x^8}{8!} + \cdots\cdots \quad (-\infty < x < \infty) \quad (☆)$$

において、天才オイラーは素晴らしい直観で（☆）のxにix（$i = \sqrt{-1}$）を代入した！　すると、

$$e^{ix} = 1 + \frac{(ix)}{1!} + \frac{(ix)^2}{2!} + \frac{(ix)^3}{3!} + \frac{(ix)^4}{4!} + \frac{(ix)^5}{5!} + \frac{(ix)^6}{6!} + \frac{(ix)^7}{7!} + \frac{(ix)^8}{8!} + \cdots\cdots$$

$$= \left(1 - \frac{x^2}{2!} + \frac{x^4}{4!} - \frac{x^6}{6!} + \frac{x^8}{8!} - \cdots\cdots\right) + i\left(x - \frac{x^3}{3!} + \frac{x^5}{5!} - \frac{x^7}{7!} + \frac{x^9}{9!} - \cdots\cdots\right)$$

$=\cos x+i\sin x$

よって、次のオイラーの公式が得られる。

$$e^{ix}=\cos x+i\sin x \qquad \cdots[\mathrm{E}]$$

なんと、複素数の世界では、指数関数と三角関数が結びつく！

[E] において、x＝ϕ、－ϕとすると、

$$e^{i\phi}=\cos\phi+i\sin\phi,\quad e^{-i\phi}=\cos\phi-i\sin\phi$$

よって、複素数の世界では、次のように三角関数が指数関数で表される。

$$\cos\phi=\frac{e^{i\phi}+e^{-i\phi}}{2},\quad \sin\phi=\frac{e^{i\phi}-e^{-i\phi}}{2i} \qquad \cdots[8-9]$$

ゆえに、[8－7] より、

$$\gamma=\cosh\phi=\frac{e^{-i(i\phi)}+e^{i(i\phi)}}{2}=\cos(i\phi)$$

$$-i\beta\gamma=i\sinh\phi=i\cdot\frac{e^{-i(i\phi)}-e^{i(i\phi)}}{2}=\frac{e^{i(i\phi)}-e^{-i(i\phi)}}{2i}=\sin(i\phi)$$

よって、[8－3] は、

$$\begin{cases} x=x'\cos(i\phi)-\tau'\sin(i\phi) \\ \tau=x'\sin(i\phi)+\tau'\cos(i\phi) \end{cases} \qquad \cdots[8-9]$$

となり、ローレンツ変換は座標回転として表せる。ただし、回転角は虚数の角 である（虚数の角はイメージするのは難しいが･･･）。

9. 相対性理論における速度の合成【発展】

古典物理学におけるガリレイ変換では、速度の合成は簡単で、例えば、50km/hで動いている電車の中を2km/hで歩く人の地面に対する相対速度は、

$50\mathrm{km/h}+2\mathrm{km/h}=52\mathrm{km/h}$

と単純に２つの速度 V_1とV_2をたして、V_1+V_2とすればよい。

ところが、速度が光速に近づくと、ガリレイ変換ではおかしなことになる。例えば、

$V_1=0.5c$、$V_2=0.8c$とすると、$V_1+V_2=1.3c$

となって、光速度cを超えてしまう。

そこで、ローレンツ変換を用いて相対性理論における速度の合成を考える。

慣性系K_0に対してx軸の正の方向に速度V_1で動く慣性系K_1があり、K_1に対してx軸の正の方向に速度V_2で動く慣性系K_2があるとする。このとき、K_2のK_0に対する相対速度を、ローレンツ変換を用いて求めるには、ローレンツ変換を２回行えばよい。ここで、ローレンツ変換は座標回転として表せたことを利用する。

合成する速度を$\frac{V_1}{c}$、$\frac{V_2}{c}$とすると、それぞれの回転角との関係は、[8−6] より、

$$\tan\theta_1=-i\cdot\frac{V_1}{c},\ \tan\theta_2=-i\cdot\frac{V_2}{c}\qquad(\theta_1、\theta_2\text{は虚数の角度})$$

２回の座標回転を行うので、角度$\theta_1+\theta_2$に対応する速度vを求めればよい。

$$\tan(\theta_1+\theta_2)=\frac{\tan\theta_1+\tan\theta_2}{1-\tan\theta_1\tan\theta_2}=\frac{-i\left(\frac{V_1}{c}+\frac{V_2}{c}\right)}{1+\frac{V_1}{c}\cdot\frac{V_2}{c}}=-\frac{i}{c}\cdot\frac{V_1+V_2}{1+\frac{V_1V_2}{c^2}}$$

よって、$\frac{V_1}{c}$、$\frac{V_2}{c}$の合成速度vは、

$$v=\frac{V_1+V_2}{1+\frac{V_1V_2}{c^2}}\qquad\cdots[9-1]$$

となる。特に、$V_1=V_2=V$のときは、合成速度は、

$$v = \frac{2V}{1+\frac{V^2}{c^2}} \quad \cdots [9-2]$$

である。

［問11］ ［9－2］において、Vを限りなく光速度cに近づけると、vはどのような速度に近づくか。また、合成速度 vは光速度 cを超えないことを証明せよ。

10. 相対性理論における保存則【発展】

［8－5］より、

$$\begin{cases} x = x'\cos\theta - \tau'\sin\theta \\ \tau = x'\sin\theta + \tau'\cos\theta \end{cases} \quad \cdots [8-5]$$

であるから、

$$x^2 = x'^2\cos^2\theta - 2x'\tau'\sin\theta\cos\theta + \tau'^2\sin^2\theta$$

$$\tau^2 = x'^2\sin^2\theta + 2x'\tau'\sin\theta\cos\theta + \tau'^2\cos^2\theta$$

よって、

$$x^2 + \tau^2 = x'^2 + \tau'^2$$

これと、$y^2 = y'^2$、$z^2 = z'^2$より、

$$x^2 + y^2 + z^2 + \tau^2 = x'^2 + y'^2 + z'^2 + \tau'^2 \quad \cdots [10-1]$$

ここで、2次元ユークリッド平面や、3次元ユークリッド空間における距離の拡張として、

$x^2 + y^2 + z^2 + \tau^2$：4次元世界における2つの事象の「間隔」または「世界距離」

と定義すると、［10－1］は、2つの事象の「間隔」は、慣性系K、K'のどちらで観測しても変わらないことを意味している。

すなわち、2つの慣性系K、K'では、長さや時間の測定結果は一致しないが、物理法則の記述や2つの事象の「間隔」は一致するのであ

る。言い換えると、

　　　長さや時間は不変量ではないが、

　　　２つの事象の「間隔」は不変量

となる。

　ニュートン力学では、

　質量保存の法則、運動量保存の法則、エネルギー保存の法則などの重要な保存則が成立していた。そこで、それらに対応する相対性理論における保存則を考える。つまり、保存則を４次元時空に拡張するのである。

(1) 運動量保存の法則

　２つの慣性系K、K'があり、K'はKに対して速度－Vでx軸の負の方向に動いているとする。２つの質量mの球ABを考え、KにおいてAは速度Vで、Bは速度－Vで動くのが観測され、衝突後は合体して静止したとする。

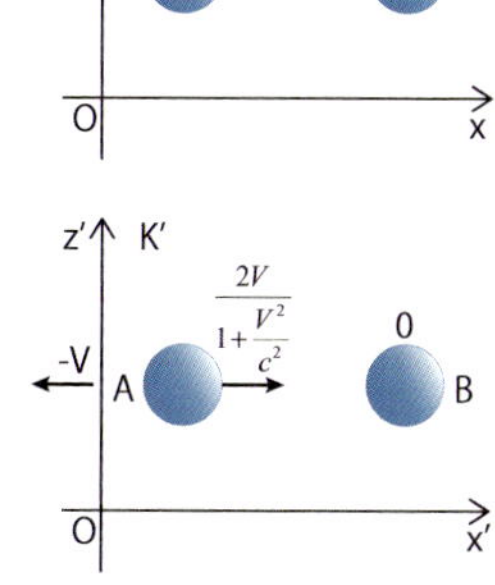

　Kにおいて運動量保存の法則を適用すると、

　　　（運動量）＝（質量）×（速度）

より、

$$mV + m(-V) = 0$$

となる。

　次に、K'から観測する。衝突前のK'におけるAの速度は、速度の合成の公式［9－2］より、

$$\frac{2V}{1+\frac{V^2}{c^2}}$$

である。一方で、Bの速度は明らかに０である。よって、衝突前の運

動量の合計は、

$$m\times\frac{2V}{1+\frac{V^2}{c^2}}+m\times 0=\frac{2mV}{1+\frac{V^2}{c^2}} \quad \cdots [10-2]$$

また、衝突後に合体したAとBの速度は、K'から見たKの相対速度なのでVである。よって、衝突後の運動量は、

$$2m\times V=2mV \quad \cdots [10-3]$$

したがって、K'から見た運動量保存の法則を書くとすれば、[10－2]、[10－3] より、

$$\frac{2mV}{1+\frac{V^2}{c^2}}=2mV$$

となるが、これは成立しない！つまり、ニュートン力学の運動量保存の法則は成り立たなくなった。これでは困るので、修正を行う。

速度について相対性理論における考えを取り入れていることは、[10－2] からわかる。ところが、運動量の要素の１つである質量には、相対性理論による修正は行われていない。つまり、

物理の基本単位であるMKS(CGS)のうち、K(G)は手つかずであった。これが、運動量保存の法則が成り立たなくなった理由だろう。

そこで、絶対時間・絶対空間が存在しないのと同じく、質量について、

ある慣性系で測定した物体の速度vに依存して、
質量は変化する

と考える。つまり、質量は定数mではなく、物体の速度vの関数m(v)であると仮定する。

K'におけるAの速度を、

$$v = \frac{2V}{1+\frac{V^2}{c^2}} \qquad \cdots [10-4]$$

とおくと、K'における衝突前の質量は、

$$m(v) + m(0)$$

であり、衝突後の質量も速度に依存するので、それをM（V）とおくと、

$$m(v) + m(0) = M(V) \qquad \cdots [10-5]$$

となる。これが、相対性理論における質量保存の法則となる。

すると、[10－2]、[10－3] は、

$$m(v) \times \frac{2V}{1+\frac{V^2}{c^2}} + m(0) \times 0 = M(V) \times V \qquad \cdots [10-6]$$

と修正される。これが、相対性理論における運動量保存の法則となる。

[10－5] を [10－6] に代入して、

$$\frac{2m(v)V}{1+\frac{V^2}{c^2}} = \{m(v) + m(0)\}V$$

$$m(v)\left(1-\frac{V^2}{c^2}\right) = m(0)\left(1+\frac{V^2}{c^2}\right)$$

よって、

$$m(v) = \frac{1+\frac{V^2}{c^2}}{1-\frac{V^2}{c^2}}\, m(0) \qquad \cdots [10-7]$$

ここで、$\gamma = \frac{1}{\sqrt{1-\frac{v^2}{c^2}}}$を用いて書き直すために、[10－4] より、

$$1-\left(\frac{v}{c}\right)^2=1-\left(\frac{\frac{2V}{c}}{1+\frac{V^2}{c^2}}\right)^2 \qquad \cdots[10-8]$$

$1-\left(\frac{v}{c}\right)^2=\frac{1}{\gamma^2}$ であるから、[10−8] より、

$$\frac{1}{\gamma^2}=\frac{\left(1+\frac{V^2}{c^2}\right)^2-4\left(\frac{V}{c}\right)^2}{\left(1+\frac{V^2}{c^2}\right)^2}=\frac{\left(1-\frac{V^2}{c^2}\right)^2}{\left(1+\frac{V^2}{c^2}\right)^2}$$

$\gamma>0$ より、

$$\gamma=\frac{1+\frac{V^2}{c^2}}{1-\frac{V^2}{c^2}} \qquad \cdots[10-9]$$

[10−7]、[10−9] より、

$$\mathrm{m(v)}=\gamma\,\mathrm{m(0)}=\frac{1}{\sqrt{1-\frac{v^2}{c^2}}}\,\mathrm{m(0)} \qquad \cdots[10-10]$$

[10−10] のm (v) が、運動量保存の法則を満たす質量となる。m(0)は速度が0のときの質量だから、静止質量と呼び、$\mathrm{m_0}$で表す。

以上より、相対性理論における運動量pは、

$$\mathrm{p}=\mathrm{m(v)v}=\gamma\,\mathrm{m_0v}=\frac{1}{\sqrt{1-\frac{v^2}{c^2}}}\,\mathrm{m_0v} \qquad \cdots[10-11]$$

と定義すればよく、これで運動量保存の法則が成立することになる。

［問12］　［10－10］より、速度vのときの質量m(v)と静止質量m_0の大小関係を調べよ。また、速度ｖが限りなく光速度ｃに近づくとき、質量m(v)はどのようになるか調べよ。

［問13］　［10－11］より、速度ｖが光速度ｃに比べて非常に小さいとき(v<<c)、運動量ｐはどうなるか。

(2) 相対性理論における力

※これ以降は、微積分の知識と計算力が必要である。

　ニュートン力学においては、力をF、質量をm、速度をv、加速度をα、運動量をpとすると、

$$F=m\alpha, \quad \alpha=\frac{dv}{dt}, \quad p=mv$$

であるから、

$$\frac{dp}{dt}=m\frac{dv}{dt}=m\alpha=F$$

　すなわち、

$$F=\frac{dp}{dt} \qquad \cdots [10-12]$$

であった。これを相対性理論における力に拡張するために、［10－12］に［10－11］を代入する。

$$F=\frac{dp}{dt}=\frac{d}{dt}\frac{m_0 v(t)}{\sqrt{1-\frac{v^2(t)}{c^2}}} \qquad \cdots [10-13]$$

　ここで、v(t)<<cのときは、［10－13］は、ニュートン力学の力と一致する。

簡単のためにv(t)＝ｖと書いて、［10－13］の右辺を計算する。

$$F=\frac{m_0}{\sqrt{1-\frac{v^2}{c^2}}}\cdot\frac{dv}{dt}+m_0v\frac{d}{dt}\frac{1}{\sqrt{1-\frac{v^2}{c^2}}}$$

$$=\frac{m_0}{\sqrt{1-\frac{v^2}{c^2}}}\cdot\frac{dv}{dt}+m_0v\left\{-\frac{1}{2}\left(1-\frac{v^2}{c^2}\right)^{-\frac{3}{2}}\cdot\left(-\frac{2v}{c^2}\right)\cdot\frac{dv}{dt}\right\}$$

$$=\frac{m_0}{\sqrt{1-\frac{v^2}{c^2}}}\cdot\frac{dv}{dt}+m_0v\cdot\frac{v}{c^2}\cdot\frac{1}{\sqrt{1-\frac{v^2}{c^2}}\left(1-\frac{v^2}{c^2}\right)}\cdot\frac{dv}{dt}\qquad\cdots[10-14]$$

ここで、上の計算より、

$$\frac{d}{dt}\frac{1}{\sqrt{1-\frac{v^2}{c^2}}}=\frac{v}{c^2}\cdot\frac{1}{\sqrt{1-\frac{v^2}{c^2}}\left(1-\frac{v^2}{c^2}\right)}\cdot\frac{dv}{dt}\qquad\cdots[10-15]$$

よって、

$$\frac{1}{\sqrt{1-\frac{v^2}{c^2}}}\cdot\frac{dv}{dt}=\frac{c^2}{v}\left(1-\frac{v^2}{c^2}\right)\cdot\frac{d}{dt}\frac{1}{\sqrt{1-\frac{v^2}{c^2}}}\qquad\cdots[10-16]$$

[10−14] の第１項に [10−16]、第２項に [10−15] を代入すると、

$$F=\frac{m_0c^2}{v}\left(1-\frac{v^2}{c^2}\right)\cdot\frac{d}{dt}\frac{1}{\sqrt{1-\frac{v^2}{c^2}}}+m_0v\cdot\frac{d}{dt}\frac{1}{\sqrt{1-\frac{v^2}{c^2}}}$$

$$=\left\{\frac{m_0c^2}{v}\left(1-\frac{v^2}{c^2}\right)+m_0v\right\}\cdot\frac{d}{dt}\frac{1}{\sqrt{1-\frac{v^2}{c^2}}}$$

$$=\frac{m_0c^2}{v}\cdot\frac{d}{dt}\frac{1}{\sqrt{1-\frac{v^2}{c^2}}}$$

よって、

$$F = \frac{1}{v(t)} \cdot \frac{d}{dt} \frac{m_0 c^2}{\sqrt{1-\frac{v^2(t)}{c^2}}} \quad \cdots [10-17]$$

これが、相対性理論における力である。

11. E＝mc²

次に、相対性理論におけるエネルギーはどのように書けるかを考える。

ニュートン力学における力をF、エネルギーをE、力Fで物体をxだけ動かしたときの仕事をWとすると、WはEと等価なので、

$$W = Fx \quad \Leftrightarrow \quad E = Fx$$

よって、

$$\frac{dE}{dt} = \frac{dF}{dt} \cdot x + F \cdot \frac{dx}{dt} = \frac{dF}{dt} \cdot x + Fv$$

ここで、Fが一定なら$\frac{dF}{dt}=0$より、

$$\frac{dE}{dt} = Fv \quad \cdots [11-1]$$

したがって、相対性理論におけるエネルギーEの時間変化は、［11－1］に［10－17］を代入して得られる。すなわち、

$$\frac{dE}{dt} = Fv(t) = \frac{d}{dt} \frac{m_0 c^2}{\sqrt{1-\frac{v^2(t)}{c^2}}}$$

よって、微分されている部分を比較し、［10－10］も考慮すると、Eは次のように表される。

$$E = \frac{m_0 c^2}{\sqrt{1-\frac{v^2(t)}{c^2}}} = m(v)c^2 \qquad \cdots [11-2]$$

これが、相対性理論におけるエネルギーEである。

[11－2] を簡潔に書くと、

$$E = mc^2 \qquad \cdots [11-3]$$

↑エネルギーと質量は同じ１つの存在である!!

となり、有名なアインシュタインのエネルギー公式が得られた！

ここで、x<<1のときの近似公式

$$\frac{1}{\sqrt{1-x}} = (1-x)^{-\frac{1}{2}} \fallingdotseq 1 + \frac{1}{2}x$$

を利用すると、$\frac{v^2(t)}{c^2} << 1$であるから、[11－2] より、

$$E = \frac{m_0 c^2}{\sqrt{1-\frac{v^2(t)}{c^2}}} \fallingdotseq m_0 c^2\left(1 + \frac{1}{2}\cdot\frac{v^2(t)}{c^2}\right) \qquad \cdots [11-4]$$

となる。

[11－4] の第２項は、ニュートン力学における運動エネルギーと同じである。

第１項は、v(t)＝0のとき、すなわち運動していないときも物体が持っているエネルギーで、ポテンシャルエネルギー（静止エネルギー）という。

[問14]　[11－3]を利用して、１gの物質が持つエネルギーをジュールJ(kgm^2/s^2) に換算せよ。

［問15］　1gの物質が持つエネルギーを、100万kWの発電所が生み出そうとすれば、どれくらいの時間が必要か。
ただし、1kW×1s＝1Jである。

3-4　見えない力の効果的な利用
～無重力状態の動画から始まる慣性力の概念形成～

1.「無重力」の持つ魅力

「力は目に見えない。だから苦手。」

このような悩みを持つ生徒は多い。中でも、女子生徒の中での力学概念への苦手意識は大変顕著であり、「目に見えない力の作用をなぜ考えなくてはいけないのか？」という問いかけを聞くことも少なくない。このような生徒に対して、何かおもしろいアプローチの方法が無いだろうか？この章で紹介する指導内容は、そのような動機から生まれたものである。

力そのものを「目に見える」と感じることは難しい。しかし、「体感できる」という点で力は大変優れており、その効果は物体の「動き」に影響して現れる。中でも、無重力状態は、「あるべきはずの重力が存在しないかのように感じる」こと、そして何よりも、眺めているだけで「不思議だなぁ」と感じられる点において、人々を魅了するトピックであると考える。この章では、無重力空間の持つ「不思議さ」を切り口とした力の学習方法について例示する。（なお、本来、いかなる空間においても重力は存在するため、その効果が打ち消されたとしても重力が無くなるわけではない。よって、「無重力空間」ではなく、「無重量空間」と呼ぶことが本質的には正しい印象であるが、本章では、混乱を避けるために一般的な呼称である「無重力空間」を採用する。）

2. ロックバンドのプロモーションビデオと映画「アポロ13」

図1 「OK Go」のPV

「OK Go」は、アメリカのロックバンドである。彼らは自身の音楽のプロモーションビデオ（以下PV）を特殊な手法で撮影することで知られている。今回は、彼らの楽曲の中から、無重力シーンを含む“Upside Down & Inside Out”を扱う。右図のような「無重力シーン」を含むこのPVを生徒に見せ、以下のような問いかけを行う。

［問1］ このPVは、どうやって撮影されているのだろうか？

このPVは、ロシアS7の協力のもと、放物線飛行する航空機に乗って撮影されている。飛行機が45度の角度で3万2000フィート上空まで上昇した後、数千フィート急降下すると、乗客は降下のたびに25秒前後の無重力状態を体験できる。これは、「嘔吐彗星」（Vomit Comet）とも呼ばれる米航空宇宙局（NASA）の無重力訓練用の航空機で用いられるのと同じ飛行技術になっている（この名称は、不慣れな搭乗者が乗り物酔いによる吐き気をもよおすことが多いことからつけられた）。今回の撮影では、各飛行で８回以上この飛行技術が繰り返された。OK Goは最終撮影前に３週間にわたってロシア連邦宇宙局（コスモス）で訓練を受け、その間に放物線飛行21回を経験している。以下のリンク先から、その撮影秘話（１つのシーンを撮影するために飛行が繰り返されている様子）が伺える。

リンク先：https://wired.jp/2016/02/15/weightless-music-video/
タイトル：OK Go- “Upside Down & Inside Out” Behind-The-Scenes Video

問１の投げかけは、1995年に公開された映画「アポロ13」を利用して展開することも可能である。この映画は1995年に公開されたアメリカ映画であり、物語の中盤で宇宙船内から地球との船内通信が行われる場面がある。この場面では、私たちが現実の世界で見るスペースシャトルの打ち上げに伴ってテレビで目にする、無重力状態での様々な現象が確認できる。宙に浮いた分厚い本や、空間に浮いた人間の様子が映し出される中で、「この映画はどのように撮影したのだろうか？その考えが正しいことをどのように示せばよいだろうか？」という問いかけを行う。この映画においてもOK GoのPVとよく似た撮影手法が使われている。その手法は、飛行機がある高度までエンジンの動力を使って上昇し、その高度で斜方投射の軌道を作るべく、斜め上方向の初速度で進み出すというものである。飛行機が斜方投射の軌道に入ったその瞬間にエンジンを切り、もとの高さに戻ってくるまでの間の上昇と落下の間に無重力状態を作り出し、その飛行を数百回繰り返すことで一定の長さの動画を作成している。実際には600回もの飛行を繰り返して撮影が行われているというので、驚きである。

図2　実際の撮影方法

筆者が実際の授業で先ほどの問いかけを行ったとき、生徒が考える撮影方法のアイデアには、様々なバリエーションがあった。最初から「落下」というアイデアにたどり着く生徒もいるが、「水中で撮影する」、「見えない糸で吊るして撮影する」、「スローモーション撮影をする」、「頑張って宇宙に行って撮影する」など、多様な考えを巡らせる。また、「落下によって無重力状態が作り出せる」と提案した生徒においても、「その考えが正しいことを実験的に、さらには論理的に示す」ということを提示すると、高い思考力を要するため、課題研究のテーマの１つとしておもしろい。（実際の授業で用いたワークシートを後方に提示する。最初は各班に自由にアイデアを考えさせ、それをクラス全体でシェアしながら、生徒同士で質問や指摘を行わせると、アイデアが精選され、その後の実験が行いやすい印象であった。）

3. 無重力状態を教室の中で作り出す

授業展開の次段階として、落下に着目した無重力状態の実現がある。

［問2］**問１で考えた撮影方法が正しいことを示すには、どんな実験を提示すればよいだろうか？**

学校の中で実際に飛行機を飛ばすことは難しいが、無重力状態を再現するアイデアとして、以下のような方法が可能である。実験１～実験３は実際に生徒から提案されたアイデアである。

【実験1】ペットボトル内に重さの異なる２つのボールを入れ、ペットボトルの側面にスマートフォンを貼りつけて動画撮影モードのまま自由落下させる。一方、別のスマートフォンを用いて、地表から同様の現象を撮影する。
【結果】　撮影した動画をスロー再生すると、前者には２つのボールがペットボトル内で浮き上がっている様子が映し出される。後者には自由落下してきたペットボトルが映し出され、落下しているペットボトル内では２つのボールが浮き上がっている様子が確認される。

【実験2】透明のアクリルBOXに重さの異なるボールを入れ、BOX を密閉する。そのBOXを2人組で放物線軌道を描きながら投げ、キャッチしあう様子を第三者が動画撮影する。
【結果】　スロー再生すると、アクリルBOXが放物線軌道の上昇・下降の軌道上にあるとき、図３のようにBOX内の２つのボールが宙に浮いている様子が確認できる。

図3　生徒実験の様子

実験１のように自由落下のアイデアを思いつく生徒は非常に多い。一方、実験２を思いついた生徒は、「放物線軌道のほうが、無重力状態を長く作り出せる可能性がある」とコメントしており、実際の撮影方法に近いアイデアであるといえる。

【実験3】水性インクで色をつけた色水を用意し、ペットボトルの高さ３分の１程度まで色水を入れる。さらにその中に発砲スチロール球などの水に浮く物体を入れて、最初の物体の位置と、色水の高さを目印としてペットボトル本体に記録しておく。そのペットボトルを自由落下させ、動画で様子を撮影する。
【結果】 ペットボトルが落下している間は、色水の高さや物体の高さが落下前の目印よりも高い位置に存在する様子が確認できる。

実験３については、発展的な話題として、以下のような動画を話題にすることもおもしろい。国際宇宙ステーション（ISS）の第35次長期滞在Expedition35（2013年3～9月）の一員で指揮官のカナダ宇宙飛行士クリス・ハドフィールド（Chris Hadfield）大佐が、「宇宙空間で雑巾を絞るとどうなるのか」という疑問を題材にした実験動画を公開している。

［問3］**宇宙空間で水をしみ込ませた雑巾を絞ると、どうなるだろうか？**

この動画では、雑巾を絞る以前に、「宇宙ではどうやって雑巾に水をしみ込ませるか？」という問いを与えてくれる。バケツの中に水をためることはできないため、動画中では霧吹きの水で雑巾を濡らすような仕組みが紹介される。その後、クリスが水を含んだ雑巾を絞ろうとすると、図4のように、まとわりついた水が雑巾や手の表面から離れないという、幻想的な風景を見ることができる。この話題は、宇宙では水を用いた実験を行うことが困難であることを示している。関連した話題として、2017年度 SSH（スーパーサイエンスハイスクール）全国生徒研究発表会において、兵庫県立加古川高等学校の生徒のみなさんが、宇宙でピペットを使って水を吸い込もうとすると、無重力下での慣性の法則により、最初に吸い込まれた勢いを保ったまま水がピペット内を上昇してくるため、正確な量を扱うことが困難であることに着目し、この問題を物質の「濡れ性の違い」を用いることで解決しようとする研究を行っていた。宇宙で使えるピペット「宇宙ピペット」の素材についての提案を行っており、大変興味深い内容である。なお、以下にクリスが公開している動画のリンクを示す。

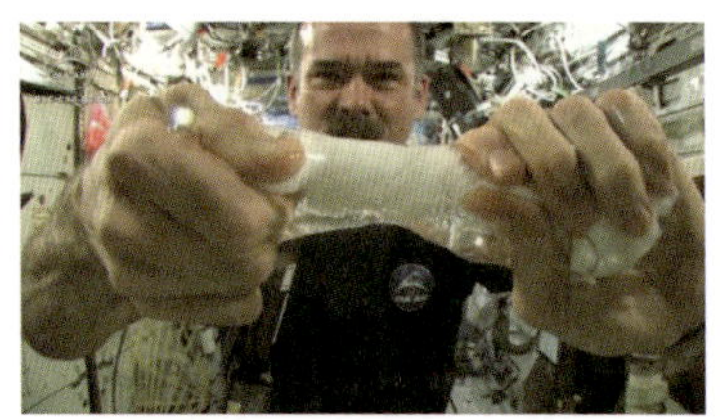
図4 雑巾にまとわりつく水

リンク先：https://www.youtube.com/watch?v=o8TssbmY-GM
タイトル："Wringing out Water on the ISS - for Science!"

【実験4】ペットボトルの両側面に穴を開け、口から水を入れると、水がこぼれ出すことを確認する。この状態でペットボトルを宙に投げ上げる。（なお、ペットボトルのふたを閉めておくと、水は外に飛びださないため、投げ上げる直前までふたを閉めておくとよい。）

【結果】 ペットボトルが上昇および下降している間は、水が漏れ出さない様子が確認できる。その後、落下してきたペットボトルを手でキャッチすると、水が漏れ出してくる。

実験４については、投げ上げの高さはそれほど必要ない。地上で落下してくるペットボトルをキャッチするのが難しい場合は、机の上程度の高さに生徒を立たせ、自由落下させてもよい。

図5　穴から出ない水
出典：NHK「考えるカラス」第13回より

続いて、生徒からは発想が出にくい、台ばかりを使った実験を紹介する。

【実験5】台ばかりの上に、ある程度の重さの物体をのせ、静止した状態で目盛りを記録する。物体をのせた状態のまま台ばかりを手で持ち、図6のようにそのまま勢いよくしゃがみ込み、目盛りの変化の様子を動画で撮影する。

【結果】　動画をスロー再生すると、しゃがんでいる間は目盛りが減る、つまり物体の重さが減少することがわかる。なお、しゃがみ込む速さを速くするほど目盛りの減少率が増加することや、逆に静止した状態から勢いよく立ち上がるときは、物体の重さが増加する方向に目盛りが変化することが確認できる。

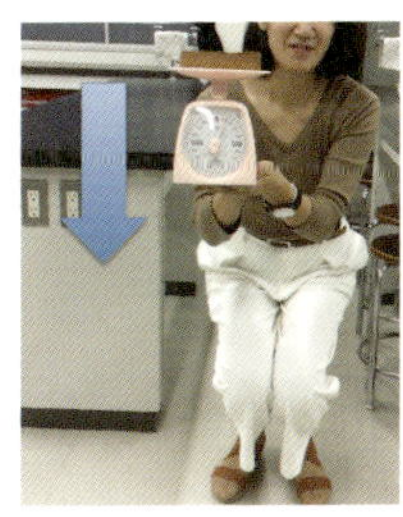

台ばかりを持ったまましゃがむ

しゃがむ前

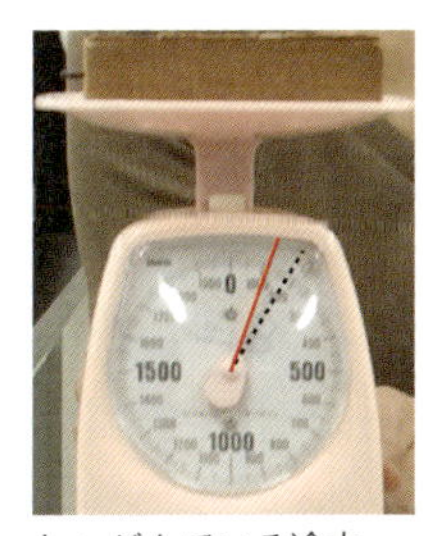

しゃがんでいる途中

図6
実験5の
イメージ図

4. 慣性力が与える体重への影響
～テレビ番組に寄せられた「なぜ？」を取り上げる～

実験５に関連する内容として、2008年11月７日放送のテレビ番組「探偵ナイトスクープ」において扱われた「沖縄に行けば体重が減る!?」という題材がある。番組に寄せられた依頼は、次の内容である。
「妹が静岡から愛媛に南下すると体重が軽くなると言う。それならば、日本の最北端から最南端に移動すると、さらに体重が軽くなるのではないか？」

この問いを検証する方法を考えよう。

［問4］ **番組によせられた、体重が軽くなることの原因として、どのようなことが考えられるか？**

番組では依頼者と共に体重変化を測定するための40kgの人形を日本の本土最北端の地である北海道宗谷岬に持参し、体重計の目盛りが40kgちょうどに表示されるように目盛りを設定した。その後、沖縄本島南西端の喜屋武岬に行き、その人形の体重を再び測るという検証が行われた。結果として、約370g軽くなった事実が放送されている。これは、慣性力による重さの減少の例である。

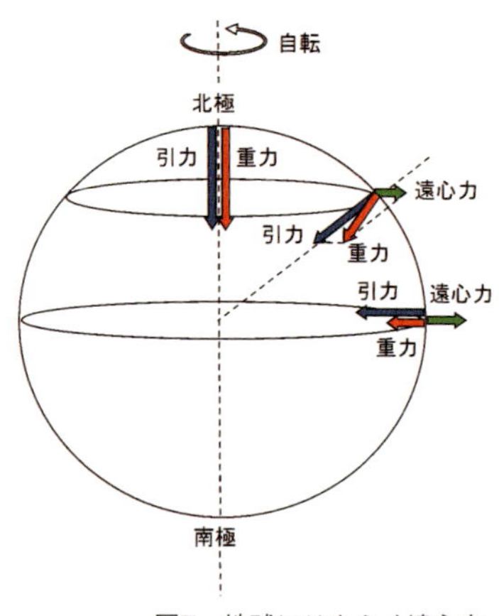

図7　地球にはたらく遠心力

一般に、地球上の座標系では、地球の自転によって、慣性力の一種である遠心力が発生する。地球の自転周期を24時間と仮定すると、運動方程式を利用することによって、緯度の大きさと遠心力の影響の相関関係を見いだすことができる。

地球の半径をR、地球の自転の角速度をωとすると、運動方程式より、緯度θの地点における遠心力fの大きさは、

$$f = mR\cos\theta \cdot \omega^2 = mR\omega^2\cos\theta$$

ここで、地球の自転周期を24時間とすると、角速度ωは、

$$\omega = \frac{2\pi}{周期} = \frac{2\pi}{24 \cdot 60 \cdot 60}\ [\mathrm{rad/s}]$$

この関係式を用いて、緯度の大きさと遠心力の大きさの相関関係をグラフ化してみると、図８のような結果になる。この結果を利用して、40kgの物体の重さが北海道と沖縄ではどの程度異なるかを比較してみよう。

北海道宗谷岬の緯度　：45.52°→遠心力2.4×10^{-3} [kgw]
沖縄県喜屋武岬の緯度：26.08°→遠心力3.1×10^{-3} [kgw]
遠心力の差異→$3.1 \times 10^{-3} - 2.4 \times 10^{-3} = \underline{7.0 \times 10^{-4}\ [\mathrm{kgw}]}$
70g相当の差

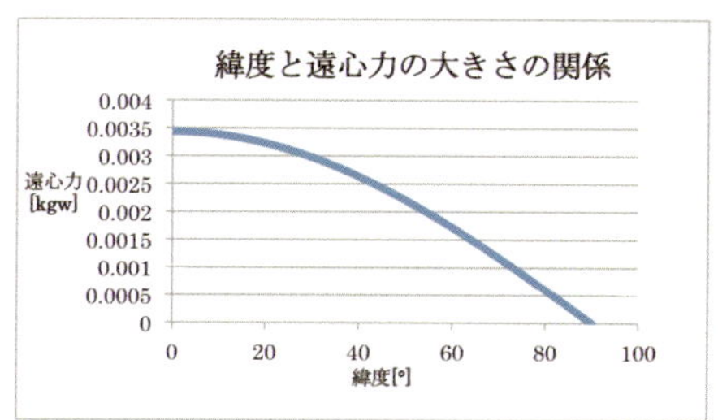

図8　緯度と遠心力の大きさの相関関係

計算結果中の"kgw"について説明する。"w"はweight（ウェイト：重さ）のwを表す。kgwは物体にかかる力を表しており、「重量キログラム」、「重力キログラム」、「キログラム重」と呼ばれるものである。１キログラム重（1kgw）は、１キログラム（kg）の質量が標準重力加速度のもとで受ける重力の大きさと定義されている。物体の質量とかかる重力が同じ値になることで捉えやすいため、以前はこの単位が使われることが多かった。現在は、1kgwを約9.8Nとし、質量約100gの

物体にはたらく重力を１ニュートン（1N）として力を定義している。

計算結果から、緯度の大きさによって遠心力の影響が変わり、北海道と沖縄では差が生じることがわかる。しかし、実際に報道されていた減少結果はこの理論値の５倍程度に相当する。なぜ、このような差が生じるのだろうか？その要因として、遠心力以外に測定地点の標高の差による影響（標高が高くなると、万有引力の影響が小さくなる）、気温や湿度の影響、計測機器の精度の影響等が予想される。実際に、2017年3月に国土交通省 国土地理院から国内の重力値の基準を40年ぶりに更新する旨が発表された。これは、地殻変動などの影響による変化が大きくなったためであり、新基準によると60kgの体重が約0.006g（ヤブ蚊数匹分）軽くなったと公表されている。なお、図８の結果を用いて、40kgの物体の重さを北極周辺で測定した場合と赤道周辺で測定した場合では、その差は約350g程度となる。「たかだか350g」と思うかもしれないが、「40kgの金の塊の質量変化」を例に考えると、「たかだか」とは考えにくい結果が生じる。北極周辺で40kgだった金の塊を赤道周辺に持って行くと、両地域で同じ秤を使用するならば、約350g軽く計量されてしまう。直近の金の相場は１gあたり約4900円であり、この相場に従うと350gの差は約170万円相当の差になってしまう。しかし、この件について心配は必要なく、各地域で使用されている秤には、遠心力等の補正を行ったものが使用されている。現に日本でも、ある一定額（といっても２千円程度）以上のキッチンスケールなどを購入すると、エリアによって補正の度合いを変えるスイッチが取り付けられているものがある。

続いて、同様の発想から、緯度の大きさの違いによる重力定数gの差異について考える。先ほどの結果からもわかるように、緯度によって万有引力および遠心力の値が異なるため、重力定数gは緯度θによって変化する関数として定義される。その関数を具体的に算出してみよう。

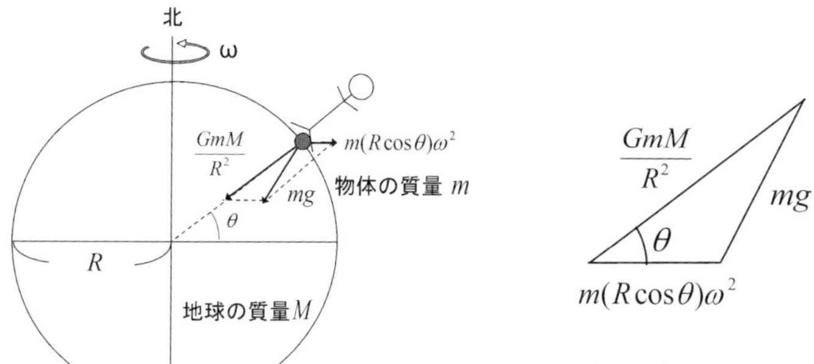

図9　緯度と万有引力・遠心力・重力の関係

図９より、地球の質量をM、半径をR、万有引力定数をG、地球の自転の角速度をωとすると、緯度θの地球表面に置かれた質量mの物体に作用する重力の大きさは、その緯度における万有引力と遠心力の合力と考えられる。余弦定理を用いて重力の大きさを算出すると、

$$mg = \sqrt{\left(G\frac{Mm}{R^2}\right)^2 + \{m(R\cos\theta)\omega^2\}^2 - 2\cdot G\frac{Mm}{R^2}\cdot m(R\cos\theta)\omega^2\cdot\cos\theta} \quad \cdots [1]$$

よって、

$$g = \sqrt{\left(G\frac{M}{R^2}\right)^2 + (R\omega^2\cos\theta)^2 - 2G\frac{M}{R^2}\cdot R\omega^2\cos^2\theta} \quad \cdots [2]$$

ここで、遠心力がない極地付近における重力定数をg_0とすると、万有引力の大きさが重力の大きさと等しい関係より、

$$G\frac{Mm}{R^2} = mg_0$$

よって、

$$G\frac{M}{R^2} = g_0 \quad \cdots [3]$$

が成り立つ。[3] の結果を [2] 式に代入すると、

$$g = \sqrt{{g_0}^2 + (R\omega^2\cos\theta)^2 - 2g_0R\omega^2\cos^2\theta}$$

$$=g_0\sqrt{1+\left(\frac{R\omega^2}{g_0}\right)^2\cos^2\theta-2\frac{R\omega^2}{g_0}\cos^2\theta} \qquad \cdots[4]$$

ここで、$G=6.67\times10^{-11}$[N・m²/kg²]、$M=5.97\times10^{24}$[kg]、$R=6.38\times10^{6}$[m]、$\omega=\frac{2\pi}{24\cdot60\cdot60}=7.27\times10^{-5}$[rad/s]を用いる。すると、$g_0=G\frac{M}{R^2}$に比べて$R\omega^2$の値が十分に小さいので、その値を２乗した$\left(\frac{R\omega^2}{g_0}\right)^2$を０とみなすことが可能である。よって、[4] 式は以下の [5] 式に書き換えられる。

$$g=g_0\sqrt{1-2\frac{R\omega^2}{g_0}\cos^2\theta}=g_0\left(1-2\frac{R\omega^2}{g_0}\cos^2\theta\right)^{\frac{1}{2}} \qquad \cdots[5]$$

ここで、近似式 $(1+x)^{\alpha}\fallingdotseq1+\alpha x$を [5] 式に適用すると、

$$g=g_0-R\omega^2\cos^2\theta=(9.79-0.034\cos^2\theta) \qquad \cdots[6]$$

[6] 式を用いて、極値付近および赤道付近の重力定数を算出すると以下のような値になる。

極地付近：$g=9.79$ [m/s²]

赤道付近：$g=9.79-0.034=9.76$ [m/s²]

しかし、実測値は極地付近で9.83 [m/s²] であり、上記の算出結果とは若干のずれが生じているが、これは地球が完全な球体では無いことや、コリオリ力による影響などが考えられる。

5. 実験結果を理論で考える　～慣性力への導入～

実験の観察を生かし、理論的な考察を行いながら慣性力を導くことを考える。

[問5] 問１、問２の考察を参考にして、無重力空間が作り出せることを理論的に考察してみよう。

生徒に、「なぜ、その方法で無重力状態を作り出せたのか。理論で説明してみよう。」という問いを投げかけると、重力という当たり前にはたらいている力の効果が無くなることから、「何らかの力がその効果を無くしている。そして、その力は、重力と逆向きにはたらくために、重力の効果を打ち消すことができる。」という発想を述べることが多い。この発想を手がかりとして、理論的考察への導入としたい。

⑴ 観測者の視点の違いによる運動の見え方の差異を感じさせる

１つの物体の運動を観測しても、静止系にいる観測者と加速度系にいる観測者にはその運動の見え方は異なる。このことを教室内で体感できる実験として、以下のようなものが挙げられる。

【実験】　糸につながれたおもりの回転運動を用いた慣性力の体験

生徒に糸につながれたおもりを持たせて、自分の体を軸として等速で回転運動（円運動）をさせると、おもりは宙に浮いた状態になる。このおもりの運動を、①回転運動をしている生徒、②椅子に座って観測しているその他の生徒の２つの立場から観測させる。

【結果】　①糸につながれたおもりと一緒に回転運動している生徒には、おもりは自分の目の前で静止しながら浮いているように見える。

②一方、椅子に座って観測している他の生徒には、糸につながれたおもりは回転運動している生徒と一緒に回転して見える。

このような実験の後、ローラースケートをはいて電車に乗った様子を撮影した動画などをインターネットで探し、参考資料として提示するとさらに興味づけができる。ローラースケートをはいて電車に乗っている人は、慣性力の影響を受けて、電車の発車とともに進行方向とは逆向きに進んでいく。しかし、電車が次の駅に到着する際には、電車は減速状態になるため、ローラースケートをはいている人には、慣性力によって電車の進行方向と同じ向きの加速度が加わる。つまり、発車の際には電車の後方に移動しても、停車の際にもとの前方の位置に戻ってくることになる。この動画を見た後に、電車に乗っているときの座席シートと私たちの体との摩擦がいかに有効かを考えさせることもおもしろい。

(2) 加速度系にいる観測者の視点を考えさせる

ここでは、「円運動および慣性力の概念を未学習である生徒への指導」を想定して、円運動を用いて慣性力の概念を指導する手法について記述を行う。

① 円運動が加速度運動であることを考えさせる

図10のように、机や床の上でテニスボールを直線軌道で転がし、その軌道をハンマーを使って円軌道に変えることを考える。そのためには、ボールの進行方向に対して常に垂直方向にハンマーでテニスボールを押しこむ必要があることがわかる。ニュートンの運動方程式$ma=F$から考えると、力Fを加えられているボールは、中心方向に加速していると考えられるため、この運動が加速度運動であることがわかる。なお、このような思考を納得した生徒に対して、「なぜ、等速で円運動をしているにも関わらず、加速度運動なのか？」という問いかけをすると面白い。

図11のように、２本の速度ベクトルの差を考えると、確かに加速度運動していることが確認できるだろう。

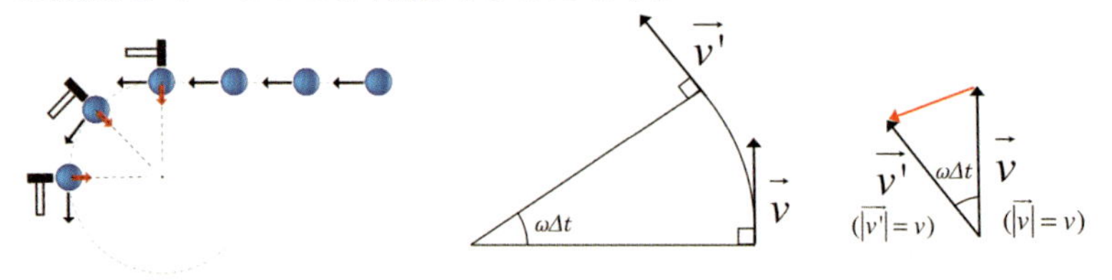

図10　円運動のイメージ　　図11　等速円運動の加速度の概念

②加速度系で観察している観測者に見える「慣性力」への導入

①のテニスボールの実験の考察から、等速円運動が加速度運動であることがわかる。よって、先ほど提示した糸につながれたおもりを回転させる運動も、加速度運動であるといえる。おもりの運動を運動方程式$ma=F$を用いて考えると、このおもりは回転の中心方向（すなわち、おもりがつながれた糸を持っている生徒の方向）に向かってくることになる。しかし、おもりと一緒に運動している観測者には、「おもりが自分の目の前で静止している」ように見える。物体が静止する条件である力のつり合いを考えると、「中心に動こうとする力、すなわち向心力に値する$ma=F$の効果を打ち消す$-ma$の力がはたらく」ことがイメージでき、加速度系で観測している観測者には慣性力の存在が感じられ、静止系に存在している観測者とは異なる視点で運動の理解ができることがわかる。

この視点の獲得には、先ほどの糸につながれたおもりの回転運動を利用してもよいが、円運動の概念が複雑だと感じる場合は、教科書に頻繁に掲載さている「電車の中につるした振り子の運動の見え方」を例にしてもよい。ただし、この話をすると、電車の吊り革を想像して、学習の後、電車の中で吊り革の動きを観察しようとする生徒がいる。ところが、吊り革は電車が加速してもほとんど傾かないため、混乱を生じやすい。これは、吊り革が「電車の加速や減速の際、慣性力によって動いてしまう人間の体をその場にとどめるためにサポートするもの」、分かりやすく言うと、吊り革につかまることで、慣性力によって体が動いてしまおうとするのを阻止する役割があることと関係する。すなわち、「吊り革は、電車の進行方向に対して、自由度が低くなるように設計されている」という特徴を持つことに注目したい。現在、吊り革の輪を吊る帯状の部分は、塩化ビニール製（塩化ビニールによってコーティングされた素材）が主流となっている。しかし、

19世紀末にはアメリカの畜産業の繁栄とともに、列車内の吊り革に牛革を使用していた。日本でも、地下鉄や国鉄を始め、順次採用が始まっていったが、戦後の日本の物資難の状況下で革が盗難されたり、乗客の重みによってちぎれる事故が発生した。加えて、火災時に燃えやすいなどの欠点により、丈夫で不燃素材の塩化ビニール製のものが登場した。塩化ビニールは、ポリエチレンなどのその他のプラスチックに比べると摩擦係数が大きい素材であり、加工のしやすさからも適した素材であると考えられる。また、図12のように吊り革の幅を大きくとり、接触面積を増やす工夫がなされている。接触面を図12の方向①に取ることで、①と垂直な方向への自由度は確保されている。満員電車のときなどは、この自由度が効果をもたらすので、よくできた設置方法であることを逆に話題にしてもよい。加速度運動する電車の中での振り子の様子を実験的に確認したい場合は、5円玉を糸で吊るすなどして作成した簡易的な振り子を推奨すると良い。

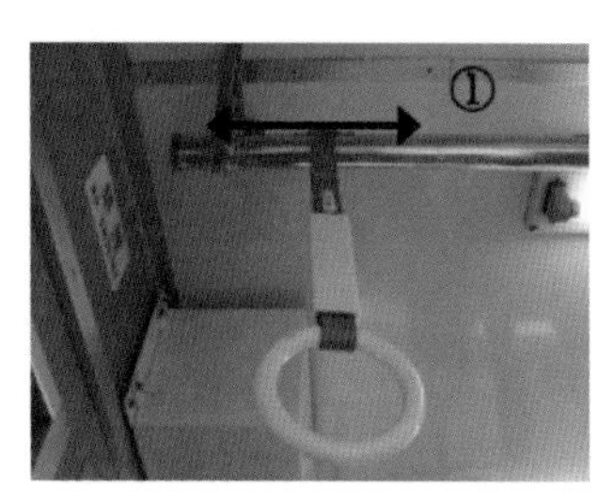

図12　電車の吊り革

6. 慣性力を「ダイナミックに」体感する　～日常生活との関連性①～

前回までの学習によって、高校物理レベルでの慣性力の理論的な理解ができた。そこで、次は慣性力を体感することに注目したい。難しい理論の後は、「ダイナミックな体感」がもってこいである。道路の設計や地震力など、日常生活との関連性を念頭においた以下のような展開はどうだろうか？

(1) 遠心力を例とした慣性力の直感的理解

ここまでに話題にしてきた、向心力を打ち消す向きにはたらく慣性力は、「遠心力」と呼ぶだけで非常に身近な印象を持てる。遠心力の効果は、遊園地のコーヒーカップの乗り物や、カーブ時の車などで体感している場合が多いが、できれば学校の敷地内で慣性力の体験を行いたい。

教室内でできる遠心力の実験として、図13の「水を入れたバケツを振り回す実験」を推奨する。バケツが頭上付近にきた場合は、重力の作用で水が落下してくる印象を持つが、そうはならないことから、「重力を打ち消す方向に何らかの力がはたらいている」ことを直感的に理解しやすい。

図13
バケツ振り回し実験
出展：
http://teikokunikki.blog.shinobi.jp/Entry/730/

(2) 自転車を使った遠心力の体験

F1レースやオートバイのレースを見ると、図14のようにカーブを曲がる際に車体を大きく内側に傾けているのがわかる。また、コース自体も傾斜がつけられており、まるで「車体をできるだけ内側に倒そうとしている」ように見える。これはまさに、遠心力によって車体が外側に引っ張られるのを防ぐ効果を狙っている。

図14 車体を倒して走行している例
出展：http://blog.livedoor.jp/kouhukuman/archives/1525327.html

校内でできる走行時の遠心力の体験実験として、次のような自転車実験を試してみると面白い。チョークやビニールテープ等を用いて、屋外の地面に図15のようなコースを描く。その後、自転車に乗った生徒に、そのコースを「車体を円軌道の中心方向に傾けないで」走行させる。すると、遠心力の影響で、カーブのコースに入った辺りから体が外側に引っ張られることが体感できる。車体を傾けずに曲がろうとすると、遠心力に引っ張られて、やがて車体ごと外側に倒れそうになり、つい

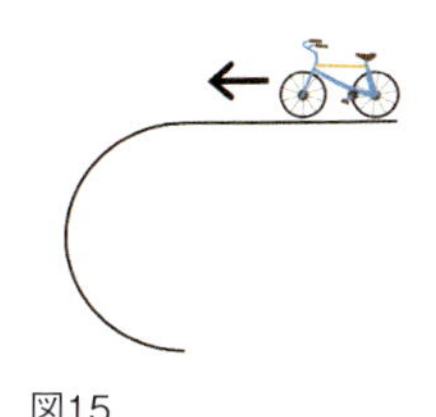
図15
自転車で走るコース

地面に足をついてしまう。遠心力の大きさは、速度に二乗比例するため、走行スピードが大きくなるほど大きな遠心力を感じる。

［問5］ これらの遠心力の影響を軽減するために、カーブの構造を持つ道路やF1のコースなどでは、どのような設計上の工夫を行うと良いか？

この自転車実験の体験をもとに、道路の設計について考えてみよう。実際にカーブが急な道路やF1コースのカーブ付近を見てみると、図16からもわかるように、平らな設計ではなく、外側が高くなる傾斜（カント）がつけられていることがわかる。これは、カーブを高速で走行する際に発生する遠心力への配慮である。先ほども説明した、遠心力が速度に二乗比例する関係から、F1レースなどのより高速なスピードで行われる競技については、さらに傾斜の設計がきつくなっている。実際の高速道路の写真やレースの動画なども見せながら、慣性力と日常生活の関連性を考察させるのも良いだろう。

図16 傾斜のあるカーブの設計
出展：http://yamaiga.com/road/kameisi/main2.html

7. 日本と慣性力の密接なつながり ～日常生活との関連性②～

慣性力が加速度運動によって生じることを考えると、日本で頻発する地震においても慣性力の影響は大きい。地震による慣性力が建物に与える影響と、耐震設計の関連性を紹介するのはどうだろうか？

(1) 地震と慣性力の関連性

地球内部の変動が地殻を伝わって地表に現れた動きを地震動と呼び、その振動には水平動と上下動がある。このうち、建物にとって被害が大きいものが、建造物をしならせるように動かす水平動である。地震発生時、建物は地震動の方向と逆方向に慣性力を受ける。この慣性力が地震力と呼ばれるものである。地震発生時に地面が揺れることで建物が揺られ、その際に発生する慣性力としての地震力が部材に作用する。この地震力は建物の重さに比例しており、軽い建物であれば地震力が低く、重い建造物ほど地震力が大きいことがわかっている。

(2) 耐震設計の考え方

建物にはたらく地震力は時間変化を伴い、一定の値にはならない。また、それぞれの地震動は固有振動数が異なるため、地震力を動的に捉えることは難しく、建物に発生する応力（部材内に発生している単位面積あたりの力）やひずみ（変位）は変化量となる。従って、建物を設計する際は、地震動や建物自身の性質を考えて、揺れに耐える設計（耐震設計）が必要となる。動的な変化に対して、建物が許容できる応力や変位を想定し、それらよりも小さくなるように静的な力に置き換えて設計するのが耐震設計である。このとき、静的な地震力の表現方法として用いられるのが、「設計震度」および「層せん断力係数」という考え方である。

設計震度は、慣性力によって建物に作用する加速度と重力加速度の比（$\frac{a}{g}$）で表す。地震によって水平方向の揺れが発生すると、各階（各層）には物体をゆがめる力であるせん断力が発生する。建物重量（W）は、建物の質量（m）と重力加速度（g）の積で与えられる。この関係から、建物の質量は、建物重量を重力加速度で割ったものであると言える。

$$\text{慣性力}(F)=\text{質量}(m)\times\text{加速度}(a) \qquad \cdots [1]$$

設計震度と建物重量を用いて、[1] 式の右辺と同じ単位になるように水平外力（P）を設定すると、

$$P=\frac{a}{g}\cdot W \qquad \cdots [2]$$

となる。このような設計震度を用いた設計法は震度法と呼ばれ、1914年に佐野利器(さのとしかた)博士によって提唱された。これは、1891年の濃尾地震の際、木造家屋やヨーロッパから導入されたれんが造や石造が大きな被害を受けたためである。この地震をきっかけとして、地震の被害状況の調査や、日本における適切な耐震設計が検討されることとなった。佐野が提唱した震度法では、[2] 式で求められる力を建物に加わる静的な水平力（仮に算出された地震力）とし、建物の骨組みに作用させ、部材を曲げる力（曲げモーメント）や、部材を破壊する力（せん断力）などの応力を測定し、それらに耐えられるように柱の断面や強度を決めていく。この手法では、設計震度は0.2以上と定められ、地震時には建物の重さの２割に相当する水平力が作用することを想定して設計することが定められている。（ただし、建物の高さが一定の高さ以上を超えると、設計震度を一定数加算する必要がある。）

1978年の宮城県沖地震等を経て、1981年に新耐震設計法が施行された。新耐震設計法（新耐震）には地震時の建物の動的な特性が盛り込まれた点が特徴的である。この設計基準においては、比較的頻度の高い中地震に対する１次設計、きわめてまれに起こる大地震に対する２次設計の二段階で構成されている。新耐震設計法では、設計震度の代わりに「層せん断力」で地震力を規定するようになった。層せん断力とは、各階に作用する水平力によって生じる各柱のせん断力の総和をとったもので、その層（階）に作用する力のことである。

層せん断力 (Qi)

＝層せん断力係数 (Ci) ×該当階よりも上層の建物重量 (ΣWi)

･･･ [3]

この層せん断力が、建物の骨組みに作用する力である地震荷重となる。さらに、層せん断力係数(Ci)は、次の４つの要素の積で表される。

層せん断力係数(Ci)＝地震地域係数(Z)×振動特性係数(Rt)
×地震層せん断力分布係数(Ai)
×標準層せん断力分布係数(C_0)　・・・[4]

以下、[4] 式に含まれる４つの係数について説明する。

①地震地域係数(Z)：地域ごとに想定される地震の大きさによる低減率であり、地域ごとに0.8〜0.1の値が定められている。

②振動特性係数(Rt)：地盤および建物の振動特性を考慮した低減係数である。同じ地震でも、建物が建っている地盤の特性と建物固有の振動の特性によってその影響は異なる。図17は振動特性係数を表したグラフであり、横軸が建物の揺れの周期、縦軸が振動特性係数である。図の３本の線は地盤種別による違いを示しており、第１種地盤は硬い地盤、第3種地盤は軟らかい地盤である。このグラフより、振動特性係数は、地盤が軟弱なほど大きく、固有周期が長くなるほど小さくなることがわかる。

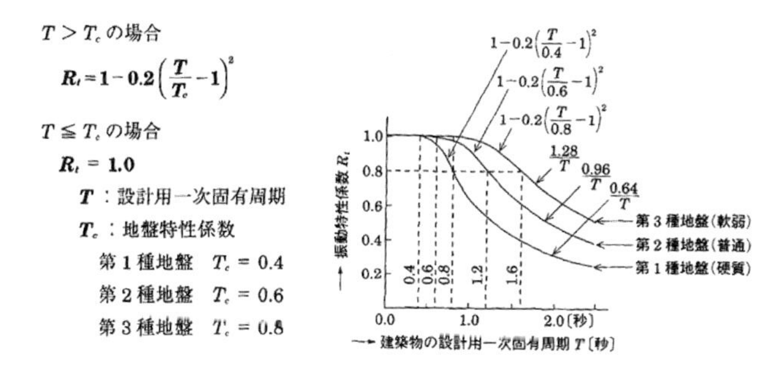

図17　振動特性係数

出展：http://www.archi.hiro.kindai.ac.jp/lecdocument/kozosekkeigaku/kozosekkei_56.pdf#search=%27地震力+慣性力%27

③地震層せん断力分布係数(Ai)：同じ建物でも、下層部よりも上層部

のほうが揺れや応答加速度が大きくなる。そのために、外力として与えられた水平力が建物の高さ方向にどのように分布するかを表す係数が必要となる。設計では、層せん断力の大きさが重視されるので、層せん断力の高さ方向の分布を表しているのがこの係数であり、層せん断力を当該階より上の建物の重さで割って、層せん断力係数の分布として扱っている。図18より、上層階ほど大きな値をとることがわかる。

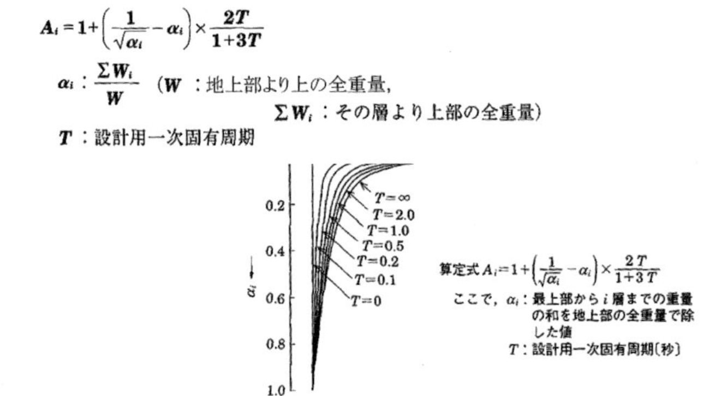

図18　Ai分布

出 展：http://www.archi.hiro.kindai.ac.jp/lecdocument/kozosekkeigaku/kozosekkei_56.pdf#search=%27地震力+慣性力%27

④標準層せん断力分布係数(C_0)：標準せん断力分布係数は中地震動と大地震動に分けて定められており、中地震動に対しては0.2以上、大地震動に対しては1.0以上とされている。つまり、C_0＝0.2とは、中地震動が発生した際に、建物に損傷を起こさせないように設計するとき、建物の重量の２割の重力加速度が建物に作用するものとして設計するための指標である。

新耐震では、建物の上層部が大きく揺すられることや、建物の高さに応じて作用する地震力が変わることなどが考慮できるようになった。さらに、1980年代以降からは、免震システムや制震システムが登場し、日本の耐震設計は発展を遂げている。1995年に発生した兵庫県南部地震（阪神・淡路大震災）では、多くの建物が倒壊したが、新耐震設計法で設計された建物は旧耐震基準で設計された建物よりも被害が少なく、既存建物を新耐震設計法による耐震レベルにまで引き上げることを目的とした耐震補強が推進された。地震国日本ゆえに考えるべき地震力について扱うことで、慣性力のイメージをさらに広げることに繋がれば幸いである。

8. 運動方程式から慣性力を導出する～ガリレイ変換への導入～【発展】

最後に、発展的な学習として、慣性力の理論的な導出を行う。高校物理段階での学習では、慣性力を理論式として導くことは難しく、「力のつり合いを考えると、今見えている力を打ち消す作用があるはず」という理解になる。一方、ガリレイ変換などに代表される「２つの異なる視点の座標系の関係を考える」という発展学習を行うことで、加速度系で観測している観測者にはこの慣性力が数式の上で確認でき、その存在が明確化される。この学習には、ベクトル、微分の理解が必要であるが、「速度の時間変化量＝加速度」といった理解があれば、あとは式の表記の作法が難しいだけで、この先に見える「得体の知れない慣性力の理論上の意味」を理解するには、有用性の高い学習であると考える。筆者がベクトル・微分を未学習の高校生に対して本授業を行ったところ、３時間程度が必要であった。

(1) Newtonの運動の法則の確認

高校の物理基礎で学習する以下の法則について確認する。

［運動の第１法則］　力の作用を受けない物体は、等速直線運動を持続するか、静止し続ける。

［運動の第２法則］	力が物体に作用すると、力の向きに加速度を生じる。その大きさは力の大きさに比例し、質量に反比例する。
［運動の第３法則］	作用と反作用は大きさが等しく、向きは逆向きである。

これらの３つの法則が現実世界の中で簡単に破られてしまうことは、それほど困難なくイメージできる。それは、自分自身を駅から加速して出発する電車の中に固定したとき、進行方向と逆向きに引っ張られることや、先ほどの自転車の曲線軌道で体感する、外に放り出される力など、特に外力がはたらいているように感じないにも関わらず、上記の第１法則や第２法則は破れてしまう。もっというと、地球自体が動いていることを考えると、この地球上でこのような法則が成り立つと言っていいのだろうか？という感覚にさえ襲われる。この話は、次に示すガリレイ変換の考え方へと繋がっていく。

(2) ２種類の観測者の立場を「異なる座標系」を用いて考える ～ガリレイ変換への導入～

まず前提として、１つの座標系Sを用意し、この座標系ではNewtonの運動方程式が成り立っていると仮定する（このように、Newtonの運動方程式が成り立つ座標系を慣性系と呼ぶ）。これに対して、Newtonの運動方程式が成り立つかどうか分からない座標系S'を用意し、これを単に座標系と呼ぶ。

この前提の中で、２種類の観測者の立場を設定し、以下のような座標系にのせて考える。

観測者１：地面に静止している

→原点Oが固定された座標系S上に存在

観測者２：地面に対して等速度$\vec{v}$で運動している

→原点O'が原点Oに対して等速度vで運動する座標系S'上に存在

時刻$t=0$で2つの座標系S、S'の原点O、O'は一致していたとする。この2つの座標系から、空間上を運動している質量mの質点Pの運動を観察する。両者の関係を図で表すと、下の図19のようになる。

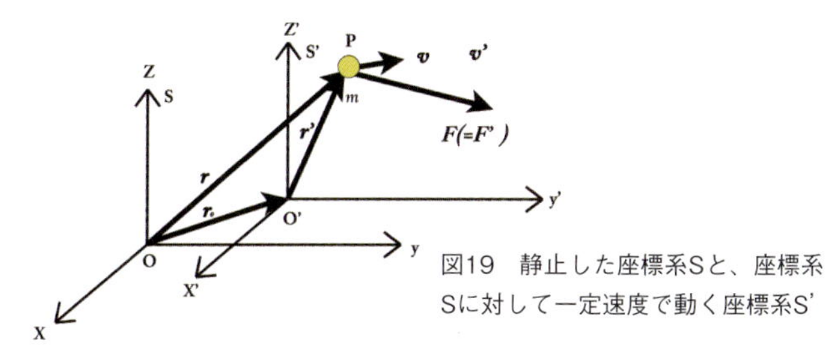

図19　静止した座標系Sと、座標系Sに対して一定速度で動く座標系S'

(3) 運動方程式を用いて考える

時刻tにおける質点Pの座標系Sでの座標を$\vec{r}=(x, y, z)$、座標系S'での座標を$\vec{r'}=(x', y', z')$とおく。また、原点Oから原点O'を見たときの座標の関係を$\vec{r_0}=(x_0, y_0, z_0)$とすると、座標系Sと座標系S'の関係は、以下の［1］式によって定義できる。

$$\vec{r}=\vec{r'}+\vec{r_0} \quad \cdots[1]$$

次に、［1］式をtで微分すると、

$$\frac{d\vec{r}}{dt}=\frac{d\vec{r'}}{dt}+\frac{d\vec{r_0}}{dt} \quad \cdots[2]$$

速度の定義$\left(\vec{v}=\frac{d\vec{r}}{dt}\right)$より、［2］式は以下の関係を表している。

$$\vec{v}=\vec{v'}+\vec{v_0} \quad \cdots[3]$$

なお、$\vec{v}=\frac{d\vec{r}}{dt}$はPの原点Oに対する速度、$\vec{v'}=\frac{d\vec{r'}}{dt}$はPの原点O'に対する速度、$\vec{v_0}=\frac{d\vec{r_0}}{dt}$は原点O'の原点Oに対する速度を表しているとみ

なせる。

ここで、座標系S'が座標系Sに対して一定の速度v_0で運動しているので、$\frac{d\vec{r_0}}{dt}=\vec{v_0}$となる。この式を$t$で積分する、すなわち$t$秒間での変位を考えると$\vec{v_0}t$となるので、[1] 式は以下のように書き換えられる。

$$\vec{r}=\vec{r'}+\vec{v_0}t \qquad \cdots [4]$$

[4] 式は、座標系S上での観測結果を座標系S'上での観測結果に読み変える変換であり、これをガリレイ変換と呼ぶ。[2] 式を参考にして [4] 式をtで1回微分すると、

$$\frac{d\vec{r}}{dt}=\frac{d\vec{r'}}{dt}+\vec{v_0} \quad \Leftrightarrow \quad \vec{v}=\vec{v'}+\vec{v_0} \qquad \cdots [5]$$

さらに [5] 式をもう1回tで微分すると、

$$\frac{d^2\vec{r}}{dt^2}=\frac{d^2\vec{r'}}{dt^2} \quad \Leftrightarrow \quad \vec{a}=\vec{a'} \qquad \cdots [6]$$

ここで、前提として座標系Sにおいては運動方程式が成り立っているので、以下の関係式が成り立つ。

$$m\frac{d^2\vec{r}}{dt^2}=\vec{F} \qquad \cdots [7]$$

[6] 式、[7] 式より、座標系S'においても、座標系Sと同様に以下の関係式が成り立つことが導かれる。

$$m\frac{d^2\vec{r'}}{dt^2}=\vec{F}\,(=\vec{F'}) \qquad \cdots [8]$$

[8] 式からわかること、それはつまり、「慣性系に対して等速直線運動をする座標系は、全て慣性系とみなすことができる」という事実である。もう少しかみ砕いて詳しく言うと、「慣性系である座標系Sに対して等速直線運動をしている座標系S'は、座標系Sと同様に慣性系

であり、座標系Sで成り立つ運動の法則は座標系S'においても同様に成り立つ」ということである。この２つの座標系は、物理を考える上で本質的に区別されないことが［7］式と［8］式が示す事実である。

⑷ 座標系S'が加速度運動している場合を考える

次に、今回話題としている非慣性系での運動方程式について考える。非慣性系とは、Newtonの運動方程式が成り立たない座標系であり、慣性系に対して加速度運動を行っている座標系のことである。なお、これまでに話題にしてきた円運動をしている観測者は、まさにこの非慣性系に存在している観測者といえる。慣性系を座標系S、非慣性系をS'として、それぞれの座標系に存在する観測者の立場から同じ物体の運動を観察してみよう。

座標系S'が座標系Sに対して加速度運動しているので、O'のOに対する速度$\overrightarrow{v_0}$について、

$$\frac{d\overrightarrow{v_0}}{dt}=\frac{d^2\overrightarrow{r_0}}{dt^2}=\overrightarrow{a_0} \qquad \cdots[9]$$

が成り立つ。先ほどの［2］式の関係式はこの場合も成り立つので、［2］式、［9］式より、

$$\frac{d^2\vec{r}}{dt^2}=\frac{d^2\overrightarrow{r'}}{dt^2}+\overrightarrow{a_0} \quad \Leftrightarrow \quad \vec{a}=\overrightarrow{a'}+\overrightarrow{a_0} \qquad \cdots[10]$$

［10］式の両辺にmをかけると、

$$m\frac{d^2\vec{r}}{dt^2}=m\frac{d^2\overrightarrow{r'}}{dt^2}+m\overrightarrow{a_0} \quad \Leftrightarrow \quad m\vec{a}-m\overrightarrow{a'}+m\overrightarrow{a_0} \qquad \cdots[11]$$

［11］式を変換し、慣性系Sにおいて$m\frac{d^2\vec{r}}{dt^2}=\vec{F}$が成り立っていることに注意すると、

$$m\frac{d^2\vec{r'}}{dt^2}=m\frac{d^2\vec{r}}{dt^2}-m\vec{a_0} \quad \Leftrightarrow \quad m\vec{a'}=\vec{F}-m\vec{a_0} \qquad \cdots [12]$$

この［12］式こそが、座標系S'における運動方程式である。［12］式を見ると、「$-m\vec{a_0}$」という力の存在が確認でき、さらにこの力が、真の力$\vec{F}$を「打ち消すような形」で存在することがわかる。この力こそが慣性力であり、「見かけの力」と呼ばれるものである。このように、慣性力という力が、実験的のみならず理論的にも確認できることは、一部の生徒に感動を与えるのではないだろうか？

［ワークシート］

～人々が愛する文化と科学のつながり　映画編～

WORK 映画「アポロ13」を鑑賞しよう。

▷1995年のアメリカ映画。実際のアポロ13号の船長であったジム・ラブェルの著作"Lost Moon"が原作となっている、実話に基づいて作られた映画。月面探査を目的とするアポロ計画が継続されているアメリカでは、引き続きアポロ13号打ち上げの準備が進められていた。そして、1970年4月1日、13号は月へ向けて打ち上げられた。順調に航行していた最中、酸素タンクが爆発する事故が発生。月面着陸はおろか、地球への帰還も困難な状況に。絶望的な状況の中で繰り広げられる必死の救出作戦を描いた映画。主演はトム・ハンクス。

この映画は、ドラマチックなストーリーはもちろんのこと、その撮影方法が大変話題になった。

宇宙船の中から地球に向けて中継が行われるシーンを観て、このシーンの撮影がどのように行われたかを考察しよう。

◉映画のシーンの描写（見えた事実を書き出そう）

⬆映画のワンシーン

◉考えられる撮影方法とその理由

◉自分たちの立てた仮説が正しいことを証明する方法を考えよう。

メンバー：（　　　　　　　　　　　　　　　　）

〈方法〉

☆使われていると考える科学の内容

3–5　ダイソンドライヤーの魅力
～最新美容家電にまつわる物理～

1. 穴の空いた家電のインパクト

「これは一体、何なのか!?」

かの有名なダイソン社の「羽の無い扇風機」を見たとき、多くの人がこのような衝撃を受けたのではないだろうか？扇風機なのに羽が無い、むしろ、あるべき場所に空間があることの不思議さは、そのスタイリッシュな魅力はもちろん、工学に興味が無い人でも、「一体、どんな仕組みで動いているのだろう？」と、何かしら検索したくなるほどの魅力を持っている。そして2016年、この技術を応用して発売された美容家電が「Dyson Supersonicヘアドライヤー」である。図１のように、一見、ドライヤーとは思えないこの製品には、驚くほど多くの工夫がなされており、この最新家電に使われている技術を、物理の授業や課題研究を通して教材化できないかと考えたことがこのテーマを選んだ動機である。そもそも、このドライヤーを実際に使用すると、従来型のドライヤーとの間に、以下のような使用感の差異を感じる。

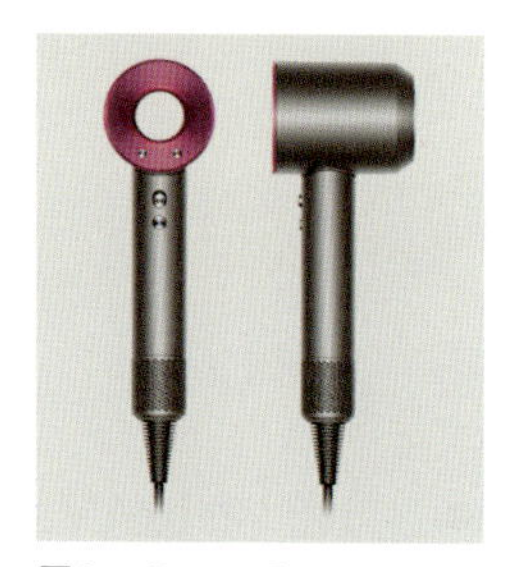

図1　Dyson Supersonic

・風量がかなり多い（ドライヤーをかける時間も短縮される）
・本体があまり熱くならない
・使用時の音が静か（誰かと会話しながら髪を乾かすことができる）
・ドライヤーを持っている手があまり疲れない

これら４つの特徴は、どれも大変優れた技術をもとに実現されている。今回はこの４つの特徴のうち、「風量の工夫」を取り上げ、ダイソン社のドライヤーの仕組みを物理的な視点から眺めるという話題を提供したい。

2. リング部分の形状

ドライヤーのみならず、ダイソン社の「羽の無いシリーズ」に関連した特徴の１つが、「風量の多さ」である。その理由を探るべく、ドライヤーの断面の構造を見てみると、図２のように、細い隙間状の開口部になっていることが確認できる。この開口部から空気を噴出する際に、流体力学の特徴をうまく利用した送風が行われている。この技術は、「エアマルチプライアー(Air Multiplier)」と呼ばれる、ダイソン社が開発した特許技術であり、羽の無い扇風機やドライヤーに特徴づけられる「丸い空洞」の形状と密接な関係がある。羽の無い扇風機を例に、この仕組みを考察してみよう。

図2
ドライヤーの断面

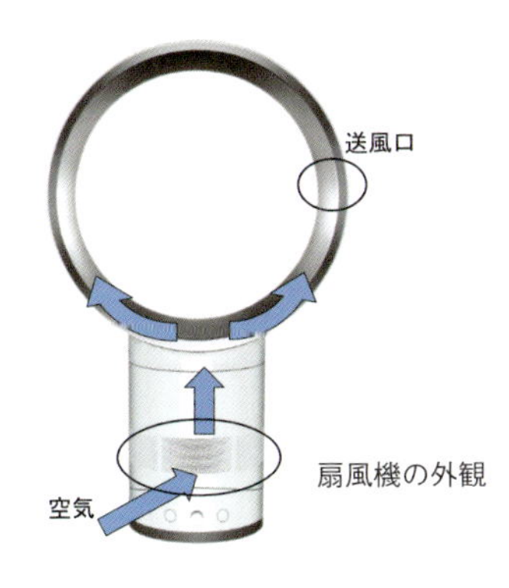

リング部分の
細いスリット

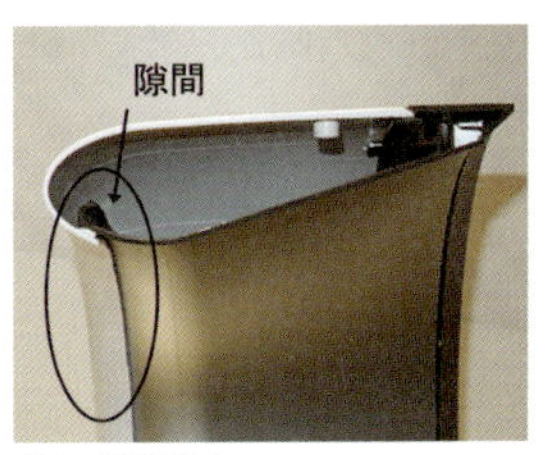

リング部分の
断面図

図3　羽の無い扇風機のリング部分の仕組み

ダイソン社の羽の無い扇風機のリング部分を観察すると、円柱状の土台に乗ったリング内側後方部には、約１ミリの細いスリットがある。図３の左図のように、土台部分に空いた穴から吸い込んだ空気を、組み込まれているモーターによってリング部分に送り出し、スリットから放出する仕組みであることがわかる。このリング部分の断面を見てみると、「飛行機の翼のような形」をしている。この形状の影響で、風量が増加し、さらにはリングの前方・後方の空気を巻き込むことでさらに風量を増加させている。結果として、吸い込んだ空気の約15倍の空気を送り出すことが可能となっている。では、このスリットからの噴出と、リング部分の翼のような形が、なぜこれほどまでに風量を増加させるのだろうか？生徒に以下のような流体力学の体験を提示しながらその仕組みについて触れさせるのはどうだろうか？

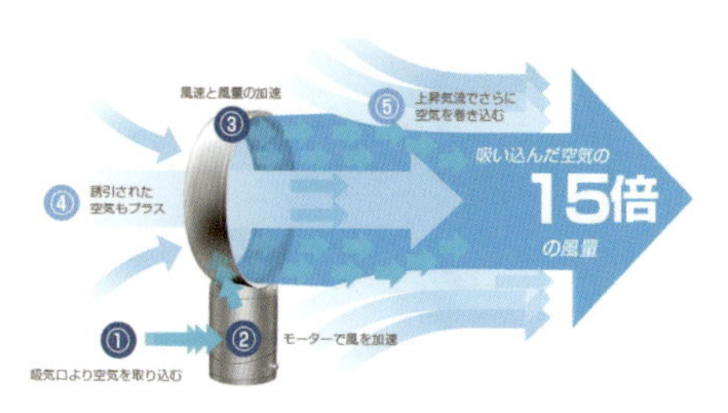

図4　風量増加の仕組み
出展：https://www.rakuten.ne.jp/gold/roomy/700/2000/dyson30/table30/airmult_30.html

3. 流体力学の実験的理解　〜「ベルヌーイの定理」とは？〜

流体力学で扱う流体とは、気体と液体を指しており、自由に変形できる特徴を持ち合わせている。今回取り扱っている扇風機やドライヤーは、空気という流体の操作が目的となっており、流体の力学的なつりあいや運動を効率的に制御する必要があり、流体力学の考え方が多いに役立つ。

流体力学において流体の振る舞いとして取り上げられるものが、「**ベルヌーイの定理**」である。1738年、スイスの物理学者である**ダニエル・ベルヌーイ**は、以下に示すようなベルヌーイの定理を発見したことで有名である。

〈ベルヌーイの定理〉

$$P+\frac{1}{2}\rho v^2+\rho gz = 一定 \qquad \cdots [1]$$

（P：流体の圧力、ρ：流体の密度、：流体の速度、z：流体の進行方向に垂直な方向の座標（流体の高さ）、：重力加速度）

［1］式のベルヌーイの定理が示していることは、

「流体の速度が上がると、流れに垂直な方向の圧力が下がる」

ということである。このことを簡単に体感するために、以下のような実験を用いる。

［問1］図のようにティッシュペーパーの上端を指でつまみ、下に垂らす。その後、ティッシュペーパーの脇を通り抜けるように強めに息を吹く。ベルヌーイの定理からティッシュペーパーの動きを予想すると？

問１の実験を試してみると、ティシュペーパーが吹き下ろした息の方向にめくれ上がる様子が確認できる。これは、息を吹き下ろした面の流体の速度（以降、流速）が上がり、ベルヌーイの定理によりその面の圧力が下がったためであると考えられる。結果、圧力の高い方から圧力の低い方（図５の①から②の方向）に空気が流れ込み、ティッシュペーパーがめくれ上がる。なお、吹き込む息の速さを速くするほど、めくり上がりも大きくなることも確認できる。

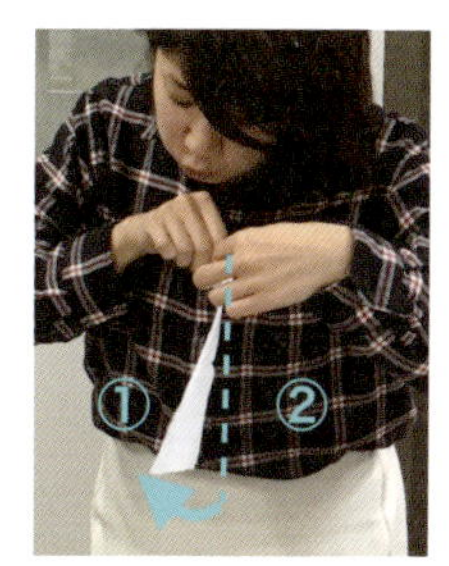

図5　ベルヌーイの定理の実験

日常生活においてもこの実験と同様の現象が存在する。それは、駅のホームに立っている際の電車の通過時の空気の流れである。電車がホームを通過する際、ホームに立っていると、電車の方に体が吸い寄せられそうになる。これは電車の通過とともに空気の流速が上がることが原因である。加えて、次のような実験を試してみよう。

［問2］ **2枚のコピー用紙を用意し、互いに少しだけ隙間を開けて、平行になるように持ち、2枚の隙間に勢いよく息を吹きかける。ベルヌーイの定理を応用して考えると、2枚のコピー用紙はどうなるか？**

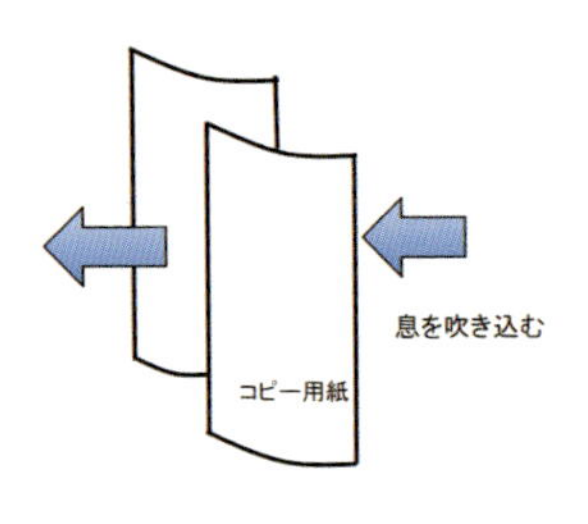

問2の実験を行うと、2枚のコピー用紙の隙間を通る空気の流速が速くなり、ベルヌーイの定理によって隙間の空気の圧力が周囲よりも下がる。よって、気圧の高い外側から空気が流れ込むことになり、2枚のコピー用紙は互いに引き合うようになる。この実験の後、図6のような図式化を用いて、流体の性質についてさらに理解を促そう。流体の経路として、図6のような断面積の違いがある流路を考える。この流路の断面積には左右で2倍の差があるものとし、その断面積をそれぞれ2S、Sとする。いま、流体が図の左から右に向かって流れている場合を考え、左から流れてきた流体の速度を一定速度のv_0とする。

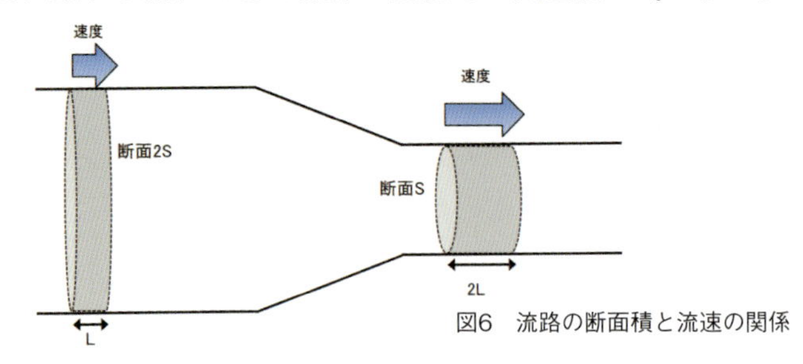

図6　流路の断面積と流速の関係

左側の流路では、流体は断面積2Sの流路を単位時間当たりLだけ右に進み、結果として体積Vの流体が移動したとすると、移動した流体の体積はV＝2S×Lとなる。左右での流体の移動量の均衡性を考えると、体積Vの流体は、断面積Sの右側の流路を通過する場合も同じ単位時間で移動すると考えられる。すると、断面積が半分になった流路で流体が進む距離を考えると、V＝S×2Lとなり、右側では流速（すなわち、単位時間当たりの流体の移動距離）が２倍になったと考えられる。この結果から、「流路が狭くなるほど、流速が速くなる」ことが導かれる。ベルヌーイの定理を適用すると、流速が速くなるほど圧力が下がるため、以下のことが定義づけられる。

「流路が狭くなるほど、流体が通過している流路の圧力が下がる」

よって、先ほどの問２の実験において、２枚のコピー用紙の間に吹き込む息のスピードを速くするほど、コピー用紙同士がより引き合うようになることがわかる。

これが「２隻の並行に走行する船」になると、なかなか恐ろしい話になる。２隻の船の間の距離が近づきすぎると、船の形状によっては船と船の間を流れる流体の流路が狭くなる。すると、先ほど考察したように、２隻の船の間の圧力が周囲よりも下がるため、船体が互いに近づく方向に押されることになる。これが船体同士の接触事故の原因となり、これまでにも多くの事故が報告されている。

4. 翼の形とベルヌーイの定理の関係性

次に、ダイソン社の扇風機のリング部分の断面に特徴づけられる、「翼のような形」について考察する。ここまでの記述からもわかるように、図３の扇風機の土台部分から吸い込まれた空気は、リング内部を通って運ばれる（図７の①）。この空気を

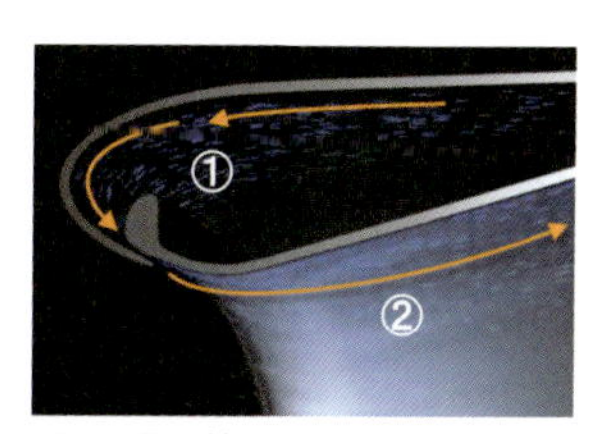

図7　扇風機のリング部分の送風

リング部分のわずかなスリットから噴出させると、外に噴出された空気（図の②）は、流速が上がり、ベルヌーイの定理に従うと、流れに垂直な方向の圧力が周囲よりも下がることになる。加えて、このリング部分の翼のような形が、さらにこの空気の流速を速めるのに一役かってくれる。図７の周囲の空気の流れを図８のような簡単なモデルで考えよう。

図８からわかるように、リング部分の形状が原因となり、スリットから噴出された空気の流路は、点線部分で狭くなる。ベルヌーイの定理に従うと、流路が狭くなったこの部分では、流れに垂直な方向の圧力が下がる。すると、周辺の圧力が高い部分の空気が流れ込むことになり、空洞内部の風量が増加する仕組みになっている。これをまとめたイメージ図が図9である。この仕組みによって、開口部であるスリットから噴出される空気はかなりの風量を伴うことが理解できる。

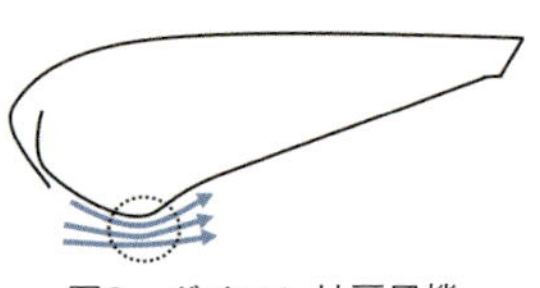

図8　ダイソン社扇風機
噴出口付近の流体の流れ

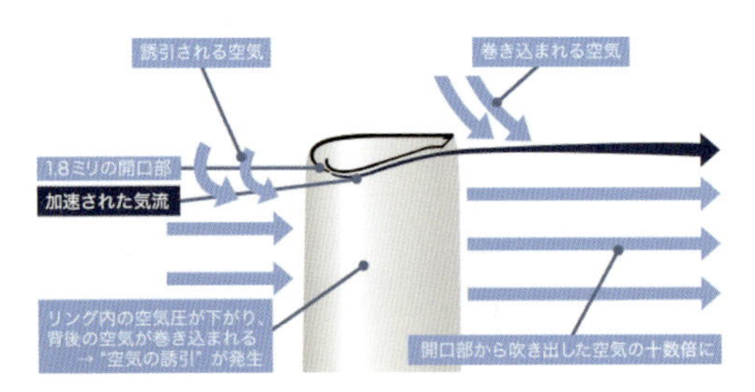

図9　風量が増幅される仕組み
出展：http://www.itmedia.co.jp/lifestyle/articles/1407/07/news013.html

ダイソン社のヘアドライヤーにも同様の仕組みが組み込まれているため、このドライヤーの風量は通常のドライヤーよりも多くなっている。リング部分に設けられたわずかな隙間と、丸くくり抜かれた空洞

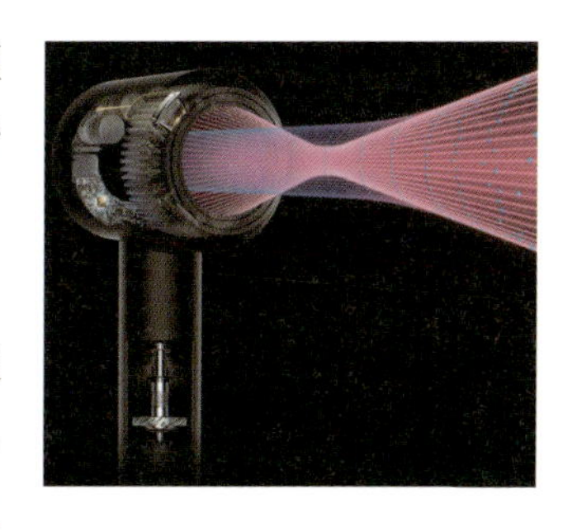

の形状は、まさに流体力学の考え方を駆使したものであることは、驚きの一言である。

なお、今回は詳細を示していないが、ベルヌーイの定理が正しいことを高校物理の気体分子運動論を用いて説明することができる。授業で学習する際に、このような製品とのつながりを生徒に紹介できる機会は貴重であると考える。加えて、このヘアドライヤーは、前述したような音の静かさや温度コントロール、本体の重心の位置の工夫など、様々な物理的な工夫がある。通常の物理の教科書では、このような美容家電と最新技術について扱われることは少ないが、この製品を使ってみたいと感じる女子生徒は多いと予想される。美容を支える科学技術という切り口も、たまには面白いのではないだろうか？

第４章

STEMからSTEAMへ

4-1　STEM教育とは?

STEM教育は、1990年代のアメリカにおける、国際競争力を高めるための科学技術人材の育成を目的とする教育政策が起源であると言われている。ここで、STEMは、

Science, Technology, Engineering, and Mathematics
科学　　工学　　　技術　　　　　数学

の略であり、アメリカをはじめ諸外国ではSTEM教育の重要性が叫ばれ、取り組みが進んでいる。

日本でのSTEM教育の現状はどうかというと、進みつつあるものの、本書でも指摘してきた次のような課題は依然として存在している。

[1] 理科教育においては、論理と系統性が重視されすぎていて、現実の生活との関係が薄く、生活に基づく興味深い学習ができにくい
[2] 理科が1教科ではなく、本来は科目である物理・化学・生物・地学に分かれた4「教科」となっていて、科目間の縦割りの壁が崩せないために、サイエンスとなっていない
[3] 理科と数学との連携・融合した教育も、遅々たる歩みである
[4] 日本の普通科の数学教員、理科教員の出身学部はほとんどが教育学部、理学部であり、工学部等の出身者は非常に少数であるため、STEMのTとEを含む連携した理数教育が手薄である

本書では、上記の[1]～[3]に関してはある程度の提言ができたのではないかと考えるが、[4]に関しては工学部における教員免許の取得の難しさの解決と、理科・数学教員の更なる努力と研究が必要である。

4-2　Artsを含んだSTEAM教育のよさは?

最近、STEM教育にArts（芸術）を加えたSTEAM教育が注目されている。

Science, Technology, Engineering, Arts, and Mathematics
科学　工学　技術　芸術　数学
Arts（芸術）を加えるのはどうしてなのか？　一般に、STEMとArtsの関係は、下の表のように「反対」であると思われている。

STEM	Arts
客観的	主観的
論理的	直観的
分析的	感覚的
再現可能	個人に結びつく（独特）
有用	あまり役に立たない（取るに足らない）

（『AI時代を生きる子どものためのSTEM教育』を参考に改変）

この違いが、よい効果を生むと思われるのである。STEMに関する授業は一般的に、条件やデータを基にして論理的に考えて、明確な正解にいたるようなものが多い。例えば、数学において方程式を解く、理科において学習した科学的原理を確認する実験を行う等である。つまり、思考が収束していく学習になりがちであり、このような収束思考が続くと生徒は退屈を感じやすい。

これに対して芸術は、まずは個人の直観や感覚に基づいて、いろいろなものを創り出す。例えば、音楽であれば種々のメロディーやハーモニーを考える。つまり、思考が発散するのである。その後、それらを音楽理論に基づいて思考を収束させ、１つの曲に仕上げる。

このような発散思考から収束思考へ進む学習は、オープンエンドな課題を投げかける等により、STEM教育でも可能である。そして、発散思考から収束思考へと進む学習は、生徒にとっても興味深いものであり、学習をより高度なものにする。そのような意味から、芸術をSTEMに含めて統合する学習は魅力的なものとなる。

また、芸術も科学も創造的である点では同様であり、芸術が認知的な能力（コンピテンシー）を発展させることが近年、脳科学において証明されてきている。過去においては、レオナルド・ダ・ヴィンチやミケランジェロをはじめ、芸術と科学のあいだに境界がないことを体現している人は多くいる。これらの天才だけではなく、若者たちが芸術（音楽、詩、短歌、俳句、演劇、ダンス、絵画など）に親しむことで、観察力が鍛えられ、文脈の中で考えることができるようになり、脳のネットワークが伸長する等の研究がなされている。芸術が、科学における創造的な能力の基盤を作るのである。

4-3 STEAM教育の例

中学校・高等学校において、理科と数学の融合だけではなく、理数と芸術とが連携し統合された教材と授業が、女子生徒を物理や数学に振り向かせる有力なコンテンツの1つであり、これは男子にも有効であると考える。

STEAM教育を具体的に実践するには、STEM教育の中にArtsを取り入れる方法がやりやすいだろう。その際、STEMとArtsの教員間の連携・協力は必須であり、この「異質な」教科間の連携・協力はSTEM間で行うよりも行いやすい面もあると考える。

例として、次のようなものが考えられる。

[1] 短歌・俳句で学習内容を表現

[2] 動画の活用

[3] インタラクティブアートで動機付けし、背景にあるSTEMを学ぶ

[3] 創作劇で概念や人物を表現

[4] 動く彫刻で力学・光を理解し表現

[1]、[2] について、詳しく説明する。

[1] 短歌・俳句で学習内容を表現

このような学習を考えたきっかけは、松村由利子氏の本『31文字のなかの科学』（NTT出版）を読んだことである。この本の中には、様々な科学を詠った短歌が掲載され、解説がなされている。

短歌は、素晴らしい日本文化の１つである。５・７・５・７・７のたった31文字で、人間、自然、社会、宇宙、…を表現する芸術である。科学（STEM）を学習した生徒が、学習内容やそれから受けた感動を短歌で詠み上げる。クラスの生徒が詠んだ短歌を共有して、学習の振り返りを行う。このような授業を行えないだろうか。もちろん、これも日本独自の芸術である俳句を詠むのもいいだろう。

われの身の最も新しきところ擦り傷に　秋の日の当たりをり
栗木京子『夏のうしろ』（理学部生物物理学科出身）

今日君と目が合いました指先に　アセチルコリンがたまる気がした
永田紅『日輪』（作成時：理学部の学生）

私が羊歯だったころ降っていた　雨かも知れぬ今日降る雨は
柳澤桂子『いのちの声』（生命科学の研究者→難病・退職→科学エッセイ）

廃棄物処理して処理して処理して　そののちのことわれは訊かざる
大口玲子『ひたかみ』（宮城県在住→女川原発を見学）

君の言う核戦争のそのあとを　流れる水にならんか我と
俵万智『サラダ記念日』（一九八五年五月出版　INF全廃条約調印一二月）

科学とは死ぬまで踊る〈赤い靴〉　プレストとなりし今にし気付く
小関祐子『北方果樹』（〈赤い靴〉はアンデルセン童話）

※何れの短歌も『31文字のなかの科学』より

おそらくは今も宇宙を走りゆく
二つの光　水ヲ下サイ
岩井謙一『光弾』

また、逆にSTEMの内容を詠んだ短歌を利用して、科学を学ぶ、考える授業もいいだろう。例えば、『31文字のなかの科学』にある右の短歌から、生徒がどのような科学的内容や歴史的背景を読み取り、何を学べるのかを考え、魅力的な授業を創造できるのではないか。

科学で学んだことを短歌に詠む場合は、国語科の教員や短歌に精通した教員とのコラボレーションが必要な場合もあるだろう。これは、教科を超えた教員の協働によって、融合的な授業を作り上げる１つのきっかけとなる。短歌から科学を学び、考える場合は、STEM教員自身が教科の枠を超えて興味・関心を持って学ぶ姿勢を身につける出発点となるかもしれない。

以前に私の話を聞いて、STEM教育に日本独自の芸術である短歌・俳句を取り入れた授業を実践された教員もおられる。このような授業実践が、ぜひ広がってほしいものだ。

［2］動画の活用

本書の第３章第４節で紹介した授業「無重力状態の動画から始まる慣性力の概念形成」では、アメリカのロックバンド〝OK-GO〟のプロモーションビデオ（PV）を導入で利用している。このPVは、現在の中学・高校生が馴染んでいるYouTubeで発信されているものであり、STEMの知識と技術を駆使して創られた芸術である。

https://www.youtube.com/watch?v=LWGJA9i18Co

PVは女子も大好きであり、親しみやすい映像という芸術からSTEMに迫るのも有効な方法であると考える。逆に、学んだSTEMの内容をビデオで表現して発信するという学習活動も、理解を深めることができるよい方法である。難点は、ビデオ作成には時間がかかり、学習の進度に影響が出ることであるが、ある単元に絞って実施することは可能であろう。

また、直近の皆既月食が2018年１月31日に起こったが、この月食の様子を１分程度のビデオにまとめておいて、次のような授業を行うこともできるだろう。

■皆既月食の起こる理由をクラス全体で確認する

■生徒はビデオで月食の進む様子をしっかり観察し、色鉛筆で何枚かのスケッチにまとめる

■生徒のスケッチをクラスで共有し、スケッチから考えられる問いを立て、グループで議論する。例えば、

・皆既月食は、いつも左下から始まり右上で終わるのか？

・皆既月食では、月は地球の影に入っているはずなのに、なぜ見えるのか？　なぜ赤銅色なのか？

・地球の影の端は、なぜクッキリせずにぼやけているのか？

・月食から、地球の大きさが月の大きさの何倍かが分かるか？

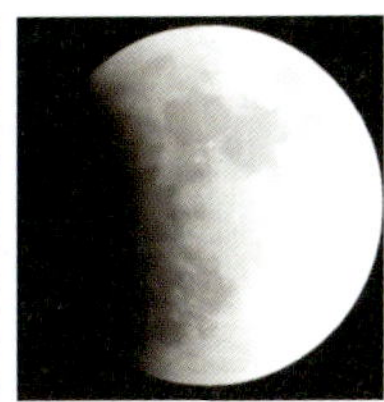

ビデオ、あるいは連続写真を見るだけではなく、ポイントと思われる部分を自分で丁寧にスケッチするには、月食の様子を正確に観察しなければならない。この観察力は、科学においても芸術においても非常に重要な力である。そして、観察した結果から科学的な問いを立て、その問いを追究するという授業を構成したい。

4-4　おわりに：「文系」「理系」をぶっ飛ばせ！

日本では、「私は文系だから…」「私は理系だから…」と「文系」「理系」が区別され、小学校の頃から「文系」「理系」を意識している児童・生徒も多い。しかし、これは世界的に見れば普通ではない。この「文系」「理系」の区別をなくし、すべての人が科学の素養を身につけることが初等・中等教育の大きな目標の１つであると考える。同時に、すべての人が人文・社会科学の教養を身につけることはもちろんである。

現在、「理系へ進学する女性を増やす」ことが叫ばれていて、そのための方策も様々になされている。これらは大切なことではあるが、理想的には途中経過でなければならない。つまり、最終の目標は「数学や物理が苦手だから私は文系！」「国語や英語が苦手だから私は理系！」ということではなく、科学的に考えると自然や社会のことがよく分かって面白い！　と感じられる市民が一人でも多くなることである。「文系」「理系」の区分を強いている大学受験に収斂する理数教育ではなく、科学的素養を育成するSTEM教育を目指すのである。その１つの方向が、STEAM教育であろう。その意味で、Aは芸術（Arts）以外にも、現代におけるリベラルアーツ（Liberal Arts）と捉えることもできる。

Artsを取り入れた理数教育によって、第１章、第２章で考察した「情緒」に関するヒントが得られ、女子と男子の間にある物理・数学に対する「情緒」の感じ方の差が埋められるかもしれない。そして、「文系」「理系」の区分をなくし、すべての人が科学の素養を涵養することにつながるだろう。このような理数教育を創り上げることが、今後の大きな課題である。

参考文献・参考URL

■吉田信也『理系女子教育のための数物教材と教育方法の開発』 科研費（基盤研究（C）15K00919）中間報告書（2017）
■P.J.ナーイン（訳：細川尋史）『最大値と最小値の数学（上）（下）』 シュプリンガー・ジャパン（2010）
■小山慶太『光と重力 ーニュートンとアインシュタインが考えたことー』 講談社ブルーバックス（2015）
■青木薫『宇宙はなぜこのような宇宙なのか』 講談社現代新書（2013）
■山本義隆『世界の見方の転換1・2・3』 みすず書房（2014）
■スティーブン・ワインバーグ（訳：赤根洋子）『科学の発見』文藝春秋（2016）
■マックス・テグマーク（訳：谷本真幸）『数学的な宇宙 ー究極の実在の姿を求めてー』講談社（2016）
■ロバート・P・クリス（訳：青木薫）『世界でもっとも美しい10の科学実験』日経BP社（2006）
■板倉聖宣・湯沢光男『光のスペクトルと分子』仮設社（2008）
■ローレンス・M・クラウス（訳：青木薫）『物理学者はマルがお好き』早川書房（2004）
■吉田信也『文化としての数学を』奈良女子大学理系女性教育開発共同機構LADy Science Booklet 1（2015）
■山口栄一『死ぬまでに学びたい5つの物理学』筑摩書房（2014）
■リリアン・R・リーバー（訳：水谷淳）『数学は相対論を語る』ソフトバンククリエイティブ（2012）
■スティーブン・L・マンリー（訳：吉田三知世）『アメリカ最優秀教師が教える相対論&量子論』講談社ブルーバックス（2011）
■竹内淳『高校数学でわかる相対性理論』講談社ブルーバックス（Kindle版）（2014）
■高山峰夫・田村和夫・池田芳樹『耐震・制震・免震が一番わかる』技術評論社
■デビッド・A・スーザ、トム・ピレッキ著（訳：胸組虎胤）『AI時代を生きる子どものためのSTEM教育』幻冬舎メディアコンサルティング（2017）
■松村由利子『31文字のなかの科学』 NTT出版（2009）
■「嘔吐彗星」
https://ja.wikipedia.org/wiki/嘔吐彗星
■「宇宙で雑巾を絞ると…。現地宇宙飛行士が現地で実験！」
https://irorio.jp/furukawa/20130422/55556/
■「3000ドルで体験できる「無重力飛行」体験レポート」
https://wired.jp/2004/09/24/3000ドルで体験できる「無重力飛行」体験レポート/
■「やっぱりすごいわ！ナイトスクープ」
http://rana.cocolog-nifty.com/rana/2008/11/post-8749.html
■国土地理院「日本の重力値の基準を40年ぶりに更新」
http://www.gsi.go.jp/buturisokuchi/gravity_JGSN2016.html
■「高速道路のカーブの傾斜設計」
http://www.59ily.com
■「地震と慣性力の関係」
http://www.gaia-hp.com/Taisin/TaisinSindan/4IsTiNiTuite/Page/Isti1.htm
■「地震力の算定方法と，簡単にわかるZ, Rt, Ai, Coの意味」
http://kentiku-kouzou.jp/struc-sosendanryoku.html
■「地震力の計算」
http://www.archi.hiro.kindai.ac.jp/lecdocument/kozosekkeigaku/kozosekkei_56.pdf#search=%27地震力+慣性力%27
■高山峰夫・田村和夫・池田芳樹『高校数学でわかる流体力学』講談社
■知識ゼロからものづくりを学ぶ　機械設計エンジニアの基礎知識
http://d-engineer.com/fluid/ryuutairikigaku.html
■扇風機のカタチを変えた革新技術「エアマルチプライアーテクノロジー」
http://www.itmedia.co.jp/lifestyle/articles/1407/07/news013.html
■ダイソン社　公式ホームページ
https://www.dyson.co.jp

装幀・デザイン　　姥谷 英子

奈良女子大学叢書 3
女性のための「物理教科書」研究

2018年 3 月26日　第 1 版 第 1 刷発行

著　者　　吉田 信也　藤野 智美
発行者　　柳町 敬直
発行所　　株式会社 敬文舎
〒160-0023　東京都新宿区西新宿 3-3-23
ファミール西新宿 405 号
電話　03-6302-0699（編集・販売）
URL　http://k-bun.co.jp
印刷・製本　中央精版印刷株式会社

造本には十分注意をしておりますが、万一、乱丁、落丁本などがございましたら、小社宛てにお送りください。送料小社負担にてお取替えいたします。

Printed in Japan ISBN978-4-906822-88-1